全国普通高等教育新能源类"十三五"精品规划教材

风电原理与应用技术

FENGDIAN YUANLI YU YINGYONG JISHU

关新◎编著

U0238619

中国水利水电出版社
www.waterpub.com.cn

·北京·

内 容 提 要

　　本书介绍了风力发电基本原理和风力发电机组的组成结构，具体包括风能、能量转换和传输理论、风力机、风力发电机、风电机组、风力发电技术、风电机组安全运行与维护以及风能储存等内容。

　　全书内容通俗简练，系统全面，图文并茂，既可作为高等学校风电专业及风电相关专业课程的基础教材，也可作为风电场运行和检修人员的培训教材，还可供风力发电、电气自动化技术等专业的工程技术人员参考使用。

图书在版编目（ＣＩＰ）数据

风电原理与应用技术 / 关新编著. -- 北京 ： 中国
水利水电出版社，2017.3（2020.8重印）
　全国普通高等教育新能源类"十三五"精品规划教材
　ISBN 978-7-5170-5130-5

Ⅰ. ①风… Ⅱ. ①关… Ⅲ. ①风力发电－高等学校－
教材 Ⅳ. ①TM614

　　中国版本图书馆CIP数据核字(2017)第015684号

书　　名	全国普通高等教育新能源类"十三五"精品规划教材 **风电原理与应用技术** FENGDIAN YUANLI YU YINGYONG JISHU
作　　者	关新　编著
出版发行	中国水利水电出版社 （北京市海淀区玉渊潭南路１号Ｄ座　100038） 网址：www.waterpub.com.cn E-mail：sales@waterpub.com.cn 电话：(010) 68367658（营销中心）
经　　售	北京科水图书销售中心（零售） 电话：(010) 88383994、63202643、68545874 全国各地新华书店和相关出版物销售网点
排　　版	北京时代澄宇科技有限公司
印　　刷	清淞永业（天津）印刷有限公司
规　　格	184mm×260mm　16开本　16.5印张　391千字
版　　次	2017年3月第1版　2020年8月第2次印刷
印　　数	2001—4000册
定　　价	**52.00元**

前　言

　　风能是一种可再生、清洁的自然能源，是太阳能转化能量的一种形式。据统计，地球上风能理论蕴藏量约为 $2.74×10^9W$，可开发利用的风能为 $2×10^7W$，是地球水能的 10 倍，只要利用地球上 1‰ 的风能就能满足全球能源的需求。

　　我国的风力发电始于 20 世纪 50 年代后期，在吉林、辽宁、新疆等省区建立了单台容量在 10kW 以下的小型风电场，但其后就处于停滞状态。直到 1986 年，在山东荣成建成了我国第一座并网运行的风电场后，从此并网运行的风电场建设进入了探索和示范阶段，但其特点是规模和单机容量均较小。到 1990 年已建成 4 座并网型风电场，在此基础上中国风电迅猛发展。截至 2014 年年底，全国累计核准风电项目容量 176860MW，其中并网容量 97320MW，在建容量 79540MW，并网容量占核准容量的 55%。2014 年全国风电新增核准容量 39210MW，同比 2013 年增加 25%。

　　自 2010 年以来，全球风电发展呈现出向经济欠发达地区的强力扩张趋势。这一趋势明显说明风电正在成为更具市场竞争力的装机技术，而安装和使用风电并非经济发达国家的专利。2014 年风电在非洲近 1GW 的装机成绩更加说明风电技术已经具备向全球各地推广的商业基础。

　　根据全球风能理事会的统计，2014 年风电装机容量超过 1GW 的国家共有 24 个，其中欧洲国家 16 个，4 个亚洲国家，3 个北美国家和 1 个拉美国家。风电装机容量超过 10GW 的国家有 6 个，这 6 个国家包括中国（114GW）、美国（65GW）、德国（39GW）、西班牙（23GW）、印度（22GW）和英国（12GW）。

　　我国风电行业发展快速，同时风电专业技术人员短缺，技术水平参差不齐等问题也逐渐暴露，而且风电行业的技术人员由于岗位（运行岗位、检修岗位、设计岗位、制造岗位）不同，其所需的专业知识种类和多寡均不同。针对以上问题，作者开展本书编写工作。

　　本书分为 9 章，主要包括：绪论；风能；能量转换和传输理论；风力机；风力发电机；风电机组；风力发电技术；风电机组安全运行与维护；风能储存等。在编著过程中作者参阅了大量文献、论文，并采纳部分作者硕士、博士论文。

本书在编写过程中得到了沈阳工程学院新能源学院许多老师的大力支持和帮助，得到了风能与动力工程（技术）专业应往届毕业生的帮助及中国华电铁岭风电场的鼎力支持，在此深表感谢！本书参阅了大量的文献、网上资料等相关资料，在此对其作者一并表示衷心的谢意！

限于编者水平，书中欠妥之处在所难免，恳请希望广大读者在使用本书时给予关注，并将意见和建议及时反馈作者，以便完善，编者邮箱 xin _ guan@sina.com。

作者

2016 年 10 月

目　录

第1章 绪 论

人类的生存和发展离不开能源,能源问题与人类文明的演进息息相关。随着社会和经济的发展,能源的消耗在急剧增长。目前,煤、石油、天然气是人类社会的主要能源,但这些化石能源都是不可再生的。人类大规模开发这些能源的历史不过两三百年,却已将地球亿万年来形成的极为有限的化石能源消耗殆尽。另外,人类无限制地燃烧煤炭、天然气、石油等燃料发电,也是产生温室效应及污染物排放的主要因素,以致世界性的能源危机加剧和全球环境日趋恶化。

为了实现人类社会未来的可持续发展,解决化石能源带来的环境问题,必须大力发展新型能源。在能源发电领域,我国目前主要以火力发电与水力发电为主,两者占总发电容量的90%以上,2010年我国能源结构见图1.1,其中有3/4的电能来自煤炭,每年仅我国要烧掉超过1.4Gt煤用来发电。地球除了煤炭等化石能源,还有着丰富的风能、太阳能等可再生能源。随着人类科学技术的发展,大规模地开发使用风能与太阳能,以满足人们对电能的需求已经成为现实。我国2014年年用电总量约为18.6亿kW·h,考虑到风的间歇性,全部开发完成后的风电总量,可以满足目前53.7%左右电力的需求。除此以外,其他新型能源(如潮汐、地热、生物质能等)也会逐步为人类所利用。

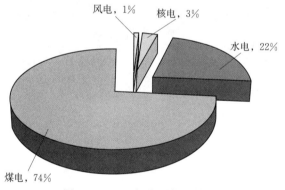

图1.1 2010年我国能源结构

由于风电具有良好的发展前景,开发利用风力资源对于缓解能源短缺、保护生态环境具有重要意义,因此受到了世界各国的广泛关注。我国地域辽阔,风力资源丰富,风电技术日趋成熟,具备了规模开发条件,因此,风电在我国有着很大的发展空间。

2005年以前,我国的风电规模很小,风电主要用于远离电网的离散用户,如牧区、海岛、边防哨所等。风电机组的制造以中小型机组为主,并网发电的大型风电机组数量很少。自能源危机之后,尤其在2006年国家《可再生能源法》颁布后,将可再生能源(风能、太阳能、水能、生物质能、地热能、海洋能等非化石能源)开发利用的科学技术研究和产业化发展列为科技发展与高技术产业发展的优先领域。《国家应对气候变化规划(2014—2020年)》提出,到2020年并网风电装机容量达到200GW的发展目标。根据这一目标测算，"十三五"期间，我国风电每年需要投产 20GW 以上。这意味着风电发展的目标任务基本清晰，风电产业将在较长时间内保持快速增长势头。

1.1　风能利用及风力发电历史

人类利用风能的历史悠久，古埃及、波斯和我国有资料记载的就有几千年的历史。在蒸汽机发明以前，风能曾作为重要的动力，最早的利用方式是"风帆行舟"。约在几千年前，古埃及人的风帆船就在尼罗河上航行。我国在商代出现了帆船，最辉煌的风帆时代是明朝。15 世纪中叶，我国的航海家郑和七下西洋，庞大的船队就是用风帆作为动力的，当时我国的帆船制造技术已领先于世界。风车使用的起源最早可以追溯到 3000 年前，那时候风车的主要用途是提水、锯木和推磨等，欧洲一些国家现在仍然保留着许多风车，已成为人类文明史的见证，见图 1.2。在蒸汽机出现以前，风力机械是人类的主要动力来源之一，随着化石燃料能源的开采及利用，尤其是火力发电技术的大规模应用，风能作为动力逐渐退出了历史舞台。

（a）帆船　　　　　　　　　　　　　　　　（b）风车

图 1.2　人类早期风能利用示例

风力发电的历史始于 19 世纪晚期。1887 年年底，美国人 Charles F. Brush（1849—1929）研制出世界上第一台 12kW 直流风力发电机，用来给家里的蓄电池充电。该机组风轮直径为 17m，安装了 144 个叶片，运行了将近 20 年，见图 1.3（a）。

丹麦物理学家 Poul La Cour（1846—1908）通过风洞试验发现，叶片数少、转速高的风轮具有更高的效率，提出了"快速风轮"的概念，即叶尖线速速高于风速。根据研究结果，Poul La Cour 于 1891 年建造了一台 30kW 左右的具有现代意义的风电机组，见图 1.3（b），发出直流电，用于制氢，供附近小学的汽灯照明，一直持续到 1902 年。

1926 年德国科学家 Albert Betz（1885—1968）对风轮空气动力学进行了深入研究，提出了"贝兹理论"，指出风能的最大利用率为 59.3%，为现代风电机组空气动力学设计奠定了基础。从 20 世纪 20 年代起，苏联、美国和一些欧洲国家纷纷开展了风力发电技术的研究。

1925 年 Sigurd Savonius 发明了一种阻力型垂直轴风电机组类型，称为"Savonius 机组"，由于其空气动力学特性非常复杂，效率低，实际应用较少。1931 年法国人 Georges Darrieus 发明了另外一种升力型的垂直轴风电机组，称为"Darrieus（达里厄）机组"。

美国工程师 Palmer Cosslett Putnam（1910—1986）首先提出并网风电设想。他与 S. Morgan Smith 公司合作，于 1940 年将其设想变为现实，制造出风电发展历史上第一个 1250kW 超大型的 Smith - Putnam 风电机组，见图 1.3（c）。该机组的塔架（筒）高度为 32.6m，风轮直径为 53.3m，两叶片，每个叶片重量达到 8t。在当时的技术条件下，由于材料强度不能满足要求，机组只运行了 4 年，就发生了叶片折断事故。这也促使人们在叶片结构优化和轻质材料方面开始进行深入的研究。

（a）Brush的风电机组　　　　（b）Poul La Cour的风电机组　　　　（c）Smith-Putnam的风电机组

图 1.3　早期的风电机组

德国人 Ulrich Huetter（1910—1989）一直致力于风电机组结构优化研究，于 1942 年提出"叶素动量理论"，1957 年建成容量 100kW 的风电机组 W - 34 型，见图 1.4（a），该机组风轮直径为 34m，两叶片，叶片采用了优化的细长结构。丹麦人 Johannes Juul 于 1957 年建造了一台 200kW 风电机组 Gedser，见图 1.4（b），并实现并网发电。该机组具有三个固定叶片，采用异步发电机，风轮定速旋转。这种结构型式的风电机组被称为"丹麦概念风电机组"。这两台风电机组的许多设计思想和试验数据对后来的现代大型风电机

（a）德国人Huetter建造的风电机组W-34　　　　（b）丹麦人Johannes Juul建造风电机组Gedser

图 1.4　现代风电机组的先驱

组设计产生了重要影响。

在近半个多世纪里,人们对风电技术进行了持续不断的研究,但由于可以广泛使用化石能源提供的廉价电力,因而对风电的应用没有足够的兴趣,这种现象一直持续到20世纪70年代。发生于1973年的石油危机,促进了西方各国政府对风电的重视,通过政策优惠及项目资助促进了风电技术的应用研究与发展,人们获得了许多重要的科学知识和工程实践经验,并开始建造了一系列示范试验机组。1981年,美国建造并试验了新型的水平轴3MW风电机组,该机组利用液压驱动进行偏航对风,整个机舱始终处于迎风方向。德国、英国、加拿大等国在同期也先后进行了兆瓦级风电机组的实验研究工作,然而,在一段时间里,叶片数目的最佳选择始终不确定,单叶片、双叶片以及三叶片的大型风电机组始终处于并存状态。

进入20世纪90年代,环境污染和气候变化逐渐引起人们的注意,风电作为清洁可再生能源重新受到许多国家政府重视,尤其在欧洲,风力发电开始了商业规模化并网运行。

大型风电机组处于无人值守的野外,运行过程中要受到恶劣气候的影响,在示范性试验中的样机经常出现问题,机组的可靠性也不高。因此,对于首先投入商业运行的机组,人们选择了容量偏小、三叶片、失速调节、交流感应发电机、恒速运行的风电机组,这一简单结构的机组被证明相当成功。目前,风电机组实现了变桨距、变速方式调节运行,使得机组的效率得到了很大提高,出现了更先进的双馈式及直驱式新型风电机组,同时,风电机组由陆地走向了海洋。

我国现代风力发电技术的开发利用起源于20世纪70年代。当时根据牧区需要,从仿制国外机组到自行研究,设计了30W~2kW的多种小型风电机组。经过不断地学习国外先进研发及制造技术,我国55kW以下的小型风电机组逐渐形成系列化产品,解决了边远农村、牧区、海岛、边防哨所、通信基站等偏远用户的用电问题,成为离网型风电机组的主力。经过近30年的技术发展,我国自行研制开发的小型风电机组运行平稳、质量可靠,使用寿命在25年以上。这些机组经济性好、成本低、价格便宜,得到了广泛使用,生产能力居世界首位,并出口到世界很多国家和地区。

进入20世纪80年代后,我国开始研究并网型风电机组,1984年研制出了200kW风电机组,同期,我国风电场建设也进入起步阶段,在新疆、内蒙古安装了数台国外引进机组,开始了并网风力发电技术的实验与示范。经过了10年左右的发展,我国已基本掌握了200~600kW大型风电机组的制造技术。这期间,我国并没有将风力发电作为重要电力来源,直到进入21世纪,在世界范围内能源和环境问题更加突出,我国风力发电才逐渐进入了高速发展时期。可以预期,风力发电必将很快成为我国电力的主要来源之一。

1.2 风 能 资 源

1.2.1 风能的特点

与其他能源形式相比,风能具有以下特点:

(1)蕴藏量大、分布广。据世界气象组织估计,全球的可利用风能源约为200亿kW,

为地球上可利用水能资源的 10 倍。我国约 20％的国土面积具有比较丰富的风能资源，据推测，我国风能的经济可开发量在 10 亿 kW 左右。

（2）风能是可再生能源。不可再生能源是指消耗一点少一点，短期内不能再产生的自然能源，包括煤、石油、天然气、核燃料等。可再生能源是指可循环使用或不断得到补充的自然能源，包括风能、水能、太阳能、潮汐能、生物质能等。风能又是一种过程性能源，不能直接储存，不用就过去了。

（3）风能利用基本没有对环境的直接污染和影响。风电机组运行时，只降低了地球表面气流的速度，对大气环境的影响较小。风电机组噪声在 40～50dB，远小于汽车的噪声，在距风电机组 500m 外已基本不受影响，但风电机组对鸟类的歇息环境可能有一定影响。因此，风电属清洁能源，对环境的负面影响非常有限，对于保护地球环境、减少 CO_2 温室气体排放具有重要意义。

（4）能量密度低。由于风能来源于空气的流动，而空气的密度是很小的（在 1 个标准大气压、0℃条件下，空气密度是淡水密度的 1.293‰，即淡水密度是空气密度的 773.3 倍），因此风能的能量密度也很小，只有水能的 1/816，这是风能的一个重要缺陷。因此，风电机组的单机容量一般较小。我国目前以 1.5～3MW 级风电机组为主，世界上最大的商业运行机组也只有 10MW。

（5）不同地区风能差异大。由于地形的影响，风能的地区差异非常明显。一个邻近的区域，有利地形下的风力，往往是不利地形下的几倍甚至几十倍。

（6）具有不稳定性。风能随季节性影响较大，我国位于亚洲大陆东部，濒临太平洋，季风强盛。冬季我国北方受西伯利亚冷空气影响较大，夏季我国东南部受太平洋季风影响较大。由于气流瞬息万变，因此风的脉动、日变化、季变化以至年际的变化都十分明显，波动很大，极不稳定。

1.2.2 我国风能资源分布特点

风能是地球表面大量空气流动所产生的动能，风拥有巨大的能量。风速为 9～10m/s 的 5 级风吹到物体表面上的力，每平方米约为 10kg。风速为 20m/s 的 9 级风，吹到物体表面上的力，每平方米可达 50kg 左右。台风的风速可达 50～60m/s，它对每平方米物体表面上的压力，可高达 200kg。

某个区域风能资源的大小取决于该区域的风功率密度和可利用的风能年累积小时数。风功率密度是单位迎风面积可获得的风的功率，与风速的三次方和空气密度成正比关系。据世界气象组织估计，全球可利用风能资源约为 200 亿 kW，为地球上可利用水能的 10 倍。

我国风力资源丰富，全国风能实际可开发量为 $2.53×10^{11}$ W。按 2014 年风电新增装机容量 39210MW，发电量 653 亿 kW·h 推算，未来每年可提供 3 万亿～5 万亿 kW·h 电量。

我国幅员辽阔，地形条件复杂，风能资源状况及分布特点随地形和地理位置的不同相差较大。根据风资源类别划分标准，按年平均风速的大小，各地风力资源大体可划分为 4 个区域，见表 1.1。

表 1.1　　　　　　　　　　　　　地域风资源类别划分标准

等级	年有效风功率密度/(W·m⁻²)	风速年累计小时数/h	年平均风速/(m·s⁻¹)
风资源丰富区	>200	>5000	>6
风资源次丰富区	200~150	5000~4000	5.5
风资源可利用区	150~100	4000~2000	5
风资源贫乏区	<100	<2000	4.5

我国风能资源丰富的地区主要分布情况，见表 1.2。

表 1.2　　　　　　　　　　　　　风 资 源 分 布 区 域

风资源丰富区	风资源次丰富区	风资源可利用区	风资源贫乏区
东南沿海、山东和辽东半岛，沿海及岛屿，内蒙古和甘肃北部，松花江下游地区	沿海地区，三北地区，青藏高原中部和北部地区	两广沿海，大、小兴安岭山地，三北中部	以四川为中心，雅鲁藏布江河谷和塔里木盆地西部

（1）西北、华北、东北地区（简称三北地区）。在该区域内风能资源储量丰富，占全国陆地风能资源总储量的 79%，风功率密度在 200~300W/m² 以上，有的可达 500W/m² 以上。全年可利用小时数在 5000h 以上，有的可达 7000h 以上，具有建设大型风电基地的资源条件。这一风能丰富带的形成，主要是由于三北地区处于中高纬度的地理位置，尤其是内蒙古和甘肃北部地区，高空终年在西风带的控制下。三北地区的风能分布范围较广，是我国陆地上连片区域最大、风能资源最丰富的地区，这些地区随着经济发展，电网将不断延伸和增强，风电的开发将与地区电力规划相协调发展。

（2）东南沿海及其附近岛屿地区。我国有漫长的海岸线，形成了丰富的沿海风能带。与大陆相比，海洋温度变化慢，具有明显的热惯性。所以，冬季海洋地区较大陆地区温暖，夏季海洋地区较大陆地区凉爽。在这种海陆温差的影响下，在冬季每当冷空气到达海上时风速增大，再加上海洋表面平滑、摩擦阻力小，一般风速比大陆增大 2~4m/s。沿海近 10km 宽的地带，年风功率密度在 200W/m² 以上。在风能资源丰富的东南沿海及其附近岛屿地区，全年风速不小于 3m/s 的小时数为 7000~8000h，不小于 6m/s 的小时数为 4000h。沿海地区风能资源的另一个分布特点是南大北小，台风的影响地区也呈现由南向北递减的趋势。

我国有海岸线约 18000km，岛屿 7000 多个，这是风能大有开发利用前景的地区。该地区也是我国经济发达地区，是电力负荷中心，有较强的高压输电网，风电与水电具有较好的季节互补性。由于该地区风电在电网中的比例相对较小，因此，对电网的影响较小。但在我国海岸线的南端，由于靠近海岸的内陆多为丘陵地区，气流受到地形阻碍的影响，风功率密度仅为 50W/m² 左右，基本上是风能不能利用的地区。

（3）青藏高原北部。该区域风能资源也较为丰富，全年可利用小时数可达 6500h，但青藏高原海拔高，空气密度小，所以有效风功率密度也较低，有效风功率密度为 150~200W/m²。另外，内陆个别地区由于湖泊和特殊地形的影响，风能也较丰富，如鄱阳湖、湖南衡山、湖北的九宫山、河南的嵩山、山西的五台山、安徽的黄山、云南太华山等也较平地风能大，但风能范围一般仅限制在较小区域内。

我国海上风能资源丰富，东部沿海水深 2~15m 的海域面积辽阔，近海可利用的风能储量有 1 亿~2 亿 kW，而且距离电力负荷中心很近，适合建设海上风电场。海上风电具有风速高、风速稳定、不占用宝贵陆地资源的特点，随着海上风电场技术的发展成熟，将来必然会成为重要的电力来源。

由于目前我国气象资料对风电资源做出的评估偏于宏观，且误差较大，在具体风电场建设中，还要进行重新测风来做微观选址，对风能资源进行准确评估是制定风能利用规划、风电场选址、风功率预测的重要基础。

风能资源评估方法有统计方法和数值方法两类。统计方法是根据多年观测的气象数据和资料，对风能进行估计。数值方法则是在气象模型的基础上，利用计算机进行数值模拟，编制高分辨率的风能资源分布图，评估风能资源技术可开发量。数值方法的应用范围越来越广泛。在现有气象台站的观测数据的基础上，按照近年来国际通用的规范进行资源总量评估，进而采用数值模拟技术，更重要的是利用 GIS（地理信息系统）技术将电网、道路、场址可利用土地，环境影响、当地社会经济发展规划等因素综合考虑，进行经济可开发储量评估，将更具实际意义。

表 1.3 列出我国部分省区的风能资源量。目前我国主要开发的是陆地风力资源，近海风能资源的开发处于起步阶段。在我国内陆地区，从东北、内蒙古、甘肃河西走廊至新疆一带的广阔地区风力资源比较丰富，沿海内陆的辽东半岛、山东、江苏至海南，东南沿海及岛屿具有较好的风力资源，青藏高原及部分内陆地区也存在一定的开发潜力。

表 1.3 我国部分省区的风能资源量

省区	风能资源/MW	省区	风能资源/MW
内蒙古	61780	山东	3940
新疆	34330	江西	2930
黑龙江	17230	江苏	2380
甘肃	11430	广东	1950
吉林	6380	浙江	1640
河北	6120	福建	1370
辽宁	6060	海南	640

近几年世界新增风电装机容量的年增长率保持在 30% 左右，根据全球风能理事会统计，2014 年全球风电年新增装机容量 51.47GW，创历史新高突破 50GW 大关，年增长率 44%。至 2014 年底，全球风电累计装机容量达到了 369.60GW，同比增长 16%。而同时，风电电价在逐步降低。2004—2014 年世界风电装机容量发展状况见图 1.5。

表 1.4 列出世界上风电装机容量较多的前 10 位国家于 2014 年的总装机容量和当年新增装机容量。

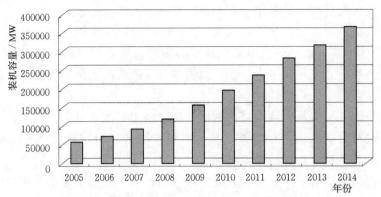

图 1.5 世界风电装机容量发展（2004—2014 年）

表 1.4 **2014 年世界风电装机最多的 10 个国家**

国家	总装机容量/MW	百分比/%	国家	2014 年装机容量/MW	百分比/%
中国	114609	31	中国	23196	45.1
美国	65879	17.8	德国	5279	10.2
德国	39165	10.6	美国	4854	9.4
西班牙	22987	6.2	巴西	2472	4.8
印度	22465	6.1	印度	2315	4.5
英国	12440	3.4	加拿大	1871	3.6
加拿大	9694	2.6	英国	1736	3.4
法国	9285	2.5	瑞典	1050	2
意大利	8663	2.3	法国	1042	2
巴西	5939	1.6	土耳其	804	1.6
全球其他	58473	15.8	全球其他	6852	13.3
前十名总计	311124	84.2	前十名总计	44620	87
全球总和	369597	100	全球总和	51473	100

　　我国的风电装机容量更是突飞猛进，尤其是近三年来保持了 100% 以上的增长速度，据中国可再生能源学会风能专业委员会（中国风能协会，以下简称 CWEA）的年终统计数据，2014 年全国风电新增装机容量 23196MW（不含台湾省），超过 2010 年历史高点（18928MW），创造了新的纪录，与 2013 年的 16089MW 相比增加了 7100MW，具体见图 1.6；2014 年全国累计风电装机容量达到 114.6GW，在全球范围内成为第一个突破 100GW 风电装机容量的国家；从装机台数统计，2014 年新增装机 13121 台，累计装机 76241 台；全国各个省、自治区、直辖市都已经建立了规模不等的风电场。2008—2014 年全国风电新增和累计装机容量见图 1.7。另据国家能源局公布的数据，2014 年全国新增风电并网容量 19810MW，累计并网容量 97320MW，占全国各类电源总装机容量的 6.2%。

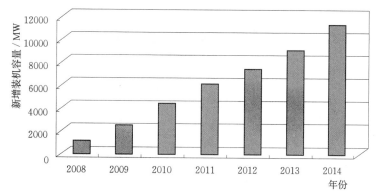

图 1.6　我国并网风电装机（除台湾省外）的增长情况

发展风能是我国长期的战略任务，国家可再生能源的中长期发展规划提出了我国风电发展目标，其中 2010 年总装机容量达到 5000MW 的目标已提前实现。国际风电发展的经验和我国风电发展的过程表明，技术进步是风电持续发展的基础。为了实现我国风电发展的战略目标，根据我国国情，我国风电发展的基本路线是重点发展陆地风电，积极推进海上风电。在主要发展并网风电的同时，还要发展离网风电和分布式发电系统。

1.3　风力发电技术现状与发展

无论何种风力发电形式，在风力发电系统中的主要设备是风力发电机组。早期一些专业资料中，将整个风力发电机组设备称为风力机或者风轮机（Wind Turbine），现在逐渐通用的名称为风力发电机组，简称为风电机组。实际上从能量转换的角度，风电机组由风力机和发电机两个部分组成。风力机主要指风轮部分，其作用是将风能转换为旋转机械能。发电机则将旋转机械能转换为电能。

1.3.1　风电机组的典型分类

按照风轮旋转主轴与地面相对位置的关系，风电机组分为水平轴风电机组和垂直轴风电机组。

1. 水平轴风电机组

水平轴风电机组风轮旋转轴与地面平行，叶片数量视用途而定。水平轴风电机组又可分为升力型（Darrieus 型）和阻力型（Savonius 型）两种。升力型风电机组利用叶片两个表面空气流速不同产生升力，使风轮旋转；阻力型风电机组则利用叶片在风轮旋转轴两侧受到风的推力（对风的阻力）不同，从而产生转矩，使风轮旋转。升力型风轮旋转轴与风向平行，转速较高，风能利用系数高，阻力型的很少应用。

多种不同型式的水平轴风电机组见图 1.7。目前大型风电机组基本采用水平轴升力型，叶片数 1～3 个，主要原因是水平轴风电机组具有较高的风能利用系数，目前可达到 0.4～0.5。图中还示出一些特殊型式的水平轴风轮，例如轮辐式［图 1.7 (d)］、多转子式［图 1.7 (e)］、带扩流管式［图 1.7 (i)］或聚流罩式［图 1.7 (j)］等的聚能式风轮等。

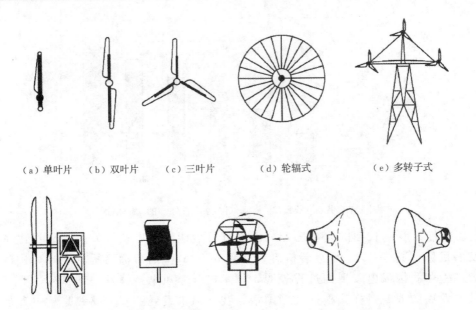

（a）单叶片　（b）双叶片　（c）三叶片　　（d）轮辐式　　　（e）多转子式

（f）双轮反转转动式　（g）水平轴阻力式　（h）水平轴转轮式　（i）带扩流管式　（j）聚流罩式

图 1.7　水平轴风电机组类型

2. 垂直轴风电机组

垂直轴风电机组分为阻力型和升力型两大类。这两种不同类型的垂直轴风电机组及其各种变化形式见图 1.8，例如阻力型机组中的单叶片式、多叶片式、板式、杯式等，升力型机组中的 Φ 型、△型、H 型、叶轮式等。垂直轴风电机组的风轮围绕一个与地面垂直的轴旋转，机组的运转与风向无关，故不需要对风驱动装置，同时，其变速箱、发电机、制动机构、控制装置都可安置于地面，使结构和安装大大简化，也便于检修。此外，垂直轴风电机组的叶片与轮毂的连接型式可以有多种选择，这样有利于改善叶片所受的载荷。

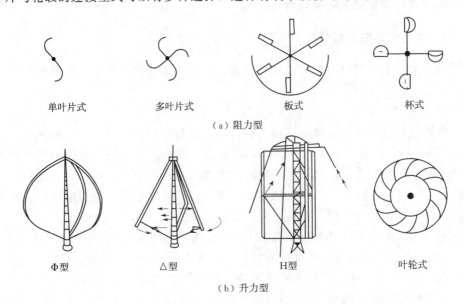

单叶片式　　　　多叶片式　　　　板式　　　　　杯式

（a）阻力型

Φ型　　　　△型　　　　　H型　　　　叶轮式

（b）升力型

图 1.8　垂直轴风电机组类型

垂直轴风电机组的主要缺点是风能利用系数低，目前最高只能达到0.3～0.35，而且由于风轮靠近地面，高度受到限制，可利用风能资源有限。此外，垂直轴风电机组还存在气动载荷和振动问题复杂、风轮难以自行启动、机组的结构维修比较困难等问题，因此垂直轴风电机组尚未得到广泛应用。

1.3.2　大型水平轴并网风电机组的基本结构

目前在并网风力发电领域主要采用水平轴风电机组型式，其基本结构见图1.9，由风轮、机舱、塔架（筒）和基础等组成。

（a）整机外形　　　　　　　　　　　　（b）风轮及机舱内部结构

图1.9　水平轴风电机组结构图

（1）风轮。风轮由叶片、轮毂和变桨系统组成，风电机组通过叶片吸收风能，转换成风轮的旋转机械能。因此风轮是风电机组的关键部件。

（2）机舱。机舱由传动系统、发电机、机舱底盘、机舱罩、偏航系统、控制和安全系统等组成。传动系统由主轴、增速齿轮箱（直驱式除外）、联轴器与机械制动器组成。传动系统将风轮产生的旋转机械能传递到发电机转子，并实现风轮转速与发电机转子转速的匹配。发电机实现机械能到电能的转换。目前风电机组采用的发电机形式有多种，包括异步发电机、同步发电机、双馈异步发电机和永磁发电机等。机舱底盘用于安装风电机组的传动系统及发电机，并与塔架（筒）顶端连接，将风轮和传动系统产生的所有载荷传递到塔架（筒）上。机舱罩将传动系统、发电机以及控制装置等部件遮盖，起到保护作用。偏航系统偏航操作装置主要由偏航轴承、驱动电机、齿轮传动机构、制动器等功能部件或机构组成，主要用于调整风轮的对风方向。控制与安全系统包括变桨控制器（分为电变桨与液压变桨两种）、变流器、主控制器、机组控制安全链及各种传感器等，完成机组信号检测、机组启动到并网运行发电过程中的控制任务，并保证机组在运行中的安全性。

（3）塔架（筒）和基础。塔架（筒）和基础是风电机组的支撑部件，承受机组的重量、风载荷以及运行中产生的各种动载荷，并将这些载荷传递到基础。

其他部分还包括防雷系统等。

1.3.3　风力发电技术的发展

鉴于风电装备产业在未来能源生产中的重要性，发达国家十分重视相关的技术开发，在逐步完善目前主流形式的风电机组的设计制造技术的同时，不断探索一些新颖的设计方案。在新型叶片的设计研究方面，采用新型材料制成的柔性叶片可改善叶片受力，根据空气动力学理论设计的新型叶片还可更好地实现低风速的风能利用。另外，混合式风电机组，即由风轮通过单级增速装置驱动多极同步发电机方式的机组，或者采用液力耦合或电磁耦合实现调速的研究也引起人们的重视。对于未来的超大型风电机组使用的超导发电机的研究也已经启动。

当前风电技术和设备的发展主要呈现大型化、变速运行、变桨距、无齿轮箱等特点。纵观世界风电产业技术现实和前沿技术的发展，目前全球风电制造技术发展主要呈现如下特点：

（1）水平轴风电机组技术成为主流。水平轴风电机组技术，因其具有风能转换效率高、转轴较短，在大型风电机组上更显出经济性等优点，成为风电发展的主流机型，并占到95％以上的市场份额。同期发展的垂直轴风电机组因转轴过长、风能转换效率不高，启动、停机和变桨困难等问题，目前市场份额很小、应用数量有限，但由于其全风向对风、变速装置及发电机可以置于风轮下方或地面等优点，近年来，国际上相关研究和开发也在不断进行并取得一定进展。

（2）风电机组单机容量持续增大。风电机组的单机容量持续增大，世界上主流机型已经从2000年的0.5～1MW增加到2014年的1.5～6MW。随着单机容量不断增大和利用效率提高，我国主流机型已经从2005年的0.6～1MW增加到2014年的1.5～5MW。目前，1.5～3MW级风电机组已成为国内风电市场中的主流机型。

近年来，海上风电场的开发进一步加快了大容量风电机组的发展，2008年年底世界上已运行的最大风电机组单机容量达到5MW，风轮直径达到127m。目前，已经开始8～10MW风电机组的设计和制造。我国的3MW海上风电机组已经在上海东海大桥海上风电场成功投入运行，5MW海上风电机组已研制成功，6MW大型海上风电机组正在研制中。

（3）变桨距技术得到普遍应用。由于叶片变桨距调节具有机组启动性能好、输出功率稳定、机组结构受力小、停机方便安全等优点，使得目前绝大多数大型并网风电机组均采用变桨距调节形式。国内新安装的兆瓦级机组多已实现了变桨距功率调节。变桨距调节机组的缺点是增加了变桨装置与故障概率，控制程序比较复杂。

（4）变速恒频技术得到快速推广。与恒速运行的风电机组相比，变速运行的风电机组具有发电量大、对风速变化的适应性好、生产成本低、效率高等优点。变速恒频双馈异步风电机组即是其中典型，2009年新增风电机组中，双馈异步风电机组仍占80％以上。随着电力电子技术的进步，大型变流器在大型双馈发电机组及直驱式发电机组中得到了广泛应用，使得机组在低于额定风速下具有较高的效率，结合变桨距技术的应用，在高于额定风速下使发电机功率更加平稳，但机组造价较高。

（5）直驱式、全功率变流技术得到迅速发展。无齿轮箱的直驱方式能有效地减少由于齿轮箱问题而造成的机组故障，可有效提高系统的运行可靠性和寿命，减少维护成本，因而得到了市场的青睐。2015年我国新增大型风电机组中，直驱式风电机组已超过25％。

伴随着直驱式风电系统的出现，全功率变流技术得到了发展和应用。应用全功率变流的并网技术，使风轮和发电机的调速范围扩展到0～150％的额定转速，进一步提高了风能的利用范围。由于全功率变流技术对低电压穿越技术有较好的解决方案，因此具有一定发展优势。

（6）大型风电机组关键部件的性能日益提高。随着风电机组的单机容量不断增大，各部件的性能指标都有了提高，国外已研发出 $3\sim12kV$ 的风电专用高压发电机，使发电机效率进一步提高；高压三电平变流器的应用大大减少了功率器件的损耗，使逆变效率达到 98% 以上；某些公司还对桨叶及变桨距系统进行了优化，改进桨叶后使叶片的 $C_P \geqslant 0.5$。

我国在大型风电机组关键部件方面也取得明显进步，叶片、齿轮箱、发电机等部件制造质量已有明显提高。我国风电设备的产业链已经形成，为今后的快速发展奠定了稳固的基础。

（7）智能化控制技术广泛应用。鉴于风电机组的极限载荷和疲劳载荷是影响风电机组及部件可靠性和寿命的主要因素之一，近年来，风电机组制造厂家与有关研究部门积极研究风电机组的最优运行和控制规律，通过采用智能化控制技术，与整机设计技术结合，努力减小疲劳载荷，避免风电机组运行在极限载荷，并逐步成为风电控制技术的主要发展方向。

（8）叶片技术不断进步。随着机组容量的增加，叶片的长度及重量均有所增加，因此需增加叶片刚度保证叶片的尖部不与塔架（筒）相碰，并要有好的疲劳特性和减振结构来保证叶片长期的工作寿命。

为了增加叶片的刚度，在长度大于 50m 的叶片上将广泛使用强化碳纤维材料。用玻璃钢、碳纤维和热塑材料的混合纱丝制造叶片，这种纱丝铺进模具加热到一定温度后，热塑材料就会融化并转化为合成材料，会使叶片生产时间缩短 50%。

"柔性智能叶片"的研究将受到关注，这种叶片可以根据风速的变化相应改变受风的型面，改善叶片的受力状态，化解阵风的冲击能量，使风电机组的运行更平稳，降低疲劳损坏，提高机组寿命，有利于安全稳定运行。

（9）适应恶劣气候环境的风电机组得到重视。由于我国北方地区有沙尘暴、低温、冰雪、雷暴，东南沿海地区有台风、盐雾，西南地区具有高海拔等恶劣气候特点，恶劣气候环境已对风电机组造成很大的影响，包括增加维护工作量、减少发电量，严重时还导致风电机组损坏。近年来，我国在风电机组的防风沙、抗低温、防雷击、抗台风、防盐雾等方面进行了研究，以确保风电机组在恶劣气候条件下能可靠运行，提高发电量。

（10）低电压穿越技术得到应用。随着风电机组单机容量的不断增大和风电场规模的不断扩大，电网对机组性能要求越来越高。通常情况下要求发电机组在电网故障出现电压跌落的一段时间内不脱网运行，并在故障切除后能尽快帮助电力系统恢复稳定运行，即要求风电机组具有一定低电压穿越（Low Voltage Ride - Through，LVRT）能力。很多国家的电力系统运行导则对风电机组的低电压穿越能力做出了规定。

（11）海上风电技术成为重要发展方向。近海风能资源丰富，而陆上风电场有占用土地、影响自然生态、噪声等不利因素，使得风电场建设从陆上向近海逐步发展。

由于近海风电机组对噪声的要求较低，采用较高的叶尖速度可降低机舱的重量和成本。可靠性高、维修性好、单机容量大是今后近海风电机组的发展方向。

近海风电资源测试评估、风电场选址、基础设计及施工安装技术等方面的工作越来越受到重视。截至 2014 年年底，全国海上风电项目累计核准规模约 3080MW，其中，江苏省核准海上风电项目 1880MW，居全国第一，占到了我国海上风电核准总规模的 61%。

2014年，我国海上风电新增核准650MW，分布在河北、江苏、上海和福建等四省市。截至2014年年底，我国海上风电项目累计并网容量440MW（含试验机组），主要分布于江苏省和上海市，分别为300MW和110MW。2014年，我国海上风电新增并网容量20MW，全部位于江苏省。

（12）标准与规范逐步完善。德国、丹麦、荷兰、美国、希腊等国家加快完善了风电技术标准，建立了认证体系和相关的检测与认证机构，同时采取了相应的贸易保护性措施。自1988年国际电工委员会成立了IEC/TC 88"风力发电技术委员会"以来，已发布了10多项国际标准，这些标准绝大部分由欧洲国家制定，是以欧洲的技术和运行环境为依据编制的，为保证产品质量、规范风电市场、提高风电机组的性能和推动风电发展奠定了重要基础，同时，也保护了欧洲风电机组制造企业。我国也开展了风电行业标准化工作，完善机构建设，并进行风电机组各项标准的制定和修订。

1.4 风电相关技术标准

20世纪80年代初，在风电快速发展的大背景下，为了规范风电机组产品的设计、制造和安装运行，保证产品质量，提高安全性和可靠性，降低风电产业的风险，德国、荷兰和丹麦等几个风电发达国家率先开始着手制订风电机组的相关准则和标准，并逐渐形成了"第三方认证"的制度，即风电机组产品必须经过第三方机构的审查、监督、发证和后续检查工作，取得许可后，才能进入市场。从1986年德国劳氏船级社提出的第一个关于风电机组认证的准则"风能转换系统的认证准则"以来，风电领域已经形成了比较完善的标准、检测和认证体系，对促进风电的健康发展起到了重要作用。

现代并网型风电相关的专业技术标准大致涉及以下方面：

（1）风资源评估。此类标准主要用于较大范围的风能资源规划，是风能利用的重要评价依据。通常根据气象部门的统计分析数据，由国家发布标准。

（2）风电机组设计与认证。主要用于风电设备的设计、试验、检测和认证等过程。其中，有关机组设计的标准，可大致分为整机和部件设计两类标准。而有关机组的认证目前多采用准行业标准形式，主要用于新型机组的生产许可，一般由权威认证机构制定。

（3）风电场设计与运行。此类标准主要用于风电场的规划与设计，随着大型风电场的快速增加，相应的运行规范或标准也在发展和形成中。

1.4.1 国际电工委员会标准

国际电工技术委员会（International Electrotechnical Commission，IEC）于1988年成立了风力发电技术委员会（IEC/TC 88），开始进行风电国际标准的制订工作，并于1994年颁布标准IEC 61400-1《风力发电系统 第1部分：安全要求》，1997年颁布该标准的第二版。1999年，该标准重新修订和编号为IEC 61400-10，2005年进一步修订，更名为《风力发电系统 第1部分：设计要求》。该标准是风电机组的基本设计标准之一。标准中针对在特定环境条件工作的风电设备，规定了设计、安装、维护和运行等安全要求，并涉及对机组主要子系统，如控制和保护机构、内部电气设备、机械系统、支撑结构以及电气连接等设备的要求。除了IEC 61400-1标准以外，国际电工技术委员会还陆续颁布了多项风电相关标准，形成了比较完善的标准体系。针对海上风电机组的发展状况和特殊性，国际电工委员会 2009 年颁布了最新标准 IEC 61400－3《海上风电机组设计要求》。IEC 有关风电的主要标准见表 1.5。

表 1.5　　　　　　　　　　　IEC 有关风电机组的部分标准

标准号	标准名称		发布时间 /年
	中文名	英文名	
IEC 61400－1	风力发电系统　第 1 部分：设计要求	Wind turbine generator systems－Part 1：Design requirements	2005
IEC 61400－2	风力发电系统　第 2 部分：小型风轮机的安全要求	Wind turbine generator systems－Part 2：Safety of small wind turbines	2006
IEC 61400－3	风力发电系统　第 3 部分：近海风电机组的设计要求	Wind turbine generator systems－Part 3：Design requirements of offshore wind turbines	2009
IEC 61400－4	风力发电机　第 4 部分：风轮机变速箱的设计要求	Wind turbines－Part 4：Design requirements for wind turbine gearboxes	2012
IEC 61400－11	风力发电系统　第 11 部分：噪声测量技术	Wind turbine generator systems－Part 11：Acoustic noise measurement techniques	2002
IEC 61400－12	风力发电系统　第 12 部分：风轮机动力性能试验	Wind turbine generator systems－Part 12：Wind turbine power performance testing	2005
IEC 61400－13	风力发电系统　第 13 部分：机械负载的测量	Wind turbine generator systems－Part 13：Measurement of mechanical loads	2001
IEC 61400－14	风力发电系统　第 14 部分：声功率级和音质	Wind turbine generator systems－Part 14：Declaration of sound power level and tonality values	2005
IEC 61400－21	风力发电系统　第 21 部分：电能质量和评估方法	Wind turbine generator systems－Part 21：Measurement and assessment of power quality characteristics of grid connected wind turbines	2001
IEC 61400－22	风力发电机　第 22 部分：一致性测试和验证	Wind turbines－Part 22：Conformity testing and certification	2010
IEC 61400－23	风力发电系统　第 23 部分：风轮叶片的全尺寸比例结构试验	Wind turbine generator systems－Part 23：Full-scale structural testing of rotor blades	2001
IEC 61400－24	风力发电系统　第 24 部分：避雷装置	Wind turbine generator systems－Part 24：Lightning Protection	2002
IEC 61400－25	风力发电机　第 25 部分：风力发电厂的监测和控制用通信系统	Wind turbines－Part 25：Communications for monitoring and control of wind power plants	2006
IEC 61400－26	风力发电机　第 26 部分：风力发电系统	Wind turbines－Part 26：Wind energy generation systems	2011
IEC 61400－27	风力发电机　第 27 部分：电力仿真模型	Wind turbines－Part 27：Electrical simulation models	2015

国际电工技术委员会于 1995 年开始推动国际风电机组认证的标准化工作，于 2001 年颁布了认证标准 IEC WT01《风力发电机组合格认证规则及程序》，成为国际间通行的认证标准。标准中涉及的认证程序包括机组型式认证、项目认证和部件认证三种。其中，型式认证是针对新型号的风电设备，通过设计评估、制造厂资质及质量管理体系评估、生产制造过程监测以及样机型式试验等四个环节，确认定型风电机组是否满足相关规范和标准规定的设计、制造、安装和运行维护条件。

1.4.2　国外主要风电标准

目前，德国、丹麦、荷兰等三个国家的风电技术处于世界领先地位，这些国家都较早颁布了风电相关的标准，建立了完备的风电认证体系，对本国的陆地和海上风电项目实施强制认证，对风电技术的发展起到了积极重要的作用。

德国劳式船级社（Germanischer Lloyd，GL）是最早在国际上开展风电机组认证工作的第三方机构。该公司于 1986 年草拟了第一个关于风电机组认证的准则《风能转换系统的认证准则》（简称 GL 准则），并于 1993 年正式出版。该准则经过多次补充和完善，已经形成国际上最完善的风电机组认证标准体系，被国际上广泛采纳。GL 准则中根据平均风速、极端风速和湍流强度条件，将风电机组分成不同的级别。详细给出风电机组载荷分析及计算方法，并对风电机组整体及主要部件的设计过程和要求进行了描述。德国船级社于 1995 年就已经出版了关于海上风电机组认证的标准。其最新版《GL 海上风机认证指南(2005)》可用于海上机组和风电场的设计、评估及认证，涵盖机组型式认证和风电场项目认证两方面。

荷兰于 1988 年颁布风电认证标准 NEN 6096，后来形成荷兰国家标准 NVN 11400 - 0。该标准中除对风电机组的基本设计要求外，还规定设备生产商须通过 ISO 9001 认证，或满足 NVN 11400 - 0 要求且通过认证机构认证。该标准采用的机组载荷计算方法，大体上与 IEC 61400 - 1 标准相同，主要差别在于疲劳和变形分析的一些局部安全系数选择方面。NVN 11400 - 0 所提出的外部条件主要是针对荷兰的风况。

丹麦于 1992 年颁布国家标准 DS 472《风机的载荷和安全标准》。规定了风电机组的基本设计要求，且规定设备制造商须通过 ISO 9001 认证。根据本国气候条件，该标准定义了风况条件，风速等级与其他标准也稍有不同。该标准中设计载荷的分析和 GL 准则类似，只是载荷数量的情况较少。DS 472 标准中还提供了直径达 25m 的三叶片失速型机组的简化疲劳载荷谱，以及叶片和塔架（筒）对阵风响应因素的计算方法。

挪威船级社（DNV）是较早从事海上风电认证的第三方机构，于 2007 年颁布标准 DNV—OS—J101《海上风电机组结构设计标准》。DNV 凭借海上风电开发的探索和认证管理的实践，形成较完整且有参考意义的技术认证及风险管理体系，从 1991 年至今，已为全球 40 多个海上风电场提供认证服务，在国际海上风电认证领域具有代表性和影响力。

除了上述标准之外，欧盟也颁布了多项关于风电机组零部件的标准，如 EN 60034《旋转电机》、EN 50178《用于电力安装的电气设备》、EN 61010《机械安全机械电气设备》等，分别对风电机组用电机（发电机、变桨电机、偏航电机等）、变流器、控制系统等部件提出了技术要求。

北美各国的风电标准体系主要依据 UL 标准和 IEEE 标准等，与 IEC 标准和 EN 标准存在较大差异。例如电动机标准采用 UL 1004，变流器标准采用 UL 1741、IEEE 1547 等，主控器标准采用 UL508A 等。

1.4.3 我国主要风电标准

1985 年在原国家标准局的批准下成立了全国风力机械标准化技术委员会（SAC/TC 50），负责我国的风电、风力提水和其他风能利用机械标准的制定、修订和技术归口等标准化方面的工作，并负责与 IEC/TC 88 对口联络工作。早期颁布了一些针对小型风电设备的标准。随着近年来大型并网风电机组的快速发展，相关的标准研究和制定工作也明显加快。

我国有现行风力机械标准 59 个，其中并网型风电机组标准 21 个，离网型风电机组标准 38 个。表 1.6 是近年我国相继发布的主要风电相关标准。这些标准主要分为国家标准和行业标准两类。

（1）国家标准（GB/T）由中国国家质量监督检验检疫总局发布。目前我国的风电相关国家标准主要是参考 IEC 相关的标准，并结合我国实际情况制定，例如国标 GB/T 18451.1—2001《风力发电机组　安全要求》主要参考了 IEC 61400‑1 标准（1999 版）的内容。

（2）机械行业标准（JB/T）是过去由原机械工业部，后来由现国家发展改革委员会发布的标准。例如，标准 JB/T 10300—2001《风力发电机组　设计要求》，是以 IEC 61400‑1（1999 版）和德国船级社《风能转换系统认证规则》（1993 版）为基础，并参考相关标准和资料制定。其中有关零部件设计部分的内容参考了 ISO 2394 标准（结构可靠性通则），所要求内容相对更详细，并在附录中给出了载荷计算的简化方法。

表 1.6　　　　　　　　　　　　　并网型风电机组的部分相关标准

标准代号	标准名称	发表时间
GB/T 2900.53—2001	电工术语　风力发电机组	2001
GB/T 18451.1—2001	风力发电机组　安全要求	2001
GB/T 18451.2—2003	风力发电机组　功率特性试验	2001
GB/T 19960.1—2005	风力发电机组　第 1 部分：通用技术条件	2001
GB/T 19960.2—2005	风力发电机组　第 2 部分：通用试验方法	2001
GB/T 20319—2006	风力发电机组　验收范围	2006
GB/T 20320—2006	风力发电机组　电能质量测量和方法评估	2001
GB/T 19568—2004	风力发电机组装配和安装规范	2001
GB/T 19069—2003	风力发电机组　控制器　技术条件	2003
GB/T 19070—2003	风力发电机组　控制器　试验方法	2003
GB/T 19071.1—2003	风力发电机组　异步发电机 1：技术条件	2003
GB/T 19071.2—2003	风力发电机组　异步发电机 2：试验方法	2003
GB/T 19073—2003	风力发电机组　齿轮箱	2003
GB/T 19072—2003	风力发电机组　塔架	2003
JB/T 10300—2001	风力发电机组　设计要求	2003
JB/T 10194—2000	风力发电机组　风轮叶片	2000

| JB/T 10427—2004 | 风力发电机组 液压系统 | 2004 |
| JB/T 10425.1—2004 | 风力发电机组 偏航系统 第 1 部分：技术条件 | 2004 |

续表

标准代号	标准名称	发表时间
JB/T 10425.2—2004	风力发电机组 偏航系统 第 2 部分：试验方法	2004
JB/T 10705—2007	滚动轴承 风电机轴承	2007
JB/T 18709—2002	风电场风能资源测量方法	2002
JB/T 18710—2002	风电场风能资源评估方法	2002

目前我国风电机组的整机认证并未采用强制性认证，属于风电设备制造企业的自愿行为，致使国内风电行业的认证门槛较低。国内风电机组的认证标准主要参照 IEC 标准，例如，中国船级社（CCS）于 2008 年颁布的《风力发电机组规范》，主要参考 IEC 61400 - 1 标准（2005 年版）制定。IEC 标准主要依据欧洲的风况条件，不一定完全符合我国的实际情况。国家能源局、国家标准化管理委员会等正在制定适合我国国情的风电机组整机认证标准。

习 题

1.1 简述 Smith - Putnam 风电机组的特点。

1.2 什么是"丹麦概念风电机组"？

1.3 风能具有哪些特点？

1.4 什么是水平轴风电机组？什么是垂直轴风电机组？

1.5 简述大型水平轴并网风电机组的基本结构。

1.6 什么是风电机组认证？

1.7 目前我国按风资源对区域进行划分可分为几类，其主要包括哪些地区？

1.8 目前风电机组的主要研制方向在哪些方面？

1.9 在风电机组认证方面，国际与国内主要有哪些认证机构及标准？

第2章 风 能

风能是太阳能的一种表现形式，风功率密度的高低关系到风电成本的高低。自然风是一种随机的湍流运动，影响风电机组中机械设备、电气设备的稳定性，对电网造成冲击。风力发电过程中，风轮将风能转化机械能，发电机将机械能转化电能，在能量转化与传递过程中，风能的特性是决定因素。

风电机组的功率输出依赖于风与风轮叶片的相互作用，两者缺一不可。了解风能才能更好地利用风能，从这个意义上来说，掌握风力发电原理首先要了解风能的基本特性和风能转换原理。

风轮是接受和转换风能最关键的部件，也是风电机组中最基础的部件之一，风轮叶片在风的作用下产生动力使风轮旋转，将风的水平运动动能转换成风轮转动的动能去带动发电机发电。因此，风力发电的空气动力学问题主要是风轮的空气动力特性，本章在介绍风能特性的基础上，针对风力发电中风能利用的特点阐述风轮的风能转换原理并简要分析风轮空气动力学运行特性。

2.1 风 的 种 类 及 形 成

2.1.1 风的形成及其基本特性

1. 风的形成

风是一种自然现象，是指空气相对于地球表面的运动，是由于大气中热力和动力的空间不均匀性所形成的。由于大气运动的垂直分量很小，特别是在近地面附近，因此通常讲的风，是指水平方向的空气运动。

17 世纪，意大利人托里拆利发明了气压表，并通过实验认识到大气具有质量和压力；法国人帕斯卡发现了大气压力与高度的关系。从此，经过几百年的气象观测和研究，人们逐渐认识到，风是由大气内部的气温和气压变化支配的。由此可以解释风的起因，并可预测风的行踪。

大气运动的能量来自太阳。由于地球是球形的，因此其表面接收的太阳辐射能量随着纬度的不同而存在差异，因此永远存在南北方向的气压梯度，推动大气运动。

风的主要特征有以下方面：

（1）由于气温随高度变化引起的空气上下对流运动。

（2）由于地表摩擦阻力引起的空气水平运动速度随高度变化。

（3）由于地球自转的科里奥利力随高度变化引起的风向随高度变化。

（4）由于湍流运动动量垂直变化引起的大气湍流特性随高度变化。

大气边界层的划分见图 2.1。

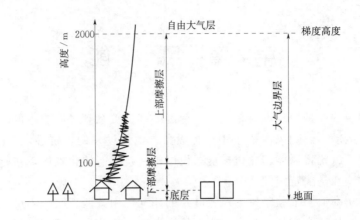

图 2.1　大气边界层

2. 风的尺度

地球表面的大气运动在时间和空间上是不断变化的，在不同的时间和空间尺度范围内，大气运动的变化规律不一样，形成了地球上不同的天气和气候现象，也对风能的利用产生影响，见图 2.2。通常，气流运动的空间尺度越大，则维持的时间也越长。大气运动尺度的分类并无统一标准，一般分为四类，具体如下：

（1）小尺度空间数米到数千米，时间数秒到数天。气流运动主要包括地方性风和小尺度涡旋、尘卷等。这一尺度范围的风特性对于风电机组的设计会产生主要影响。

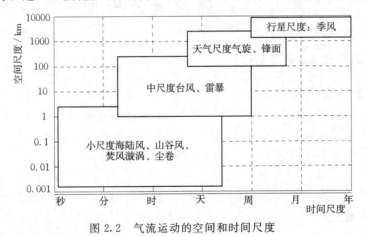

图 2.2　气流运动的空间和时间尺度

（2）中尺度空间数千米到数百千米，时间数分钟到一周。气流运动主要形式包括台风和雷暴等，破坏力最大。

（3）天气尺度空间数百千米到数千千米，时间数天到数周。一般为天气预报的尺度，包括气旋、锋面等大气运动现象。

（4）行星尺度空间数千千米以上，时间数周。该尺度的大气运动可以支配全球的季节性天气变化，甚至气候变化。

3. 风的大小

风的大小通常指水平风速的大小。图 2.3、图 2.4 给出的是某一时段水平方向实际风速、风向曲线。其中，风速和风向在时间及空间上的变化均是随机的。在研究大气边界层

风特性时，通常把风看作是由平均风和脉动风两部分组成，即

$$v(t) = \bar{v} + v'(t) \tag{2.1}$$

式中：$v(t)$ 为瞬时风速，指在某时刻 t，空间某点上的真实风速；$\bar{v}$ 为平均风速，指在某个时距内，空间某点上各瞬时风速的平均值；$v'(t)$ 为脉动风速，指在某时刻 t，空间某点上各瞬时风速与平均风速的差值。

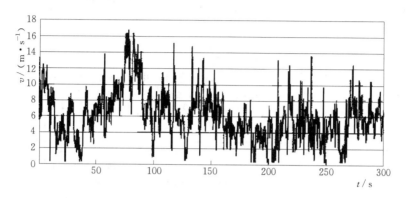

图 2.3 某一时段水平方向实际风速变化曲线

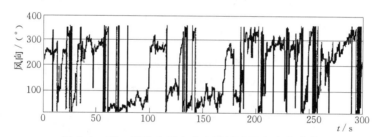

图 2.4 某一时段水平方向实际风速风向变化曲线

某地点平均风速的大小除取决于时距外，还与所测点的高度有关，我国规定的标准高度为 10m。为表征风的大小，在气象学中将风力作了分级。风力等级是依据风对地面或海面物体影响而引起的各种现象确定的。

2.1.2 风力等级

风力等级（简称风级）是根据风速的大小来划分的。国际上采用的风力等级是英国人蒲福（Francis Beaufort，1774—1859）于 1805 年拟定的，故又称蒲福风级。从静风到飓风分为 13 级。人们又把第 12 级（飓风）分为 6 级，至此蒲福风力等级由 13 级变为 18 级，具体见表 2.1。

表 2.1 　　　　　　　　　　　　　　蒲 福 风 力 等 级

风力等级	名称	相当于平地 10m 高处的风速/（m·s⁻¹）		陆上地物征象	海面和渔船征象	海面大概的浪高/m	
		范围	中数			一般	最高
0	静风 (Calm)	0.0~0.2	0	静；烟直上	海面平静	—	—

续表

风力等级	名称	相当于平地10m高处的风速/（m·s⁻¹）		陆上地物征象	海面和渔船征象	海面大概的浪高/m	
		范围	中数			一般	最高
1	软风（Light Air）	0.3～1.5	1	烟能表示出风向；树叶略有摇动	微波如鱼鳞状，没有浪花；一般渔船正好能使舵	0.1	0.1
2	轻风（light Breeze）	1.6～3.3	2	人能感觉到；树叶有微响，旗子开始飘动；高的草开始摇动	小波，波长尚短，但波形显著，波峰光亮但不破裂；渔船张帆时，可随风移行1～2n mile/h	0.2	0.3
3	微风（Gentle Breeze）	3.4～5.4	4	树叶及小枝摇动不息，旗子展开；高的草摇动不息	小波加大，波峰开始破裂；浪沫光亮，有时可有散见的白浪花，渔船开始簸动，张帆随风移行	0.6	1.0
4	和风（Moderate Breeze）	5.5～7.9	7	能吹起地面灰尘和纸张；树枝动摇；高的草呈波浪起伏	小浪，波长变长；白浪成群出现。渔船满帆的，可使船身倾于一侧	1.0	1.5
5	清风（Fresh Breeze）	8.0～10.7	9	有叶的小树摇摆，内陆的水面有小波；高的草波浪起伏明显	中浪，具有较显著的长波形状，许多白浪形成（偶有飞沫）；渔船需缩帆一部分	2.0	2.5
6	强风（Strong Breeze）	10.8～13.8	12	大树枝摇动，电线呼呼有声，撑伞困难；高的草不时倾伏于地	轻度大浪开始形成，到处都有更大的白沫峰（有时有些飞沫）；渔船缩帆大部分，并注意风险	3.0	4.0
7	疾风（Near Gale）	13.9～17.1	16	全树摇动，大树枝弯下来；迎风步行感觉不便	轻度大浪，碎浪而成白沫沿风向呈条状；渔船不再出港，在海者下锚	4.0	5.5
8	大风（Gale）	17.2～20.7	19	可折毁小树枝；人迎风前行感觉阻力很大	有中度大浪，波长较长，波峰边缘开始破碎成飞沫片，白沫沿风向呈明显的条带；所有近海渔船都要靠港，停留不出	5.5	7.5

续表

风力等级	名称	相当于平地10m高处的风速/(m·s⁻¹)		陆上地物征象	海面和渔船征象	海面大概的浪高/m	
		范围	中数			一般	最高
9	烈风 (Strong Gale)	20.8～24.4	23	草房遭受破坏,屋瓦被掀起;大树枝可折断	狂浪,沿风向白沫呈浓密的条带状,波峰开始翻滚,飞沫可影响能见度;机帆船航行困难	7.0	10.0
10	狂风 (Storm)	24.5～28.4	26	树木可被吹倒,一般建筑物遭破坏	狂涛,波峰长而翻卷;白沫成片出现,沿风向呈现白色浓密条带;整个海面呈白色;海面颠簸加大,有震动感,能见度受影响,机帆船航行颇危险	9.0	12.5
11	暴风 (Violent Storm)	28.5～32.6	31	大树可被吹倒;一般建筑物遭严重破坏	异常狂涛(中小船只可一时隐没在浪后);海面完全被沿风向吹出的白沫片所掩盖;波浪到处破成泡沫;能见度受影响,机帆船航行颇危险	11.5	16.0
12	飓风 (Hurricane)	32.7～37.0	35	陆上少见,其摧毁力极大	空中充满了白色的浪花和飞沫;海面完全变白,能见度严重地受到影响	14.0	—
13		37.1～41.4					
14		41.5～46.1					
15		46.2～50.9					
16		51.0～56.0					
17		56.1～61.2					

除查表外,还可以通过风级来计算风速,风速与风级的关系式为

$$\overline{v}_N = 0.1 + 0.824N^{1.505} \tag{2.2}$$

式中：N 为风的级数；$\overline{v}_N$ 为 N 级风的平均风速，m/s。

如已知风的级数 N，即可算出平均风速 v_N。同时根据风的级数计算出每级数对应的最大风速和最小风速。

N 级风的最大风速为

$$\overline{v}_{N\max} = 0.2 + 0.824N^{1.505} + 0.5N^{0.56} \tag{2.3}$$

N 级风的最小风速为

$$\overline{v}_{N\min} = 0.1 + 0.824N^{1.505} - 0.56 \tag{2.4}$$

2.1.3　全球性的风

1. 大气环流

大气环流是全球范围内，由于太阳辐射不均匀，产生赤道和极地的温度和气压差异，导致赤道上空的热空气向极地运动，而极地地面的冷空气向赤道运动的循环状态。1735年英国人哈德莱（Hadley）首先提出了描述这种纯粹经度方向气流运动的单圈循环模型。该模型由于没有考虑地球转动的影响，因此只是在赤道和极地比较接近实际情况，在中纬度地区相差较大。

1856年，美国人费雷尔（Ferrel）考虑地球自转的影响，提出了更接近实际的"三圈环流"大气运动模型，见图 2.5。大气环流是指全球范围内空气沿一封闭轨迹内的运动。它是地球绕太阳运转过程中日地距离和方位不同，地球上各纬度所接受的太阳辐射强度各异所造成的。赤道和低纬地区比极地和高纬地区太阳辐射强度强，地面和大气接受的热量多，因而温度高。这种温差使北半球等压面向北倾斜，高空空气向北流动（以下均以北半球为例说明）。

地球在自转，使水平运动的空气受到偏向的力，称为地球偏向力，又称为科里奥利力（Coriolis Forces），简称偏向力或科氏力，见图 2.6。在此力作用下，在北半球使气流向右偏转，在南半球使气流向左偏转，所以地球大气运动除受温度影响外，还要受地转偏向力的影响。气流真实运动是由于这两个因素综合作用的结果。

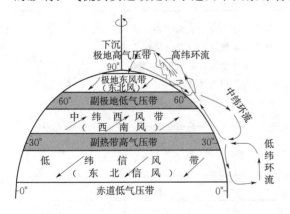

图 2.5　北半球大气环流

图 2.6　科氏力影响风向变化示意图

地转偏向力在赤道为零，随着纬度增高而增大，在极地达到最大。当空气由赤道两侧上升向极地流动时，开始因地转偏向力很小，空气基本受温度影响，在北半球，高空气流由南向北流动，随着纬度的增加，地球偏向力逐渐加大，空气运动也逐渐向右偏转，也就是逐渐转向东方。在纬度30°附近，偏角到达90°，地转偏向力与温度影响作用力相当，空气运动方向与纬圈平行，所以在纬度30°附近上空，赤道来的气流受到阻塞而聚积下沉，造成这一地区地面气压升高，就是所谓的副热带高压。

副热带高压下沉气流分为两支。一支从副热带高压区流向赤道。在地转偏向力的作用下，北半球吹东北风，风速稳定且不大，约3～4级，就是所谓的信风，所以从赤道至北纬30°之间的地带称为信风带。这一支气流补充了赤道上升气流，构成了一个闭合的环流圈，称为哈德来（Hadley）环流，也叫正环流圈。在北半球此环流圈南面上升，北面下沉。

另一支从副热带高压区向极地流动的气流，在地转偏向力的作用下吹西风，且风速较大，这就是所谓的西风带。在纬度60°附近处，西风带遇到了由极地流来的冷空气，被迫沿冷空气上面爬升，在纬度60°地面出现一个副极地低压带。

副极地低压带的气流上升，到了高空又分为两股，一股向南，一股向北。在北半球向南的一股气流在副热带地区下沉，构成了一个中纬度闭合圈，正好与哈德来环流流向相反，此环流圈北面上升，南面下沉，所以称为反环流圈，也称费雷尔（Ferrel）环流圈。向北的一股气流，从上空到达极地后冷却下沉，形成极地高压带，这股气流补偿了地面流向副极地带的气流，而且形成了一个闭合圈，此环流圈南面上升，北面下沉，是与哈德来环流流向类似的环流圈，因此也称为正环流。在北半球，此气流由北向南，受地转偏向力的作用，吹偏东风，在60°N～90°N之间，形成了极地东风带。

综上所述，在地球上由于地球表面受热不均，引起大气层中空气压力不均衡，因此形成地面与高空的大气环流。各环流圈的高度，以热带最高，中纬度次之，极地最低，这主要是由于地球表面增热程度随纬度增高而降低的缘故。这种环流在地球自转偏向力的作用下，形成了赤道到纬度30°环流圈、30°～60°环流圈和纬度60°～90°环流圈，即著名的"三圈环流"，见图2.5。"三圈环流"在北半球地面上形成的低纬东北信风带、中纬西风带和高纬东北风带又称"行星风带"。

"三圈环流"模型反映了地球上大气运动的基本情况，与实际的地面气压分布和风的流动比较接近。但是由于该模型为理想模型，没有考虑地球表面的海陆分布、地形变化、地表性等方面的差异以及季节、云量等的影响，实际大气环流的情况要复杂得多。从局部看，由于温差也会产生小环流。

2. 季风

季风形成的主要原因是海陆比热不同而造成的热力差异，从而形成了大尺度的、随着季节交替变化的局部热力环流。季风一般以年为周期。例如亚洲地区，冬天大陆比海洋冷，在欧亚大陆的西伯利亚地区形成巨大高压，驱动气流从陆地吹向印度洋和南中国海，所以我国冬季盛行偏北西风。夏季陆地空气比海洋热，在内陆形成接近地面的低压区，海上湿空气流入内陆，因此夏季盛行东南风。冬夏季节不仅风向发生转变，而且气流的干湿也发生转变。

除了气压梯度力外，大气运动还受到地转偏向力、摩擦力和离心力的影响。地转偏向力也称科里奥利力，其大小取决于地球的转速、纬度、物体运动的速度和质量。摩擦力是地表面对气流的拖拽力（地面摩擦力）或气团之间的混乱运动产生的力（湍流摩擦力）。离心力是使气流方向发生变化的力。

　　空气相对于地表运动过程中，在接近地球表面的区域，由于地表植被、建筑物等影响会使风速降低。把受地表摩擦阻力影响的大气层称为大气边界层。从工程的角度，通常把大气边界层划分为三个区域：离地面 2m 以内称为底层；2～100m 的区域称为下部摩擦层；100m～2km 的区域称为上部摩擦层。底层和下部摩擦层又统称为地面边界层。把2km 以上的区域看作不受地表摩擦影响的自由大气层。

　　形成我国季风环流的因素很多，主要是由于海陆差异，"行星风带"的季节转换以及地形特征等综合形成的。

　　(1) 海陆分布对我国季风的作用。海陆的热容量比陆地大得多，冬季陆地比海洋冷，大陆气压高于海洋，气压梯度力自大陆指向海洋，风从大陆吹向海洋；夏季则相反，陆地很快变暖，海洋相对较冷，陆地气压低于海洋气压，气压梯度力自海洋指向大陆，风从海洋吹向大陆，我国东临太平洋，南临印度洋，冬夏的海陆温差大，所以季风明显。

　　(2) "行星风带"位置季节转换对我国季风的作用。地球上存在 5 个风带。从图 2.5可以看出，信风带、盛行西风带、极地东风带在南半球和北半球是对称分布的。"行星风带"的边缘，在北半球的夏季都向北移动，而冬季则向南移动。这样冬季西风带的南缘地带，夏季可以变成东北风带。因此，冬夏盛行风就会发生 180° 的变化。

　　冬季我国主要在西风带影响下强大的西伯利亚高压笼罩着全国，盛行偏北气流。夏季西风带北移，我国在大陆热低压控制之下，副热带高压也北移，盛行偏南风。

　　(3) 青藏高原对我国季风的影响。青藏高原占我国陆地的 1/4，平均海拔在 4000m 以上，对于周围地区具有热力作用。在冬季，高原上温度较低，周围大气温度较高，这样形成下沉气流，从而加强了地面高压系统，使冬季风增强；在夏季，高原相对于周围自由大气是一个热源，加强了高原周围地区的低压系统，使夏季风得到加强。另外，在夏季，西南季风由孟加拉湾向北推进时，沿着青藏高原东部的南北走向的横断山脉流向我国的西南地区。

　　季风程度可用一个定量的参数来表示，称为季风指数。当地面冬夏盛行风向之间的夹角在 120°～180° 之间，认为是属于季风，然后用 1 月和 7 月盛行风向出现的频率相加除以2，即

$$I = (f_1 + f_2)/2 \tag{2.5}$$

式中：I 为季风指数；f_1 为 1 月盛行风向出现的频率；f_2 为 7 月盛行风向出现的频率。

　　$I > 40\%$ 为季风区，$I = 40\% \sim 60\%$ 为较明显季风区，$I > 60\%$ 为明显季风区。

2.1.4　地方性的风

1. 海陆风

　　白天，陆地升温快，地面附近空气受热上升，造成低压，海洋表面温度低，气压相对高，故风从海面吹向陆地，称为海风，见图 2.7 (a)。夜间，陆地降温快，而海面降温慢，风从陆地吹向海洋，称为陆风，见图 2.7 (b)。海陆风以日为周期，风力小而且范围小，一般影响范围在陆上 20～50km 以内。海风风速相对较大，可达 4～7m/s，而陆风风速一般在 2m/s 左右。

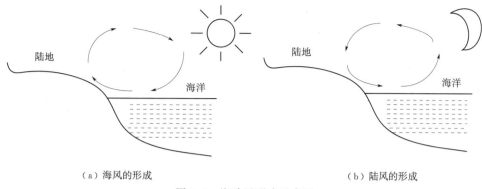

（a）海风的形成　　　　　　　　　　　　　（b）陆风的形成

图 2.7　海陆风形成示意图

2. 山谷风

白天，在同一高度上，山坡处空气离地近，升温快，而谷地上空空气升温慢，山坡处热空气上升，山谷上方空气补充，风从山谷吹向山坡称为谷风，见图 2.8（a）。夜间，情况正好相反，谷地上空空气降温慢，风从山坡吹向山谷，称为山风，见图 2.8（b）。山谷风也以日为周期，风速低，谷风一般为 2～4m/s，而山风才 1～2m/s。山谷风的大小还受山谷的地形、植被等影响。

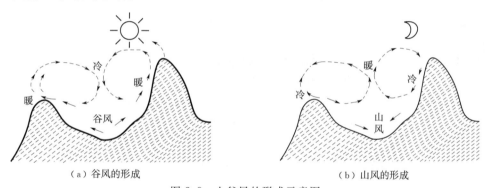

（a）谷风的形成　　　　　　　　　　　　　（b）山风的形成

图 2.8　山谷风的形成示意图

3. 焚风

气流经过大山脉时，在山后形成的干暖风称为焚风。产生的原因主要：①气流在山前有降水，由于释放潜热，使过山气流气温剧升，气流过山后下沉并增温，形成干热的焚风，见图 2.9（a）；②山前无降水时，气流自上层过山，经绝热压缩使气温升高，在山后形成焚风，见图 2.9（b）。

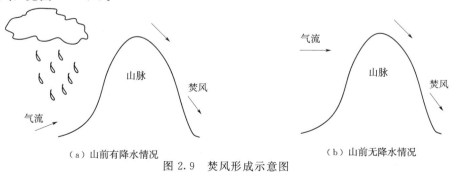

（a）山前有降水情况　　　　　　　　　　　　（b）山前无降水情况

图 2.9　焚风形成示意图

2.2　风　的　特　征

大气边界层内的风是一种随机的湍流运动，长期以来，人们对它进行了大量的研究工作，期望能用一个理论模型来准确描述，但未能实现。目前仅对高度 100m 以下的地表层的风特性比较了解，将风特性分为平均风特性和脉动风特性，造成风在近地层中垂直变化的原因有动力因素和热力因素。平均风特性包括平均风速、平均风向、风速廓线和风频曲线，脉动风特性包括脉动风速、脉动系数、风向、湍流强度等。

2.2.1　平均风

1. 平均风速的定义

平均风速是指在某一时间间隔中，空间某点瞬时水平方向风速的数值平均值，即

$$\bar{v} = \frac{1}{t_2 - t_1} \int_{t_1}^{t_2} v(t)\,\mathrm{d}t \tag{2.6}$$

式（2.6）表明，平均风速与平均时间间隔 $\frac{1}{t_2 - t_1}$ 有关，不同的时间间隔，计算的平均风速存在差异。目前国际上通行的计算平均风速的时间间隔为 10min～2h。我国规定的计算时间间隔为 10min。在评估风能资源时，为减少计算量，常用 1h 间隔计算平均风速。

平均风速计算时间间隔的确定源自科学家范德豪芬（Van Der Hoven）曾经做过的平均风速特性实测分析结果。范德豪芬在美国布鲁克海文（Brookhaven）国家实验室 125m 高塔上，在高度 100m 处，对当地的平均风速变化特性进行了多年连续测量，并依据测量数据做出如图 2.10 所示的平均风速功率谱曲线。图中横坐标为平均风速波动周期，即时间/循环。该曲线反映了平均风速中的周期性波动成分。

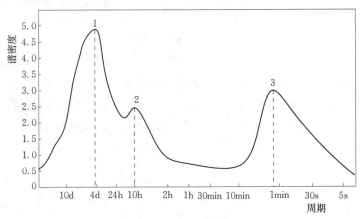

图 2.10　平均风速功率谱曲线

从图 2.10 中可以看出，平均风速有三个不同时间尺度的变化周期，其中前两个峰值（峰值 1 和峰值 2）对应的波动周期分别为 4 天左右和 10h 左右，主要是由于大气的大尺度运动（大气环流）产生的波动。峰值 3 的周期约为 1min，是由于大气微尺度运动（大气湍流）产生的周期性波动。在 10min～2h 范围平均风速功率谱低而且平坦，平均风速基本

稳定，可以忽略湍流的影响。因此，目前国际上通行的计算平均风速的时间间隔都取在 $10\mathrm{min}\sim2\mathrm{h}$ 范围。注意：对此区域时间风速进行准确预测对电网调度将起到很重要的作用。

2. 平均风速随高度的变化规律

在大气边界层中，由于空气运动受地面植被、建筑物等的影响，风速随距地面的高度增加而发生明显的变化，这种变化规律称为风剪切或风速廓线，一般接近于对数律分布率或指数律分布率。

（1）对数律分布。

$$\bar{v}=\frac{u_*}{K}\ln\frac{z}{z_0} \tag{2.7}$$

式中：$u_*=\sqrt{\dfrac{\tau_0}{\rho}}$，可以认为 $\bar{v}\propto\ln\dfrac{z}{z_0}$；$\bar{v}$ 为距地高度 z 处的平均风速，$\mathrm{m/s}$；z 为距地面高度，m；z_0 为地表粗糙度，m，其取值由表 2.2 给出。

表 2.2　　　　　　　　　　　不同地表面状态下的地表粗糙度 z_0

地形	沿海区	开阔场地	建筑物不多的郊区	建筑物较多的郊区	大城市中心
z_0/m	0.005～0.0010	0.003～0.10	0.20～0.40	0.80～1.20	2.00～3.00

（2）指数率分布。目前，多数国家采用经验的指数分布率来描述近地层风速随高度的变化。这时，风速廓线可以表示为

$$\bar{v}=\bar{v}_1\left(\frac{z}{z_0}\right)^{\alpha} \tag{2.8}$$

式中：$\bar{v}_1$ 为高度 z_1 处的平均风速；α 为风速廓线经验指数，其取值大小受地面环境的影响，在计算不同高度风速时，可按表 2.3 取值。

表 2.3　　　　　　　　　　不同地表面状态下的风速廓线经验指数值

地面情况	α	地面情况	α
光滑地面，海洋	0.10	树木多，建筑物少	0.22～0.24
草地	0.14	森林，村庄	0.28～0.30
较高草地，城市地	0.16	城市高建筑	0.40
高农作物少量树木	0.20		

如果已知 z_1，z_2 两个高度的实际平均风速，则可以计算 α，即

$$\alpha=\frac{\lg(\bar{v}_2/\bar{v}_1)}{\lg(z_2/z_1)} \tag{2.9}$$

实测结果表明，用对数律和指数律都能较好地描述风速随高度的分布规律，其中指数律偏差较小，而且计算简便，因此更为通用。

3. 平均风速随时间的变化规律

大气边界层中的平均风速随时间变化，不同地区变化不同，但有一定的规律性。

（1）平均风速的日变化。由于太阳照射引起地面受热的昼夜变化，导致平均风速在每天范围内也发生相应变化。图 2.11 所示为某地实测的不同高度处的平均风速日变化曲线。

由图看出，在离地面较近区域，后半夜至清晨时段的风速较低，白天在午后时段风速达到最大；而在高层（超过 200m）的情况则相反。在 50～150m 范围内，风速的日变化相对较小。

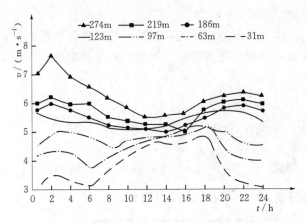

图 2.11 某地区实测的不同高度处的平均风速日变化曲线

（2）平均风速的季度变化。在世界上几乎所有地区一年内的平均风速都随着季节发生明显规律性的变化，图 2.12 为美国某地区的一年内平均风功率密度的变化情况。可以看出，该地区的风功率在冬春季较高，夏秋季较低。风速随季度的变化主要取决于纬度和地貌特征。我国大部分地区，最大风速多在春季，而最小风速多在夏季。

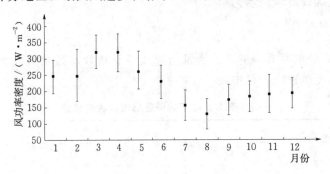

图 2.12 美国某地区的一年内平均风功率密度的变化情况

4. 平均风速的分布

平均风速的变化是随机的，但其分布特性存在一定的统计规律性。用概率论和数理统计中的概率分布函数和概率密度函数可以描述风速的统计分布特性。图 2.13 给出了某地的实测平均风速概率密度曲线。可以用数理统计的方法，用一定的函数关系拟合实测概率密度曲线。在应用中，通常以双参数威布尔分布或瑞利分布来描述平均风速分布。

威布尔分布可表示为

$$P(v) = \frac{k}{c} \left(\frac{v}{c} \right)^{k-1} e^{-\left(\frac{v}{c} \right)^k} \tag{2.10}$$

式中：k 为形状系数；c 为尺度系数。

威布尔分布用形状参数 k 和尺度参数 c 来表征。图 2.14 表示了不同形状参数 k 的威布尔分布函数曲线，瑞利分布是威布尔分布在 $k=2$ 时的特例。

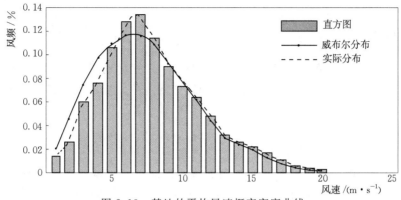

图 2.13　某地的平均风速概率密度曲线

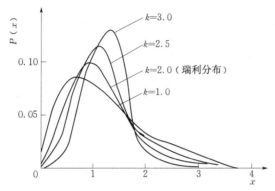

图 2.14　威布尔分布函数概率密度曲线

威布尔分布中的 k 和 c，可以通过实测风速数据求出。

5. 平均风向

风向是指风的来向，即风是从哪个方向吹来的。风向用角度来表示，以正北方向为基准（0°），按顺时针方向确定风向角度，例如：东风为 90°，南风为 180°，西风为 270°，北风为 360°等。最常用的方法是把圆周 360°分成 16 个等分，16 个方位的中心见图 2.15，每

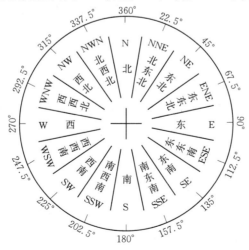

图 2.15　风向方位图

一个方位范围是 $22.5°$。

2.2.2 脉动风

脉动风也是随机变化的，当大气比较稳定时，可以把脉动风看作平稳随机过程，即可用某点长时间的观测样本来代表整个脉动风的统计特性。这里，仅介绍其风速、湍流强度和阵风系数。

1. 脉动风速

脉动风速是在某时刻 t，空间某点上的瞬时风速与平均风速的差值的计算，见式 (2.1)。由此得出，脉动风速的时间平均值为零，即脉动风速的概率密度函数非常接近于高斯分布或正态分布，所以可以将脉动风速的概率密度函数表示为

$$p(v') = \frac{1}{\sigma \sqrt{2\pi}} e^{-\frac{v'^2}{2\sigma^2}} \tag{2.11}$$

式中：σ 为 v' 的均方根值。

图 2.16 是不同高度处的风速时间历程曲线。由图可知，脉动风速随高度的减小而增加，这是由于越接近地面受地貌特征及湿度分布影响越大。

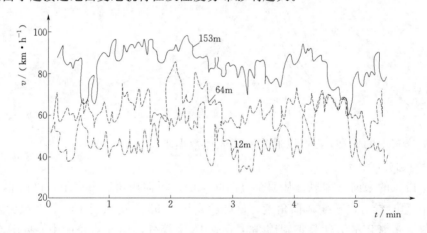

图 2.16　不同高度处的风速时间历程曲线

2. 湍流强度

湍流强度用来描述风速随时间和空间变化的程度，反映风的脉动强度，是确定结构所受脉动风载荷的关键参数。在实际描述湍流强度通常使用湍流功率谱密度，功率谱的形成是由于许多不同尺度的涡运动组合而成的，空间某点的湍流功率谱是由不同尺度的涡在该处形成的各种频率的脉动叠加而成的，其作用是描述涡流中不同尺度的涡的动能在湍流脉动动能所占的比例。把湍流强度 ε 定义为脉动风速的均方根值与平均风速之比，即

$$\varepsilon = \frac{\sqrt{(\overline{u'^2} + \overline{v'^2} + \overline{w'^2})/3}}{\sqrt{\overline{u}^2 + \overline{v}^2 + \overline{w}^2}} = \frac{\sqrt{(\overline{u'^2} + \overline{v'^2} + \overline{w'^2})/3}}{\overline{v}} \tag{2.12}$$

式中：u'，v'，w' 分别为三个正交方向上的脉动风速分量。

三个正交方向上瞬时风速分量的湍流强度分别定义为

$$\varepsilon_u = \frac{\sqrt{\overline{u'^2}}}{\overline{v}}, \quad \varepsilon_v = \frac{\sqrt{\overline{v'^2}}}{\overline{v}}, \quad \varepsilon_w = \frac{\sqrt{\overline{\omega'^2}}}{\overline{v}} \tag{2.13}$$

式中：u' 为与平均风速平行方向的分量；ε_u 为纵向湍流强度；v' 为在水平面内与 u 垂直方向的分量；ω' 为竖直方向的分量。在地面边界层中，一般 $\varepsilon_u > \varepsilon_v > \varepsilon_w$。在工程中，主要考虑纵向湍流强度 ε_u。

湍流强度不仅与离地面高度 z 有关，还与地表粗糙长度 z_0 有关。

图 2.17 和图 2.18 分别给出了纵向湍流强度随高度和地表粗糙度长度变化的曲线，其中，纵向湍流强度随高度的增加而减小，随地表粗糙度长度的增加而增大。

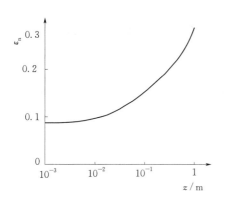
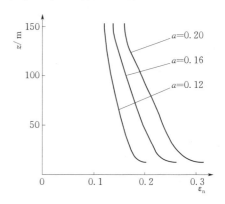

图 2.17　纵向湍流强度随高度的变化曲线　　图 2.18　纵向湍流强度随地面粗糙长度的变化曲线

3. 阵风系数

在结构设计中，需要考虑阵风的影响，因此，引入阵风系数 G。阵风系数是指阵风持续期内平均风速的最大值与 10min 时距的平均风速之比，它与湍流强度有关。湍流强度越大，阵风系数越大；阵风持续时间越长，阵风系数越小。

2.2.3　极端风

极端风是指平时很少出现的强风，有时它会造成结构的严重损坏。

1. 极端风种类

极端风主要有以下类型：

（1）热带气旋。热带气旋是指在热带海洋上空形成的中心高温、低压的强烈漩涡，是热带低压、热带风暴、台风或飓风的总称。热带气旋中心附近平均最大风速达 12 级以上时称为飓风（台风）；10~11 级时称为强热带风暴；8~9 级时称为热带风暴；8 级以下时称为热带低压。

（2）寒潮大风。极地或寒带冷空气大规模向中、低纬度运动称为冷空气活动。冷空气活动中，使某地最低气温下降达 5℃ 以上，或 48h 内日平均气温最大降温达 10℃ 时，称为寒潮。寒潮往往伴随有大风，其风力在陆地可达 5~7 级，海上可达 6~8 级，瞬时最大风速可达 12 级。

（3）龙卷风。龙卷风是一种从积雨云底部下垂的漏斗状小范围强烈漩涡。龙卷风在近地面处直径从几米至几百米，在空中的直径可达 3~4km，持续时间一般为几分钟至几十分钟，移动距离从几百米至数千米，最大风速可达 $100\sim200\mathrm{m/s}$，垂直气流速度可达每秒几十米至几百米。

2. 重现期

极端风虽不经常出现，但如果出现就可能造成极大破坏。因此，在工程设计中要合理确定一个设计最大风速。由于各年份最大风速不尽相同，若取各年份最大风速平均值，则超过这一平均值的情况就会较多，故应取一个大于各年份最大风速平均值的风速作为设计最大风速。从统计学的角度，这个风速要间隔一段时间才出现一次，这段间隔时间叫重现期。重现期以年为单位，相应的最大风速也以一年的资料来确定。若重现期为 N，则超过设计最大风速的概率为 $1/N$，保证率就为 $1-1/N$。

各国设计规范都根据建筑物和结构物的重要性，规定不同的重现期。如我国建筑结构荷载规范规定：对于一般的建筑物和结构物，重现期可取 50 年；对于重要的高层建筑物和高耸结构物以及大跨度桥梁等，重现期可取 100 年。表 2.4 为不同重现期 N 下的保证系数，即对不同重现期建筑体（风力机）的保证系数不同，通过保证系数可确定建筑物的安全性。

表 2.4　　　　　　　　　不同重现期 N 下的保证系数

重现期 N/年	保证率 p	保证系数 μ
30	0.967	2.2
50	0.98	2.59
100	0.99	3.14
1000	0.999	4.94

3. 最大风速概率分布

年最大风速分布可用分布函数来描述，即

$$P(v_{\mathrm{a}})=\exp\left\{-\exp\left[-\frac{1}{a}(v_{\mathrm{a}}-b)\right]\right\} \tag{2.14}$$

式中：v_{a} 为年最大风速；a 为尺度参数；b 为位置参数。

为保证设计最大风速的可信度，应取尽量多的年份样本，一般应取 $30\sim50$ 年的记录值。图 2.19 给出了某地年最大风速的累计分布曲线。

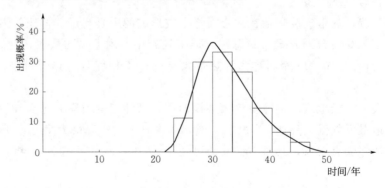

图 2.19　某地年最大风速的累计分布曲线

设计最大风速可用最大风速累计分布函数来求取。设计最大风速为

$$v_d = \overline{v}_a + \mu \sigma_{\overline{v}_a}$$

式中：μ 为保证系数。

2.3 风 的 测 量 与 评 估

2.3.1 风能公式

1. 空气密度

空气密度 ρ 的大小直接关系到风能的多少，特别是在海拔高的地区，影响更突出。所以，计算一个地点的风功率密度，需要掌握所计算时间、区间下的空气密度和风速。在近地层中，空气密度 ρ 的量级为 10^0，而风速 v 的量级为 $10^2 \sim 10^3$。因此，在风能计算中，风速具有决定性的意义。另一方面，由于我国地形复杂，空气密度的影响也必须要加以考虑。空气密度 ρ 是气压、气温和温度的函数，其计算公式为

$$\rho = \frac{1.276}{1 + 0.00366t} \cdot \frac{p - 0.378e}{1000} \tag{2.15}$$

式中：p 为气压，hPa；t 为气温，℃；e 为水汽压，hPa。

大气运动遵循大气动力学和热力学变化的规律。空气运动与大气压力的分布及变化。

2. 风速的统计特性

由于风的随机性很大，因此在判断一个地方的风况时，必须依靠各地区风的统计特性。风的统计特性的重要形式是风速的频率分布，资料要求至少有 3 年以上的观测记录，一般要求能达到 5～10 年，风电场前期的风资源测量工作要求 1 年以上，且数据的完成率为 95%。

3. 风能公式

空气运动具有动能。风能是指风所具有的动能。如果风力发电机风轮的断面积为 A，则当风速为 v 的风流经风轮时，单位时间内风传递给风轮的风能为

$$P = \frac{1}{2}mv^2 \tag{2.16}$$

其中

$$m = \rho A v$$

$$P = \frac{1}{2}\rho A v \cdot v^2 = \frac{1}{2}\rho A v^3 \tag{2.17}$$

式中：ρ 为空气密度，kg/m³；v 为合成风速，m/s；A 为风力发电机风轮旋转一周所扫过的面积，m²；P 为每秒空气流过风力发电机风轮断面面积的风能，即风能功率，W。

若风力发电机的风轮直径为 d，则

$$A = \frac{\pi}{4}d^2$$

$$P = \frac{1}{2}\rho v^3 \cdot \frac{\pi}{4}d^2 = \frac{\pi}{8}\rho d^2 v^3 \tag{2.18}$$

若有效时间为 t，则在时间 t 内的风能为

$$E = P \cdot t = \frac{\pi}{8} \rho d^2 v^3 t \tag{2.19}$$

由式（2.19）可知，风能与空气密度 ρ、风轮直径的平方 d^2、风速的立方 v^3 和风速 v 的持续时间 t 成正比。

4. 平均风功率密度和有效风功率密度

表征一个地点的风能资源潜力，要视该地常年平均风能密度的大小而定。风功率密度是单位面积上的风能，对于风力发电机来说，风功率密度是指风轮扫过单位面积的风能，即

$$W = \frac{1}{2} \rho v^3 \tag{2.20}$$

式中：W 为风功率密度，W/m^2；ρ 为空气密度，kg/m^3；v 为风速，m/s。

常年平均风功率密度为

$$\overline{W} = \frac{1}{T} \int_0^T \frac{1}{2} \rho v^3 \, \mathrm{d}t \tag{2.21}$$

式中：$\overline{W}$ 为平均风功率密度，W/m^2；T 为总时间，h。

在实际应用时，某地年（月）风功率密度通常计算为

$$W_{y(m)} = \frac{W_1 t_1 + W_2 t_2 + \cdots + W_n t_n}{t_1 + t_2 + \cdots + t_n} \tag{2.22}$$

式中：$W_{y(m)}$ 为年（月）风功率密度，W/m^2；W_1，W_2，…，W_n 为各等级风速下的风功率密度，W/m^2；t_1，t_2，…，t_n 为各等级风速在每年（月）出现的时间，h。

对于风能转换装置而言，可利用的风能是在切入风速到切出风速之间的风速段，这个范围的风功率通称的有效风能，该风速范围内的平均风能密度即有效风功率密度，其计算公式为

$$\overline{W}_e = \int_{v_1}^{v_2} \frac{1}{2} \rho v^3 P'(v) \, \mathrm{d}v \tag{2.23}$$

式中：v_1 为切入风速，m/s；v_2 为切出风速，m/s；$P'(v)$ 为有效风速范围内风速的条件概率分布密度函数，其关系为

$$P'(v) = \frac{P(v)}{P(v_1 \leqslant v \leqslant v_2)} = \frac{P(v)}{P(v \leqslant v_2) - P(v \leqslant v_1)} \tag{2.24}$$

2.3.2　风的测量

风电场宏观选址时，采用气象台、站提供的较大区域内的风能资源。对初选的风电场选址区即微观选址一般要求用高精度的自动测风系统进行风的测量。风的测量包括风向测量和风速测量。风向测量是指测量风的来向，风速测量是指测量单位时间内空气在水平方向上所移动的距离。

自动测风系统主要由传感器、主机、数据存储装置、电源、安全与保护装置 5 部分组成。

（1）传感器分为风速传感器、风向传感器、温度传感器（即温度计）、气压传感器。输出信号为频率（数字）或模拟信号。

（2）主机利用微处理器对传感器发送的信号进行采集、计算和存储，由数据记录装置、数据读取装置、微处理器、就地显示装置组成。

（3）由于测风系统安装在野外，因此数据存储装置（数据存储盒）应有足够的存储容量，而且为了野外操作方便，采用可插接形式。

（4）测风系统电源一般采用电池供电。为提高系统工作可靠性，应配备一套或两套备用电源，如太阳能光电板等。主电源和备用电源互为备用，可自动切换。

（5）测风系统输入信号可能会受到各种干扰，设备会随时遭受破坏，如恶劣的冰雪天气会影响传感器信号，雷电天气干扰传输信号出现误差，甚至毁坏设备等。因此，一般在传感器输入信号和主机之间增设保护和隔离装置，从而提高系统运行可靠性。

风的测量主要包括风速测量和风向测量。

1. 风速测量

风速为单位时间内空气在水平方向上所移动的距离，其测量主要工具为风速计。

（1）风速计。具体如下：

1）旋转式风速计。常有风杯式和螺旋式两种类型。风杯旋转轴垂直于风的来向，螺旋桨叶片的旋转轴平行于风的来向，见图 2.20。测定风速最常用的传感器是风杯，风杯式风速计的主要优点是与风向无关。风杯式风速计一般由 3 个或 4 个半球形或抛物锥形的空心杯壳组成。风杯式风速计固定在互成 120°的三叉星形支架上或互成 90°的十字形支架上，杯的凹面顺着同一方向，整个横臂架则固定在能旋转的垂直轴上。由于凹面和凸面所受的风压力不相等，风杯受到扭力作用而开始旋转，它的转速与风速成一定的关系。推导风杯转速与风速关系可以有多种途径，大多在设计风速计时要详细的推导。一般测量风速选用旋转式风速计。

2）压力式风速仪。压力式风速仪利用风的压力测定风速的仪器，其利用流体的全压力与静压力之差来测定风的动压。

3）散热式风速计。一个被加热物体的散热速率与周围空气的流速有关，利用这种特性可以测量风速。它主要适用于测量小风速，而且不能测量风向。

4）声学风速计。声学风速计又称超声波风速计，见图 2.21，是利用声波在大气中传播的速度与风速间的函数关系来测量风速。声波在大气中传播的速度为声波传播速度与气流速度的代数和。它与气温、气压、湿度等因素有关。在一定距离内，声波顺风对于逆风传播有一个时间差。由这个时间差，便可确定气流的速度。

（a）风杯式

（b）螺旋式

图 2.20　旋转式风速计

图 2.21　声学风速计

声学风速计没有转动部件，响应快，能测定沿任何制定方向的风速风量，但造价较高。一般的测量风速还是用旋转式风速计。

（2）风速记录。风速记录通过信号的转换方法来实现，一般有以下方法：

1）机械式。当风速感应器旋转时，通过蜗杆带动蜗轮转动，再通过齿轮系统带动指针旋转，从刻度盘上直接读出风的行程，除以时间得到平均风速。

2）电接式。由风杯驱动的蜗杆，通过齿轮系统连接到一个偏心凸轮上，风杯旋转一定圈数，凸轮使相当于开关作用的两个接点闭合或打开，完成一次接触，表示一定的风程。

3）电机式。风速感应器驱动一个小型发电机中的转子，输出与风速感应器转速成正比的交变电流，输送到风速的指示系统。

4）光电式。风速旋转轴上装有一圆盘，盘上有等距的孔，孔上面有一红外光源，正下方有一光电半导体，风杯带动圆盘旋转时，由于孔的不连续性，形成光脉冲信号，经光电半导体元件接收放大后变成电脉冲信号输出，每一个脉冲信号表示一定的风程。

（3）风速表示。各国表示速度单位的方法不尽相同，如用 m/s、n mile/h、km/h、ft/s、mile/h 等。各种单位换算的方法见表 2.5。

表 2.5　　　　　　　　　　各种风速单位换算表

单位	m/s	n mile/h	km/h	ft/s	mile/h
m/s	1	1.944	3.600	3.281	2.237
n mile/h	0.514	1	1.852	1.151	1.151
km/h	0.278	0.540	1	0.621	0.621
ft/s	0.305	0.592	1.097	0.682	0.682
mile/h	0.447	0.869	1.609	1	1

风速大小与风速计安装高度和观测时间有关。世界各国基本上都以 10m 高度处观测为基准，但取多长时间的平均风速不统一，有取 1min、2min、10min 平均风速，有 1h 平均风速，也有取瞬时风速等。

我国气象站观测时有 3 种风速：1 日 4 次定时 2min 平均风速，10min 平均风速和 2s 瞬时风速。风能资源计算时选用 10min 平均风速。安全风速计算时用最大风速（10min 平均最大风速）或瞬时风速。

2. 风向测量

风向以风的来向为准。风向标是测量风向的最通用装置，有单翼型、双翼型和流线型等。风向标一般是由尾翼、指向杆、平衡锤及旋转主轴 4 部分组成的首尾不对称的平衡装置。其重心在支撑轴的轴心上，整个风向标可以绕垂直轴自由摆动。在风的动压力作用下取指向风的来向的一个平衡位置，即风向的指示。传送和指示风向标所在方位的方法很多，有电触点盘、环形电位、自整角机和光电码盘 4 种类型，其中最常用的是光电码盘。风向标一般安装在离地 10m 的高度上。

风向一般用 16 个方位表示，即北东北（NEN）、东北（NE）、东东北（ENE）、东（E）、东东南（ESE）、东南（SE）、南东南（SSE）、南（S）、南西南（SSW）、西南（SW）、西西南（WSW）、西（W）、西西北（WNW）、西北（NS）、北西北（NNS）、北（N）。静风记为"C"。也可以用角度来表示，以正北为基准，顺时针方向旋转，东风为

90°，南风为 180°，西风为 270°，北风为 360°，见图 2.22。

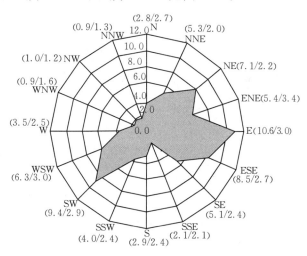

图 2.22　风向玫瑰图示意

2.3.3　风的表示

1. 风速频率

风速频率反映风的重复性，指在一个月或一年的周期中发生相同风速的时间数占这段时间刮风时数的百分比。

2. 风玫瑰图

根据各方向风出现频率按相应的比例长度绘制在图上，称为风向玫瑰图，见图 2.23 (a)。在风向玫瑰图中可以获得以下信息：

(1) 盛行风向。指根据当地多年观测资料绘制的年风向玫瑰图中，风向频率较大方向。一季度绘制的风向玫瑰图可以有四季的盛行风向。

(2) 风向旋转方向。风向随着季节旋转，在季风区，一年中风向由偏北逐渐过渡到偏南，再由偏南逐渐过渡到偏北。有些地区风向不是逐步过渡而是直接交替的，这时风向旋转就不存在了。

(3) 最小风向频率。指两个盛行风向对应轴大致垂直两侧风向频率最小的方向。当盛行风向有季节风向旋转性质时，最小风向频率应该在旋转方向的另一侧。

风向玫瑰图对风电机组的排列布阵很有参考价值，当某个方位风频很小时，对此方位的障碍物和建筑可以不予考虑。同样也可以用这种方法表示各方向的平均风速，称为风速玫瑰图。

图 2.23 (b) 所示为某地的风能玫瑰图。它同时含有风向和风速的信息，反映风能资源的特性。图中每一条辐射线的方向代表风的方向，长度表示该风向频率与平均风速立方的乘积。

在风资源测量工程中通常要用到风速分布图、风功率密度年分布图、风功率密度月变化图、风功率密度日变化图、风向玫瑰图、风功率玫瑰图、风速和功率分布、月风向玫瑰图、月风能玫瑰图、月风速功率玫瑰图等一系列图表。

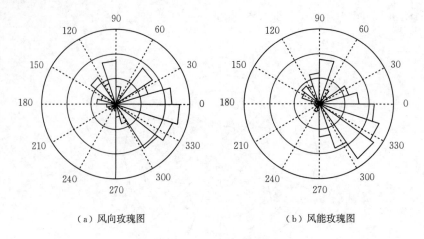

（a）风向玫瑰图　　　　　　　　　　　　（b）风能玫瑰图

图 2.23　某电场风玫瑰图

2.3.4　风能估计

规划建设风力发电场或对风力发电场发电量做出预报，都需要对当地风能资源做出估计，风能资源大小常用风功率密度来表示。

风功率密度是指垂直于风向，单位面积上单位时间内流过的空气的动能（功率密度），计算公式为

$$W = \frac{1}{2}mv^2 = \frac{1}{2}\rho v v^2 = \frac{1}{2}\rho v^3 \tag{2.25}$$

由于风速是随时间变化的，因此，常用一段时间的平均值（平均风功率密度）来表示，计算公式为

$$\overline{W} = \frac{1}{T}\int_0^T \frac{1}{2}\rho v^3(t)\,\mathrm{d}t = \frac{\sum_{i=1}^n 0.5\rho v_i^3 t_i}{T} \tag{2.26}$$

式中：t_i 为 v_i 的持续时间；$\sum t_i = T$；n 为时间分段数。

对于风这种随机过程，要比较准确地反映其平均值，需要做长时间的统计测量，并用数学期望值来表示。

由式（2.25），得平均功率密度的数学期望（均值）为

$$E(W) = E\left(\frac{1}{2}\rho v^3\right) = 0.5\rho E(v^3) \tag{2.27}$$

v^3 的数学期望为

$$\begin{aligned}
E(v^3) &= \int_0^\infty v^3 P(v)\,\mathrm{d}v = \int_0^\infty v^3 \left[\frac{K}{c}\left(\frac{v}{c}\right)^{k-1}\mathrm{e}^{-\left(\frac{v}{c}\right)^k}\right]\mathrm{d}v \\
&= \int_0^\infty \left[v^3 \mathrm{e}^{-\left(\frac{v}{c}\right)^k}\right]\mathrm{d}\left(\frac{v}{c}\right)^k = \int_0^\infty c^3\left(\frac{v}{c}\right)^3 \mathrm{e}^{-\left(\frac{v}{c}\right)^k}\mathrm{d}\left(\frac{v}{c}\right)^k
\end{aligned} \tag{2.28}$$

令 $y = \left(\frac{v}{c}\right)^k$，则有

$$E(v^3) = \int_0^\infty c^3 y^{\frac{3}{k}} \mathrm{e}^{-y}\,\mathrm{d}y = c^3 \Gamma\left(\frac{3}{k}+1\right) \tag{2.29}$$

其中
$$\Gamma(z) = \int_0^\infty t^{z-1} e^{-t} dt \qquad t > 0, z > 0$$

威布尔分布的数学期望为

$$E(x) = c\Gamma\left(\frac{1}{k} + 1\right) \qquad (2.30)$$

其中分布函数为

$$P(x) = \frac{k}{c}\left(\frac{x}{c}\right)^{k-1} e^{-\left(\frac{x}{c}\right)^k} \qquad x > 0 \qquad (2.31)$$

对比式（2.29）和式（2.31）可见，风速三次方的分布仍然是威布尔分布，其形状参数为 $\frac{3}{k}$，尺度参数为 c^3。因此，估计平均风功率密度，就变成了对参数 c，k 的估计。对 c 和 k 的估计，可用最小二乘法、平均风速和标准差法、平均风速和最大风速法等。

2.3.5 风能可利用区的划分

风功率密度蕴含着风速、风速频率分布和空气密度的影响，是衡量风能资源的综合指标。风功率密度等级在国标《风电场风能资源评估方法》中给出了 7 个级别，见表 2.6。

表 2.6　　　　　　　　　　　　　　风功率密度等级表

风功率密度等级	高度						并网效果
	10m		30m		50m		
	风功率密度 /(W·m⁻²)	年平均风速参考值 /(m·s⁻¹)	风功率密度 /(W·m⁻²)	年平均风速参考值 /(m·s⁻¹)	风功率密度 /(W·m⁻²)	年平均风速参考值 /(m·s⁻¹)	
1	<100	4.4	<160	5.1	<200	5.6	
2	100～150	5.1	160～240	5.9	200～300	6.4	
3	150～200	5.6	240～320	6.5	300～400	7/0	较好
4	200～250	6.0	320～400	7.0	400～500	7.5	好
5	250～300	6.4	400～480	7.4	500～600	8.0	很好
6	300～400	7.0	480～640	8.2	600～800	8.8	很好
7	400～1000	9.4	640～1600	11.0	800～2000	11.9	很好

注　不同高度的年平均风速参考值是按风切变指数为 1/7 推算的；与风功率密度上限值对应的年平均风速参考值，按海平面标准大气压并符合瑞利风速频率分布的情况推算。

一般来说平均风速越大，风功率密度也大，风能可利用小时数就越多。我国风能区域等级划分的标准是按风功率密度、累计小时数和年平均风速三项数据综合表示，可分为四类风场。

（1）风资源丰富区。年有效风功率密度大于 $200W/m^2$，$3\sim20m/s$ 风速的年累积小时数大于 5000h，年平均风速大于 6m/s。

（2）风资源次丰富区。年有效风功率密度为 $150\sim200W/m^2$，$3\sim20m/s$ 风速的年累积小时数为 $4000\sim5000h$，年平均风速在 5.5m/s 左右。

（3）风资源可利用区。年有效风功率密度为 $100\sim150\mathrm{W/m^2}$，$3\sim20\mathrm{m/s}$ 风速的年累积小时数为 $2000\sim4000\mathrm{h}$，年平均风速在 $5\mathrm{m/s}$ 左右。

（4）风资源贫乏区。年有效风功率密度小于 $100\mathrm{W/m^2}$，$3\sim20\mathrm{m/s}$ 风速的年累积小时数小于 $2000\mathrm{h}$，年平均风速小于 $4.5\mathrm{m/s}$。

风资源丰富区和次丰富区具有较好的风能资源，是理想的风电场建设区；风能资源可利用区有效风功率密度较低，但对电能紧缺地区还是具有相当的利用价值。实际上，较低的年有效风功率密度也只是对宏观的大区域而言，而在大区域内，由于特殊地形有可能存在局部的小区域大风区，因此应具体问题具体分析，通过对这种地区进行精确的风能资源测量，详细地分析实际情况，选出最佳区域建设风电场，效益还是相当可观的。风资源贫乏区风功率密度很低，对大型并网型风电机组一般无利用价值。

习　题

2.1　什么是风，本书中所指的风具有哪些特点？

2.2　大气运动具有哪些特征？

2.3　在风的尺度划分中，风力机所针对是哪一类型，具有何种特征？

2.4　计算 8.5 级风对应的最大风速、最小风速和平均风速。若风力机额定风速为 $12\mathrm{m/s}$，请说明几级风速能使风力机满发？

2.5　通过图示指明，何为哈德雷环流，何为费雷尔环流？

2.6　什么是季风，科氏力？并解释三圈环流的特点。

2.7　大气边界层主要分为哪几个部分，其为多少？风力机受大气边界层的影响主要在哪个区域，为什么？

2.8　我国风能区域等级划分方式是什么？

2.9　从风向玫瑰图中可得到什么信息？

2.10　在城市地区，若 $3.5\mathrm{m}$ 处的风速为 $3.5\mathrm{m/s}$，楼层间距为 $2.8\mathrm{m}$，在刚达到 20 层楼层处风速约为多少？请分别用指数公式和对数公式进行计算。

第3章　能量转换和传输理论

3.1　风　能　捕　获　理　论

在分析风电机组的空气动力学过程中，分别应用了一维动量理论、叶素—动量理论（BEM）和涡流理论。这些理论以及对气流流过风机风轮时更复杂的运动状态的研究，本质上都是以气体的动量守恒为基础，来研究更接近于气流真实流动状态下叶片转换能量的效率和作用在叶片上的载荷。

本章重点介绍 Betz 理论、叶素—动量理论以及翼型的空气动力学。对于其他的研究，仅介绍理论研究的物理背景以及结论，而不再提供数学推导过程。如果有深入了解的兴趣，可以参考更专业的关于风能利用的空气动力学书籍。

3.1.1　流体力学的基本方程

1. 风的动能

风是空气流动的现象。流动的空气具有能量，在忽略化学能的情况下，这些能量包括机械能（动能、势能和压力能）和热能。风电机组将风的动能转化为机械能进而转化为电能。从动能到机械能的转化是通过叶片来实现的，而从机械能到电能反转化则是通过发电机实现的。对于水平轴风电机组，在这个转换过程中，风的势能和压力能保持不变。因此，主要考虑风的动能的转换。以下将风的动能简称为风能。

根据牛顿第二定律可以得到，空气流动时的动能为

$$E = \frac{1}{2}mv^2 \tag{3.1}$$

式中：m 为气体的质量，kg；v 为气流速度，m/s；E 为气体的动能，J。

设单位时间内空气流过截面积为 A 的气体的体积为 V，则

$$V = Av \tag{3.2}$$

如果 ρ 表示空气密度，该体积的空气质量为

$$m = \rho V = \rho A v \tag{3.3}$$

这时空气流动所具有的动能为

$$E = \frac{1}{2}\rho A v^3 \tag{3.4}$$

式（3.4）即为风能的表达式。

单位体积的空气动能为 $\frac{1}{2}\rho v^2$，因此单位面积的风能为

$$\frac{E}{A} = \frac{1}{2}\rho v^3 \tag{3.5}$$

式中：v 为风速，m/s；ρ 为空气密度，kg/m³；A 为风轮扫掠面积；E 为风能，W。

从风能公式可以看出，风能的大小与气流密度和通过的面积成正比，与气流速度的立方成正比。

2. 不可压缩流体

无论是液体还是气体，流体都具有可压缩性。可压缩性是指在压力作用下，流体的体积会发生变化。通常情况下，液体在压力作用下体积变化很小。对于宏观的研究，这种变化可以忽略不计。这种在压力作用下体积变化可以忽略的流体称为不可压缩流体。气体在压力作用下，体积会发生明显变化。这种在压力作用下体积发生明显变化的流体称为可压缩流体。

但是在一些过程中，譬如远低于音速的空气流动过程（风），气体压力和温度的变化可以忽略不计，因而可以将空气作为不可压缩流体进行研究。

3. 流体黏性

黏性是流体的重要物理属性，是流体抵抗剪切变形的能力。1687 年英国科学家牛顿在他的《自然哲学的数学原理》中提出牛顿黏性假说，1784 年由法国科学家库伦用实验进行了证实。

流体运动时，如果相邻两层流体的运动速度不同，在它们的界面上会产生切应力。速度快的流层对速度慢的流层产生拖动力，速度慢的流层对速度快的流层产生阻力。这个切应力称为流体的内摩擦力，或黏性切应力。

通过实验发现，黏性切应力的大小与流体内的速度梯度成正比，见图 3.1，图中 F 为阻力；h 为两个平板间的距离；v_1 为上平板移动的速度；v 为流体某一点处的流速；dv 为速度增量；dh 为高度增量。

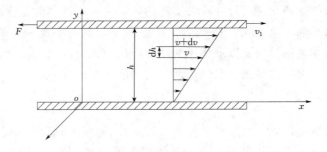

图 3.1　牛顿黏性平板实验

黏性剪切应力为

$$\tau = \mu \frac{\mathrm{d}v}{\mathrm{d}y} \tag{3.6}$$

式中：τ 为黏性剪切应力，$\mathrm{N/m^2}$；$\dfrac{\mathrm{d}v}{\mathrm{d}y}$ 为速度梯度，$\mathrm{s^{-1}}$；μ 为动力黏度系数，$\mathrm{(N \cdot s)/m^2}$。

式（3.6）称为牛顿内摩擦定律。

黏性剪切应力的产生是由于流体分子间的引力和流体层间分子运动形成的动量交换。

在流体力学的研究中，经常用到 μ 和流体密度 ρ 的比值 ν，称为运动黏性系数，单位是 $\mathrm{m^2/s}$，即

$$\nu = \frac{\mu}{\rho} \tag{3.7}$$

在研究过程中，如果流体内的速度梯度很小，黏性剪切应力相比于其他力可以忽略时，可以将研究的流体考虑为无黏性流体，简称无黏流，在研究时将假设没有黏性的流体称为理想流体。

4. 阻力

在流动空气中的物体都会受到相对于空气运动所受的逆物体运动方向或沿空气来流速度方向的气体动力的分力，这个力称为流动阻力。在低于音速的情况下，流动阻力分为摩擦阻力和压差阻力。由于空气的黏性作用，在物体表面产生的全部摩擦力的合力称为摩擦阻力。与物体面相垂直的气流压力合成的阻力称压差阻力。

古老的风能利用使用的风车就是利用压差阻力进行工作的。现在使用的风杯式测风仪也是利用压差阻力进行工作，见图 3.2。图中，v 为风速；Ω 为旋转速度；μ 为切向速度；C_d 为阻力系数。

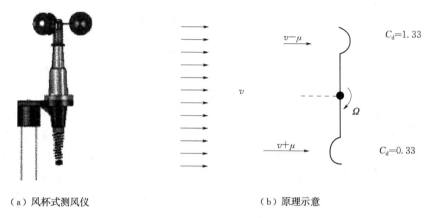

（a）风杯式测风仪　　　　　　　　　（b）原理示意

图 3.2　风杯式测风仪

5. 层流与湍流

流体运动分为层流和湍流两种状态。层流流动是指流体微团（质点）互不掺混、运动轨迹有条不紊的流动形态。湍流流动是指流体的微团（质点）做不规则运动、互相混掺、轨迹曲折混乱的形态。层流和湍流传递动量、热量和质量的方式不同。层流的传递过程通过分子间相互作用，湍流的传递过程主要通过质点间的混掺。湍流的传递速率远大于层流传递速率。

6. 雷诺数

1983 年英国科学家雷诺（O. Reynolds）通过圆管实验发现了流体运动的层流和湍流两种形态，同时发现这两种形态可以用一个无量纲数进行判别，这个数称为雷诺数，表示为 Re，即

$$Re = \frac{\mu v l}{\rho} = \frac{v l}{\nu} \tag{3.8}$$

式中：Re 为雷诺数；v 为流动速度，m/s；l 为与流动有关的长度，m；μ 为动力黏性系数，(N·s)/m²；ρ 为密度，kg/m³；ν 为运动黏性系数，m²/s。

雷诺数在物理上的本质是表征了流体运动的惯性力与黏性剪切应力的比值。

7. 边界层

边界层是流体高雷诺数流过壁面时，在紧贴壁面的黏性剪切应力不可忽略的流动薄

层，又称为流动边界层或附面层。这个概念是由德国科学家普朗特（L. Prandtl）在 1914 年首先提出的，见图 3.3。

图中，v_∞ 为上游无限远处的流体速度；v_x 为流体边界层上某一点处 x 方向上的速度。

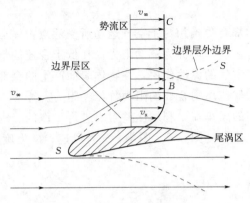

图 3.3　边界层的概念

在边界层内，紧贴壁面的流体由于分子引力的作用，完全黏附于物面上，与壁面的相对速度为零。由壁面向外，流体速度迅速增大至当地自由流速度，一般与来流速度同量级。因而速度的法向垂直表面的方向梯度很大，即使流体黏度不大，黏性力相对于惯性力仍然很大，起着显著作用，因而属黏性流动。而在边界层外，速度梯度很小，黏性力可以忽略，流动可视为无黏或理想流动。在高雷诺数下，边界层很薄，其厚度远小于沿流动方向的长度，根据尺度和速度变化率的量级比较，可将纳维—斯托克斯方程简化为边界层方程。边界层的分类见图 3.4。图中，v_∞ 为上游无限远处的流体速度；v_x 为流体边界层上某一点处 x 方向上速度；δ 为边界层厚度；$\mathrm{d}v_x/\mathrm{d}y$ 为速度梯度，即流速在 y 方向上的变化率。

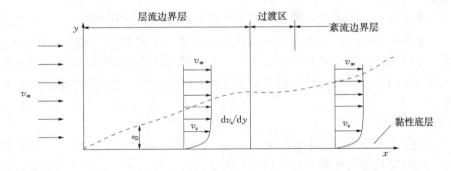

图 3.4　边界层的分类

8. 伯努利方程

在不考虑流体的可压缩性、黏性，而且流体运动的速度不随时间变化的情况下（称为不可压理想流体定常流），对流体微团（质点）的运动微分方程（Euler 方程）沿流线（与微团运动的迹线一致）进行积分，可以获得著名的理想流体伯努利方程（Bernoulli 方程），即

$$\frac{1}{2}\rho v^2 + p + \rho g z = 常数 \qquad (3.9)$$

式中：ρ 为流体的密度，kg/m^3；v 为流体的速度，m/s；p 为流体压力，Pa；g 为重力加速度，g/m^2；z 为流体在流动过程中高度。

伯努利方程是流体的机械能守恒方程。

9. 升力

放在气流中的翼型，前缘对着气流向上斜放的平板以及在气流中旋转的圆柱或圆球（例如高尔夫球）都会有一个垂直于气流运动方向的力，这个力称为升力。

最早期关于升力产生原因是应用伯努利原理进行解释，见图 3.5。由于机翼上、下表面的长度不同，上表面的长度比下表面的长度长。为了保持空气流过机翼时的连续性，流经上表面的空气流速就比流经下表面的流速高。根据伯努利方程，在不考虑重力影响时，上表面气流的压力就会低于下表面气流的压力。这样就在上、下机翼表面之间产生压力差。这就是升力。

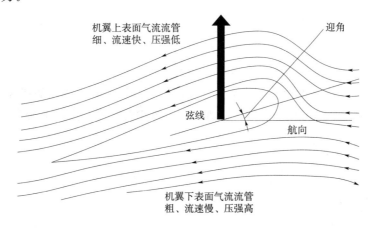

图 3.5　升力产生原因示意

这种解释明确了升力是由于空气流动产生的基本原理。但是它解释不了倾斜平板为什么也会有升力。1902 年德国科学家库塔（M. W. Kutta）提出绕流物体上的升力理论，但没有在通行的刊物上发表。从 1906 年起俄国科学家儒科夫斯基发表了《论依附涡流》等论文，找到了翼型升力和绕翼型的环流之间的关系，建立了二维升力理论的数学基础。这个关于无黏不可压缩环流升力理论称为库塔—儒科夫斯基理论，被广泛应用于低速机翼的研究。

3.1.2　风力机的稳态数学模型

一定速度前进的风吹在静止的风力机叶片上做功并驱动发电机发电，将风能有效地转变成电能。风力发电机就是由风力机驱动的发电机。叶片是风轮的重要构件，风轮是接受风能的构件，将风能传递给发电机的转子，使之旋转切割磁力线而发电。

3.1.2.1　贝兹理论

空气的流动就是风。风是由于地球自转及纬度温差等原因致使空气流动形成的。风能在这里指的是风的动能。

世界上第一个关于风力机风轮叶片接受风能的完整理论是 1919 年由贝兹（Betz）建立的。该理论所建立的模型是考虑若干假设条件的简化单元流管，主要用来描述气流与风轮的作用关系。

为了进行贝兹理论推导，首先贝兹理论的建立以下假定：

（1）风轮叶片无限多，是一个圆盘，轴向力沿圆盘均匀分布且圆盘上没有摩擦力。

（2）气流是不可压缩的且是水平均匀定常流，风轮尾流不旋转。

（3）风轮前后远方气流静压相等。

这时的风轮称为理想风轮。

现研究理想风轮在流动的大气中的情况，见图 3.6。图中，v_1 为距离风力机一定距离的上游风速；v 为通过风轮时的实际风速；v_2 为离风轮远处的下游风速。

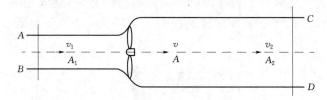

图 3.6 风轮气流图

设通过风轮的气流其上游截面为 A_1，下游截面为 A_2。由于风轮的机械能量仅由空气的动能降低所致，因而 v_2 必然低于 v_1，所以通过风轮的气流截面从上游至下游是增加的，即 $A_2 > A_1$。

由连续方程（质量守恒）可得

$$m = \rho_1 A_1 v_1 = \rho A v = \rho_2 A_2 v_2 \tag{3.10}$$

由于空气是不可压缩的，即 $\rho_1 = \rho = \rho_2$，所以

$$A_1 v_1 = A v = A_2 v_2 \tag{3.11}$$

风作用在风轮上的力可由 Euler 理论（欧拉定理）写出

$$F = \rho A v (v_1 - v_2) \tag{3.12}$$

设风轮上游和下游的静压力是 p_∞，风轮前后的静压力分别是 p_1 和 p_2。风作用在风轮上的力还可以写成是风轮前后静压力变化与风轮面积的乘积，即

$$F = (p_1 - p_2) A \tag{3.13}$$

因此风轮吸收的功率为

$$P = F v = \rho A v^2 (v_1 - v_2) \tag{3.14}$$

根据动能定理，风轮前后的动能变化可以写成

$$\Delta W = \frac{1}{2} m v_1^2 - \frac{1}{2} m v_2^2 \tag{3.15}$$

且风轮吸收的功率与风的动能变化量相等（能量守恒）

$$P = \Delta W \tag{3.16}$$

所以

$$\rho A v^2 (v_1 - v_2) = \frac{1}{2} m v_1^2 - \frac{1}{2} m v_2^2 \tag{3.17}$$

可得

$$v = \frac{1}{2}(v_1 + v_2) \tag{3.18}$$

代入式（3.12）又可得

$$F = \frac{\rho A(v_1^2 - v_2^2)}{2} \tag{3.19}$$

$$P = Fv = \frac{1}{4}\rho A(v_1^2 - v_2^2)(v_1 + v_2) \tag{3.20}$$

风速 v_1 是在风轮前方，可测得并给定，可写出 P 与 v_2 的函数关系式，并对 P 微分并求最大值得

$$\frac{\mathrm{d}P}{\mathrm{d}v_2} = \frac{1}{4}\rho A(v_1^2 - 2v_1 v_2 - 3v_2^2) \tag{3.21}$$

令 $\frac{\mathrm{d}P}{\mathrm{d}v_2} = 0$，有两个解：① $v_2 = -v_1$，没有物理意义；② $v_2 = \frac{v_1}{3}$。

将 $v_2 = \frac{v_1}{3}$ 代入式（3.20），可得到最大功率为

$$P_{\max} = \frac{8}{27}\rho A v_1^3 \tag{3.22}$$

将式（3.22）除以气流通过扫掠面 A 时风所具有的动能，可推出风力机的理论最大效率（或称理论风能利用系数）为

$$C_{P\max} = \frac{P_{\max}}{\frac{1}{2}\rho A v_1^3} \tag{3.23}$$

$$= \frac{\frac{8}{27}\rho A v_1^3}{\frac{1}{2}\rho A v_1^3} = \frac{16}{27} \approx 0.593$$

引入轴向气流诱导因子 $\alpha = \frac{v_2}{v_1}$，即当 $\alpha = \frac{1}{3}$ 时，$C_{P\max} = 0.593$。

式（3.23）即为著名的贝兹理论的极限值。它说明，风力机从自然风中所能索取能量是有限的，其功率损失部分可以解释为留在尾流中的旋转动能。

在能量的转换过程中，各种损失的存在必将导致风轮输出功率的下降，一般随所采用的风力机和发电机的形式不同，其能量损失也不同。因此，风力机的实际风能系数 $C_P <$ 0.593，一般设计时根据叶片的数量、叶片翼型、功率等情况，取 $0.25 \sim 0.45$，这样风力机实际能得到的有用功率输出是

$$P = \frac{1}{2}C_P \rho A v^3 \tag{3.24}$$

3.1.2.2 经典理论

风轮设计的方法很多，其中最常用的是 Glauert 方法与 Willson 方法。Willson 方法是对 Glauert 方法的进一步优化，研究了叶尖损失和升阻比对叶片最佳性能的影响并适当考虑风力机在非设计工况下的运行。目前水平轴风力机的气动分析基础理论除了贝兹理论外，还有涡流理论、叶素理论、动量理论等，并且设计的过程是这些理论的一个综合

应用。

1. 涡流理论

风轮旋转工作时，流场并不是简单的一维定常流动，而是一个三维流场，理论考虑风轮后涡流流动，并有以下假定：①忽略叶片翼型阻力和叶梢损失的影响；②忽略有限叶片数对气流的周期性影响；③叶片各个径向环断面之间相互独立。

涡流理论认为有限长的叶片，当风轮旋转时，通过每个叶片尖部的气流的迹线为一螺旋线，因此，每个叶片的尖部形成螺旋形。在轮毂附近也存在同样的情况，每个叶片都对轮毂涡流的形成产生一定的作用。此外，为了确定速度场，可将各叶片的作用以一边界附着涡代替。风轮的涡流系统见图 3.7。

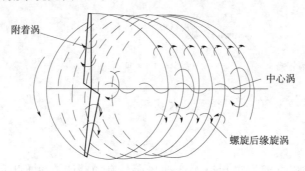

图 3.7 风轮上的涡流系统

对于空间某一给定点，其风速可认为是由非扰动的风速和涡流系统产生的风速之和，由涡流引起的风速可看成是由 3 个涡流系统叠加的结果，具体如下：

（1）中心涡。集中在轮毂转轴上。

（2）附着涡。每个叶片的边界涡。

（3）螺旋涡（自由涡）。每个叶片尖部形成的螺旋涡。

正因为涡系的存在，流场中轴向和周向的速度发生变化，即引入诱导因子（轴向干扰因子 a 和切向干扰因子 b）。由旋涡理论可知，在风轮旋转平面处气流的轴向速度为

$$v = v_1(1-a) \tag{3.25}$$

轴向方向上，由于气流涡旋运动，气流在下游轴向方向上产生一个旋转角速度 Ω，上游轴向的角速度为 0。由贝兹理论的思想可得出，气流在风轮处的角速度为 $(\Omega-0)/2$，在风轮旋转平面内气流相对于风轮的轴向速度为

$$\omega + \frac{\Omega}{2} = (1+b)\Omega \tag{3.26}$$

式中：Ω 为气流的旋转角速度，rad/s；ω 为风轮的旋转角速度，rad/s。

因此在风轮半径 r 处的切向速度为

$$U = (1+b)\Omega r \tag{3.27}$$

叶片弦长、安装角、攻角以及入流角的关系，可以由某些涡流理论模型进行优化，它是叶片气动外形和风轮气动性能分析的基础。采用涡流理论可以对大型风轮及叶片载荷分析过程中的风电机组的载荷分布情况、气动和结构设计可靠性的提高有很大作用。

2. 叶素理论

1889 年，Richard Froude 提出了叶素理论，1892 年，S. Drzewiecki 提出了重大改进。

假设将叶片沿叶展方向分割成无限多个叶素，每个叶素厚度无限小，每个微段称为一个叶素，叶素为二元翼型，见图3.8。同时假设每个叶素之间的气流流动没有干扰，作用于每个叶素上的力只由叶素的翼型升阻特性决定，并忽略叶片长度的影响。通过对作用在每个微段上的载荷进行分析并对其进行沿叶片展向求和，即可得到作用于风轮上的推力和转矩，具体的叶素受力分析见图3.9。

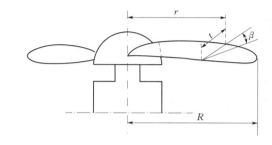

图 3.8　叶片分割形成叶素示意图

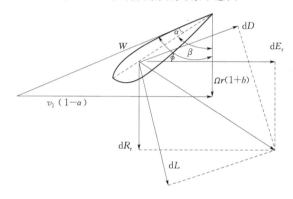

图 3.9　叶素受力分析

图中

$$dL = \frac{1}{2}\rho W^2 c C_L dr \text{（升力元）} \tag{3.28}$$

$$dD = \frac{1}{2}\rho W^2 c C_D dr \text{（阻力元）} \tag{3.29}$$

$$W = \frac{v}{\sin\phi} \text{（合速度）} \tag{3.30}$$

式中：D 为阻力，N 或 kN；L 为升力，N 或 kN；c 为弦长，m；C_L 为升力系数；C_D 为阻力系数。

$$dF_x = dL\cos\phi + dD\sin\phi = \frac{1}{2}\rho W^2 c dr C_x \tag{3.31}$$

$$dF_r = dL\sin\phi - dD\cos\phi = \frac{1}{2}\rho W^2 c dr C_r \tag{3.32}$$

其中

$$C_x = C_L\cos\phi + C_D\sin\phi \tag{3.33}$$

$$C_r = C_L\sin\phi + C_D\cos\phi \tag{3.34}$$

风轮半径 r 处环素上的轴向推力为

$$dT = NdF_x = \frac{1}{2}\rho W^2 NcC_x dr \tag{3.35}$$

转矩为

$$dM = NdF_r r = \frac{1}{2}\rho W^2 NcC_r r dr \tag{3.36}$$

式中：N 为叶片数。

在这里和下面将要提到的动量理论中干扰系数共有两个，轴向干扰系数 a 和切向干扰系数 b。其物理意义表示气流在通过风轮时，气流的轴向速度与切向速度都要发生变化。而这个变化就是以 a，b 为系数时对气流速度所打的折扣，见图 3.9 中叶素气动力三角形。

叶素理论把气流流经风力机的三维流动简化成了互不干扰的二维流动，从而忽略了叶片基元间气流的相互作用。但是实际由于风轮旋转、离心力、重力等作用，相邻叶片基元间存在着能量交换，所以在叶尖和轮毂等地方叶素理论不太适用。由于在进行气动分析时，干扰系数的影响是决不可忽略的，但确定它们又比较困难，这就造成了气动设计的复杂性。

3. 动量理论

动量理论是 William Rankime 于 1865 年提出的。假设作用于叶素上的力仅与通过叶素扫过圆环的气体动量变化有关，并假定通过临近圆环的气流之间不发生径向相互作用。

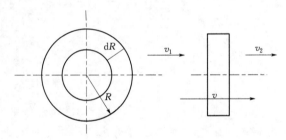

图 3.10　风轮扫掠面上半径为 dR 的圆环微元体

在风轮扫掠面内半径 r 处取一个圆环微元体，见图 3.10，应用动量定理，作用在风轮 $(R，R+dR)$ 环形域上的推力为

$$dT = m(v_1 - v_2) = 4\pi\rho r v_1^2 (1-a)a dR \tag{3.37}$$

转矩为

$$dM = mr^2\omega = r\pi\rho r^3 v_1 (1-a)b dR \tag{3.38}$$

由式（3.35）和式（3.37）可得

$$\frac{a}{1-a} = \frac{NcC_x}{8\pi R\sin^2\phi} \tag{3.39}$$

由式（3.36）和式（3.38）可得

$$\frac{b}{1+b} = \frac{NcC_r}{4\pi R\sin^2\phi} \tag{3.40}$$

如果忽略叶型阻力，则

$$C_x \approx C_L\cos\phi \tag{3.41}$$

$$C_r \approx C_L\sin\phi \tag{3.42}$$

$$\tan\phi = \frac{1-\alpha}{\lambda(1+b)} \tag{3.43}$$

式中：λ 为 r 处的速度比，$\lambda = \dfrac{\Omega r}{v_1}$。

可由式（3.39）～式（3.43）导出能量方程

$$b(b+1)\lambda^2 = \alpha(1-\alpha) \tag{3.44}$$

动量理论说明了作用于风轮上的力和来流速度间的关系，能够解答风轮转换机械能和基本效率的问题。

4. 动量—叶素理论

动量—叶素理论结合了动量理论和叶素理论，计算出风轮旋转面中的轴向干扰系数 α 和切向干扰系数 b。

由动量理论可得作用在风轮扫掠面内半径 r 处取一个圆环微元体上的推力和转矩分别为

$$\mathrm{d}T = 4\pi\rho r v_1^2 (1-\alpha)\alpha\,\mathrm{d}r \tag{3.45}$$

$$\mathrm{d}M = 4\pi\rho r^3 v_1 \Omega(1-\alpha) b\,\mathrm{d}r \tag{3.46}$$

由叶素理论得作用在风轮半径 r 处环素上的轴向推力和转矩分别为

$$\mathrm{d}T = \frac{1}{2}\rho W^2 N c C_x\,\mathrm{d}r \tag{3.47}$$

$$\mathrm{d}M = \frac{1}{2}\rho W^2 N c C_r r\,\mathrm{d}r \tag{3.48}$$

利用 $\mathrm{d}T_{动量} = \mathrm{d}T_{叶素}$，$\mathrm{d}M_{动量} = \mathrm{d}M_{叶素}$，并整理可得

$$\frac{\alpha}{1-\alpha} = \frac{BcC_x}{8\pi\sin^2\phi} \tag{3.49}$$

$$\frac{\alpha}{1+b} = \frac{BcC_r}{8\pi\sin^2\phi} \tag{3.50}$$

5. 叶片梢部损失和根部损失修正

当气流绕风轮叶片剖面流动时，剖面上下表面产生压力差，则在风轮叶片的梢部和根部处产生绕流。这就意味着在叶片的梢部和根部的环量减少，从而导致转矩减小，必然影响到风轮性能。所以要进行梢部和根部损失修正。

$$F = F_t F_r \tag{5.51}$$

$$F_t = \frac{2}{\pi}\arccos e^{-f_t} \tag{3.52}$$

$$f_t = \frac{N_b}{2}(R-r)/R\sin\phi \tag{3.53}$$

$$F_r = \frac{2}{\pi}\arccos e^{-f_r} \tag{3.54}$$

$$f_t = \frac{N_b}{2}(r-r_n)/r_n\sin\phi \tag{3.55}$$

式中：F 为梢部根部损失修正因子；F_t 为梢部损失修正因子；F_r 为根部损失修正因子；r_n 为轮毂半径。

这时，式（3.45）、式（3.46）分别可写成

$$\mathrm{d}T = 4\pi r\rho v_1^2 \alpha(1-\alpha)F\mathrm{d}r \tag{3.56}$$

$$\mathrm{d}M = 4\pi r^3 \rho v_1 (1-\alpha)b\Omega F\mathrm{d}r \tag{3.57}$$

并有

$$\alpha/(1-\alpha) = \sigma C_n/4F\sin^2\varphi \tag{3.58}$$

$$b/(1+b) = \sigma C_t/(4F\sin\varphi\cos\varphi) \tag{3.59}$$

6. 塔影效应

塔影效应是指叶片在旋转过程中，当叶片经过塔筒位置处时，加速叶片与塔筒之间的空气运动速度，致使叶片翼型上下表面出现压力差，而导致叶片向塔筒侧弯曲。筒形塔架比桁架式塔架塔影效果更严重，气流在塔架处分离，造成速度损失，下风向机组尤其严重，采用涡流理论模拟筒形塔架气流效果，得到气流表达式为

$$v = v_\infty \left[1 - \frac{(D/2)^2 (x^2 - y^2)}{(x^2 + y^2)^2} \right] \tag{3.60}$$

式中：D 为塔架（筒）直径；x 和 y 表示轴向和侧向相对于塔架（筒）中心的坐标。

括号中的第二项为气流减少量，把塔影效果引起的流速减少量化到风速诱导因子中去，即 $v_\infty(1-\alpha)$，然后应用叶素—动量理论。

7. 偏斜气流修正

最初的动量理论设计依据是轴向气流，而风力机经常运行在偏斜气流情况下，这样，风轮后尾涡产生偏斜，为此须对动量理论做修正。

$$a_s = a\left(1 + \frac{15\pi}{32} \frac{r}{R} \tan\frac{\chi}{2}\cos\psi \right) \tag{3.61}$$

$$\chi = (0.6a+1)\gamma \tag{3.62}$$

式中：a_s 为修正后的轴向诱导因子；r 为当地叶素半径；R 为风轮半径；χ 为尾涡偏斜角；γ 为气流偏斜角；ψ 为风轮偏航角（相对于下风向气流方向为 $0°$）。

8. 风剪切

风吹过地面时，由于地面上各种粗糙元（草、庄稼、森林、建筑物等）的摩擦作用，使风的能量减少而使风速减小，风速减小的程度随离地面的高度增加而降低。这种风速随高度变化而变化的现象称为风剪切。风速沿高度的变化规律称为风速廓线。本书用指数率表示风速廓线，即

$$v = v_1 (h/h_1)^\alpha \tag{3.63}$$

式中：v 为高度为 h 处的风速；v_1 为高度为 h_1 处的风速；α 为风速廓线经验指数，它与地面粗糙度有关。在我国规范中将地面粗糙度分为 A，B，C 三类。按 IEC 标准，取 $\alpha = 0.20$。

3.1.3　风力机叶片的空气动力特性

不论风力机的形式如何，叶片都是至关重要的部件。为了很好地理解叶片的功能，必须懂得有关翼型的基本空气动力学知识。

3.1.3.1　翼型的几何参数及其定义

叶片的气动性能直接与翼型外形有关，翼型外形的几何参数见图 3.11，在风轮叶片取一翼型截面叶素，具体的翼型几何参数及意义有以下方面：

（1）翼的上表面，为翼弦上面的弧面。

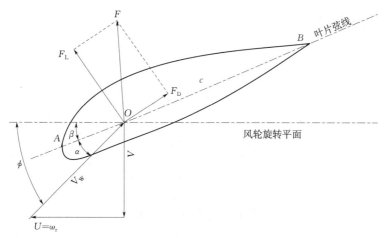

图 3.11 翼型的概念及翼的受力分析

c—叶片弦长；A—前缘；B—后缘；F—空气总动；F_L—升力；F_D—阻力；
α—攻角；β—桨距角；ϕ—来流角；V—风速；U—叶片线速度；V_W—合成风速

（2）翼的下表面，为翼弦下面的弧面。

（3）中弧线：翼型内切圆圆心的连线为中弧线，也可将垂直于弦线度量的上下表面间距离的中间点称为中弧线，对称翼型的中弧线与翼弦重合。

（4）翼的前缘：翼的前部 A 为圆头，翼型中弧线的最前点称为翼型前缘。

（5）翼的后缘：翼的尾部 B 为尖型，翼型中弧线的最后点称为翼型后缘。

（6）翼弦：连接翼的前缘 A 与后缘 B 的直线称为翼弦，AB 的长是翼的弦长 c。

（7）平均几何弦长：叶片投影面积与叶片长度的比值。

（8）气动弦长：通过后缘的直线，合成气流方向与其平行的弦线（升力为零）。

（9）叶片扭矩：叶片根部几何弦与根部几何弦夹角的绝对值。

（10）前缘半径：翼型前缘处内切圆的半径称为翼型前缘半径，前缘半径与弦长的比值称为相对前缘半径。

（11）后缘角：位于翼型后缘处，上下两弧线之间的夹角称为翼型后缘角。

（12）翼展：叶片旋转直径，即风轮转动直径。

（13）叶片安装角：叶根确定位置处翼型几何弦与叶片旋转平面的夹角。

（14）桨距角：风轮旋转平面与叶片各剖面的翼弦所成的角，又称扭转角，在扭曲叶片中，沿翼展方向不同位置叶片的安装角各不相同。

（15）攻角：翼型上合成气流方向与翼型几何弦的夹角，又称迎角，用 α 表示。

（16）展弦比：翼展的平方与翼的投影面积之比，即风轮半径的平方与叶片投影面积之比，用 R_z 来表示，即

$$R_z = \frac{R^2}{A_y} = \frac{R^2}{Rc_m} = \frac{R}{c_m} \tag{3.64}$$

式中：c_m 为平均弦长，m；A_y 为叶片投影面积，m^2；R 为风轮转动半径，m。

（17）来流角 ϕ：旋转平面与相对风速所成的角，又称相对风向角。

（18）厚度 δ：几何弦上各点垂直于几何弦的直线被翼型周线所截取的长度。最大厚度就是厚度最大值 δ_{max}，通常以它作为翼型厚度的代表。最大厚度点离前缘的距离用 X_δ 表

示，通常采用其相对值$\overline{X}_\delta = \dfrac{X_\delta}{c}$，见图 3.12。

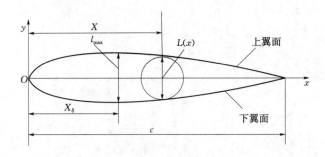

图 3.12　翼型的厚度分布

（19）相对厚度$\overline{\delta}$：厚度的最大值与几何弦长的比值，即$\overline{\delta} = \dfrac{\delta_{max}}{c}$，通常的取值范围为 3‰～20‰，最常用的是 10‰～15‰。

（20）弯度与弯度分布：翼型中弧线和翼弦间的高度称为翼型的弯度，弧高沿翼弦的变化称为弯度分布，见图 3.13，以$y_f(x)$表示。

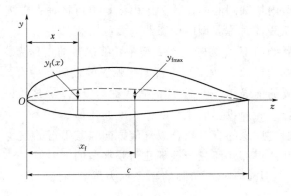

图 3.13　翼型的弯度分布

当$x = x_f$时，$y_f(x_f = y_{f\,max})$称为最大弯度，以f表示。$\overline{f} = \dfrac{f}{c}$，称为最大相对弯度，$x_f$为最大弯度位置，其无量纲为$\overline{x}_f = \dfrac{x_f}{c}$。同样，通常翼型的相对弯度指最大相对弯度，用$\overline{f}$表示。

3.1.3.2　作用在叶片上的空气动力

假设翼型与大气存在相对运动，根据质量守恒，空气团在翼型前缘点处被分割两个空气团（图 3.14 的黑色空气团和白色空气团），两个空气团分别绕叶片翼型上表面和下表面流动，并于翼型后缘点汇合，见图 3.14。由于翼型周围存在相对绕流，翼型外表面的空气压力是不均匀的。下表面压力较上表面大，叶片翼型将受到一个合力δQ。δQ在垂直来流方向的分量δL称为升力，而平行来流方向的分量δD称为阻力，见图 3.15。此外合力δQ对于前缘A将有一个力矩δM，称为气动俯仰力矩。

翼型上的升力为

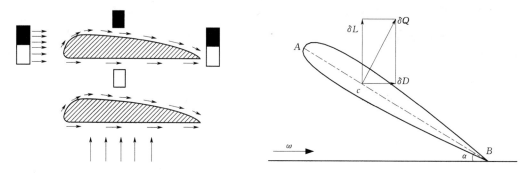

图 3.14　翼型与大气的相对运动　　　　图 3.15　作用于翼型上的空气动力

$$\delta L = \frac{1}{2}\rho\omega^2 cC_1\delta z \tag{3.65}$$

式中：ρ 为空气密度，kg/m^3；ω 为相对速度，m/s；c 为几何弦长，m；C_1 为翼型升力系数；δz 为翼型的长度，m。

翼型上的阻力为

$$\delta D = \frac{1}{2}\rho\omega^2 cC_d\delta z \tag{3.66}$$

式中：C_d 为翼型阻力系数。

气动俯仰力矩为

$$\delta M = \frac{1}{2}\rho\omega^2 c^2 C_m\delta z \tag{3.67}$$

式中：C_m 为气动俯仰力矩系数。

对于某一特定攻角，翼型总对应地有一特殊点 C，见图 3.15，空气动力 δQ 对这个点的力矩为零，将该点称为压力中心点。空气动力在翼型剖面上产生的影响可由单独作用于该点的升力和阻力来表示。

翼型升力系数 C_1、阻力系数 C_d 都与翼型的形状以及攻角 α 有关。C_1 与 α 的关系系曲线见图 3.16。在实用范围内，它基本上成一直线，但在较大攻角时，略向下弯曲。当攻角增大到 α_{cr} 时，C_1 达到其最大值 C_{1max}，其后则突然下降，这一现象称为失速。它与翼型上表面气流在前缘附近发生分离的现象有关，见图 3.17，攻角 α_{cr} 称为临界攻角。失速发生

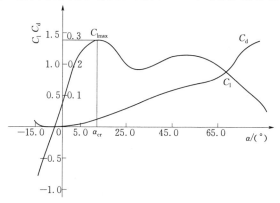

图 3.16　C_1、C_d 与 α 的关系

57

时，风力机的输出功率显著减小。

对一般的翼型而言，临界攻角 α_{cr} 在·$10°\sim20°$ 范围内，这时的最大升力系 $C_{lmax}\approx$ $1.2\sim1.5$。

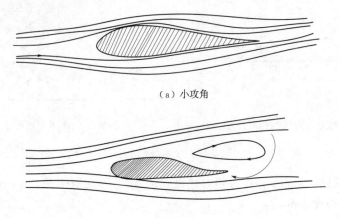

（a）小攻角

（b）大攻角（失速）

图 3.17　叶片的失速

C_d 与 α 的关系曲线见图 3.18。它的形状与抛物线相近，一般在某一不大的负攻角时，有最小值 C_{dmin}。此后随着攻角的增加，阻力增加得很快，在到达临界攻角以后，增长率更为显著。C_l 与 C_d 的关系曲线也可做成极曲线，以 C_d 为横坐标，C_l 为纵坐标，对应于每一个攻角 α，有一对 C_d、C_l 值，在图 3.18 上可确定一点，并在其旁标注出相应的攻角，连接所有各点即成为极曲线。该曲线包括了图 3.18 中两条曲线的全部内容。因升力与阻力本是作用于叶片上的合力在与速度 ω 垂直和平行方向上的两个分量，所以从原点到曲线上任意一点的矢径，就表示在该对应攻角下的总气动力系数的大小和方向。该矢径弦的斜率就是在这一攻角下的升力与阻力之比，简称升阻比，又称气动力效率。过坐标原点作极曲线的切线，就得到叶片的最大升阻比 $\cos\varepsilon=C_l/C_d$。显然，这是风力机叶片的最佳的运行状态。

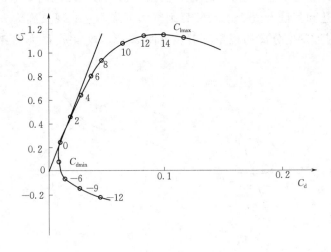

图 3.18　C_l 与 C_d 的关系

3.1.4 风力机风轮的空气动力特性

3.1.4.1 风轮的几何参数及其定义

多个叶片固定在轮毂上就构成了风轮，具体的几何定义与相关参数如下：

（1）风轮直径：叶尖旋转圆的直径，用 D 表示。

（2）风轮扫掠面积：风轮旋转时，叶片的回转面积。

（3）风轮偏角：风轮轴线与气流方向的夹角在水平面的投影。

（4）风轮额定转速：输出额定功率时，风轮的转速。

（5）风轮最高转速：风力机处于正常状态下（空载或负载），风轮允许的最大转速值。

（6）风轮实度：风轮叶片投影面积的总和与风轮扫掠面积的比值。

（7）叶尖速比：叶尖切向速度与风轮前的风速只比，用 λ 表示。

（8）风轮锥角：风轮锥角是叶片与旋转轴垂直平面的夹角。当锥角如图 3.19 所示时，其作用是风轮运行状态下，防止叶片梢部与塔架碰撞。当锥角设置与图 3.19 所示方向相反时（即叶片向机舱方向倾斜），可以减小叶根的挥向载荷。

图 3.19　锥角与仰角

（9）风轮仰角：风轮仰角是风轮旋转轴与水平面的夹角。仰角的作用是防止叶片梢部与塔架碰撞，见图 3.19。

3.1.4.2 作用在风轮上的空气动力

在叶片上，取半径为 r、长度为 δ_r 的微元，称为叶素，见图 3.20。在风轮旋转过程中，叶素将扫掠出一个圆环。对于一个叶片数为 N、叶片半径为 R、弦长为 c、叶素桨距角（叶素几何弦线与风轮旋转面间的夹角）为 β 的风力机，弦长和叶素桨距角都沿着叶片轴线变化。令叶片的旋转角速度为 Ω，风速为 v_∞。同时考虑到尾流旋转，圆盘下游在距旋转轴径向距离为 r 的地方气流以 $2b\Omega r$（b 为切向气流诱导因子）的切向速度旋转。叶素的切向速度 Ωr 与圆盘厚度中部气流的切向速度 $b\Omega r$ 之和为经过叶素的净切向流速度 $(1+b)\Omega r$，图 3.21 和图 3.22 表示在半径为 r 处叶素上的速度和作用力。

从图 3.20 中得到叶片上的相对合速度为

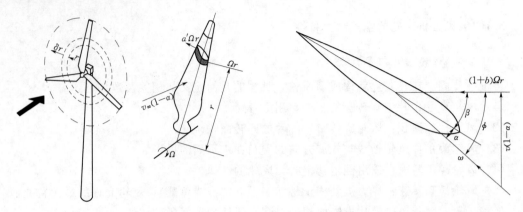

图 3.20　叶素扫出的圆环　　　　　　　　图 3.21　叶素上的速度

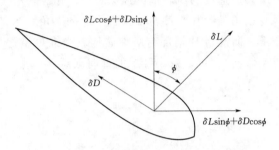

图 3.22　叶素上的作用力

$$W = \sqrt{v_\infty^2 (1-\alpha)^2 + \Omega^2 r^2 (1+b)^2} \tag{3.68}$$

相对合速度与旋转面之间的夹角是 ϕ，则

$$\sin\phi = \frac{v_\infty (1-\alpha)}{W} \tag{3.69}$$

$$\cos\phi = \frac{\Omega r (1+\alpha)}{W} \tag{3.70}$$

攻角 α 为

$$\alpha = \phi - \beta \tag{3.71}$$

从式（3.66）可得，每个叶片在顺翼展方向长度为 δr 的升力为

$$\delta L = \frac{1}{2} \rho \omega^2 c C_l \delta r \tag{3.72}$$

从式（3.68）可得，平行于 ω 的阻力为

$$\delta D = \frac{1}{2} \rho \omega^2 c C_d \delta r \tag{3.73}$$

假定作用于叶素上的力仅与通过叶素扫过圆环的气体动量变化有关，而通过邻近圆环的气流之间不发生径向相互作用。

N 个叶素上的空气动力分量在轴向上分解为

$$N(\delta L \cos\phi + \delta D \sin\phi) = \frac{1}{2} \rho \omega^2 N c (C_l \cos\phi + C_d \sin\phi) \delta r \tag{3.74}$$

通过扫掠圆环面积的轴向动量变化率为

$$2\alpha v_\infty \rho v_\infty (1-\alpha) 2\pi r \delta r = 4\pi \rho v_\infty^2 \alpha (1-\alpha) r \delta r \tag{3.75}$$

尾流旋转导致的尾流压力下降等于动力压头的增加，因此，在圆环上附加的轴向力为

$$\delta F_r = \frac{1}{2}\rho(2a\Omega r)^2 2\pi r\delta r \tag{3.76}$$

气流对扫掠圆环的作用力数值上等于圆环的反作用力，根据动量定理，这个反作用力等于气流动量的变化率。从式（3.74）～式（3.76）可得

$$\frac{1}{2}\rho\omega^2 Nc(C_l\cos\phi + C_d\sin\phi)\delta r = 4\pi\rho[v_\infty^2 a(1-a) + (b\Omega r)^2]r\delta r \tag{3.77}$$

化简为

$$\frac{\omega^2}{v_\infty^2}N\frac{c}{R}(C_l\cos\phi + C_d\sin\phi) = 8\pi[a(1-a) + (a'\lambda\mu)^2]\mu \tag{3.78}$$

其中

$$\mu = r/R, \quad \lambda = \Omega R/v_\infty$$

N 个叶素上的空气动力产生的风轮轴向转矩为

$$N(\delta L\sin\phi - \delta D\cos\phi)r = \frac{1}{2}\rho\omega^2 Nc(C_l\sin\phi + C_d\cos\phi)r\delta r \tag{3.79}$$

通过圆环的空气角动量变化率为

$$2b\Omega r^2\rho v_\infty(1-a)2\pi r\delta r = 4\pi\rho v_\infty(\Omega r)b(1-a)r^2\delta r \tag{3.80}$$

根据动量矩定理，轴向转矩与角动量变化率相等，从式（3.79）和式（3.80）可得

$$\frac{1}{2}\rho\omega^2 Nc(C_l\sin\phi + C_d\cos\phi) = 4\pi\rho v_\infty(\Omega r)b(1-a)r^2\delta r \tag{3.81}$$

化简为

$$\frac{\omega^2}{v_\infty^2}N\frac{c}{R}(C_l\sin\phi + C_d\cos\phi) = 8\pi\lambda\mu^2 b(1-a) \tag{3.82}$$

设

$$C_l\cos\phi + C_d\sin\phi = C_x \tag{3.83}$$

$$C_l\sin\phi - C_d\cos\phi = C_r \tag{3.84}$$

由式（3.79）和式（3.83）可以求得气流诱导因子 a 和 b。利用二维翼型特性 a 和 b 是需要有迭代过程的。迭代公式为

$$\frac{a}{1-a} = \frac{\sigma_r}{4\sin^2\phi}\left(C_x - \frac{\sigma_r}{4\sin^2\phi}C_r^2\right) \tag{3.85}$$

$$\frac{b}{1+b} = \frac{\sigma_r C_r}{4\sin\phi\cos\phi} \tag{3.86}$$

式中：σ_r 为弦长实度，定义为给定半径下的总叶片弦长除以该半径的周长。即

$$\sigma_r = \frac{N}{2\pi}\frac{c}{r} = \frac{N}{2\pi\mu}\frac{c}{R} \tag{3.87}$$

从式（3.82）可以得到的叶素产生的转矩为

$$\delta M = 4\pi\rho v_\infty(\Omega r)b(1-a)r^2\delta r \tag{3.88}$$

因此，整个转子产生的总转矩为

$$M = 4\pi\rho v_\infty\Omega\int_0^R b(1-a)r^2\mathrm{d}r \tag{3.89}$$

风能利用系数是

$$C_P = \frac{P_1}{\frac{1}{2}\rho v_\infty^3\pi R^2} \tag{3.90}$$

上述内容称为叶素—动量理论，它定量地表达了在定常正向来风的条件下风轮的稳态运动特征，同时也说明了风力机的工作原理。

3.2　能量传递理论

能量传递是由主传动链完成的，主传动链的零部件均为不同程度的弹性机构，其运动规律是由弹性力学的基本方程决定的。

3.2.1　弹性力学基本方程

在各向同性线性弹性力学中，为了求得应力、应变和位移，先对构成物体的材料以及物体的变形作了五条基本假设，即连续性假设、均匀性假设、各向同性假设、完全弹性假设和小变形假设，然后分别从静力学、几何学和物理学方面出发，推导弹性力学的基本方程和边界条件的表达式。下列格式中，σ_x、σ_y、σ_z、$\tau_{xy}(\tau_{yx})$、$\tau_{yz}(\tau_{zy})$、$\tau_{zx}(\tau_{xz})$为应力分量；u、v、w 为位移矢量在三个方向的分量；ε_x、ε_y、ε_z、γ_{xy}、γ_{yz}、γ_{zx} 分别为正应变和剪切变分量；F_{by}、F_{by}、F_{bz} 单位体积的体力在各方向的分量；μ 为泊松比。

1. 平衡微分方程

$$\frac{\partial \sigma_x}{\partial x} + \frac{\partial \tau_{yx}}{\partial y} + \frac{\partial \tau_{zx}}{\partial z} + F_{bx} = 0 \tag{3.91}$$

$$\frac{\partial \tau_{xy}}{\partial x} + \frac{\partial \sigma_y}{\partial y} + \frac{\partial \tau_{zy}}{\partial z} + F_{by} = 0 \tag{3.92}$$

$$\frac{\partial \tau_{xz}}{\partial x} + \frac{\partial \tau_{yz}}{\partial y} + \frac{\partial \sigma_z}{\partial z} + F_{bz} = 0 \tag{3.93}$$

2. 几何方程

物体受力后变形，其内部任一点的位移与应变的关系为

$$\varepsilon_x = \frac{\partial u}{\partial x}, \; \varepsilon_y = \frac{\partial v}{\partial y}, \; \varepsilon_z = \frac{\partial w}{\partial z} \tag{3.94}$$

$$\gamma_{xy} = \frac{\partial v}{\partial x} + \frac{\partial u}{\partial y}, \; \gamma_{yz} = \frac{\partial w}{\partial y} + \frac{\partial v}{\partial z}, \; \gamma_{xz} = \frac{\partial u}{\partial z} + \frac{\partial w}{\partial x} \tag{3.95}$$

3. 物理方程（广义虎克定律）

（1）应力表示应变。

$$\varepsilon_x = \frac{1}{E}\left[\sigma_x - \mu(\sigma_y + \sigma_z)\right]$$

$$\varepsilon_y = \frac{1}{E}\left[\sigma_y - \mu(\sigma_z + \sigma_x)\right] \tag{3.96}$$

$$\varepsilon_z = \frac{1}{E}\left[\sigma_z - \mu(\sigma_x + \sigma_y)\right]$$

$$\gamma_{xy} = \frac{\tau_{xy}}{G}$$

$$\gamma_{yz} = \frac{\tau_{yz}}{G} \tag{3.97}$$

$$\gamma_{zx} = \frac{\tau_{zx}}{G}$$

式中：E 为拉压弹性模量，简称为弹性模量；G 为剪切弹性模量，简称为刚度模量，且有

$$G = \frac{E}{2(1+\mu)} \tag{3.98}$$

（2）应变表示应力。

$$\sigma_x = \frac{E}{1+\mu}\left(\frac{\mu}{1-2\mu}e_v + \varepsilon_x\right)$$

$$\sigma_y = \frac{E}{1+\mu}\left(\frac{\mu}{1-2\mu}e_v + \varepsilon_y\right)$$

$$\sigma_z = \frac{E}{1+\mu}\left(\frac{\mu}{1-2\mu}e_v + \varepsilon_z\right) \tag{3.99}$$

$$\tau_{xy} = G\gamma_{xy}$$

$$\tau_{yz} = G\gamma_{yz}$$

$$\tau_{zx} = G\gamma_{zx} \tag{3.100}$$

式中：e_v 为体积应变，$e_v = \varepsilon_x + \varepsilon_y + \varepsilon_z$。

总之，上述共有 15 个独立方程（3 个平衡微分方程、6 个几何方程、6 个物理方程），包含 15 个未知变量[3 个位移分量 u、v、w，6 个应力分量 σ_x、σ_y、σ_z、$\tau_{xy}(\tau_{yx})$、$\tau_{yz}(\tau_{zy})$、$\tau_{zx}(\tau_{xz})$，6 个形变分量 ε_x、ε_y、ε_z、γ_{xy}、γ_{yz}、γ_{zx}]。给定边界条件后方程组有定解。

4. 边界条件

若物体表面的面力分量为 F_{sx}、F_{sy} 和 F_{sz} 已知，则表面力边界条件为

$$F_{sx} = \sigma_x l + \tau_{xy} m + \tau_{xz} n$$

$$F_{sy} = \tau_{xy} l + o_y m + \tau_{zy} n$$

$$F_{sz} = \tau_{xz} l + \tau_{yz} m + \sigma_z n \tag{3.101}$$

式中：l、m、n 为物体表面外法线的三个方向余弦。

若物体表面的位移已知，则位移边界条件为

$$u_s = \overline{u}, \quad v_s = \overline{v}, \quad w_s = \overline{w}$$

式中：u_s、v_s、w_s 为位移的边界值；$\overline{u}$、$\overline{v}$、$\overline{w}$ 在边界上是坐标的已知函数。

5. 基本方程的求解

在求解弹性力学问题时，并不需要同时求解几个基本未知量，可以做必要的简化。为简化求解的难度，仅选取部分未知量作为基本未知量。在给定的边界条件下，求解偏微分方程组的问题，数学上称为偏微分方程的边值问题。

按照不同的边界条件，弹性力学有三类边值问题，具体如下：

（1）第一类边值问题。已知弹性体内的体力和其表面的面力分量为 F_{sx}、F_{sy} 和 F_{sz}，边界条件为面力边界条件。

（2）第二类边值问题。已知弹性体内的体力分量以及表面的位移分量，边界条件为位移边界条件。

（3）第三类边值问题。已知弹性体内的体力分量，以及物体表面的部分位移分量和部分面力分量，边界条件在面力已知的部分为面力边界条件，位移已知的部分为位移边界条件，称为混合边界条件。

以上三类边值问题代表了一些简化的实际工程问题。若不考虑物体的刚体位移，则三类边值问题的解是唯一的不平衡。

3.2.2　传动链数学模型

传动链是机械上连接空气动力子系统和电磁子系统的一套装置。风转矩和电磁转矩是输入量，转速是输出量。假定在整个变速范围内有恒定的机械传动效率，可以认为结构特性（例如振动、齿轮种类、齿隙等）对其性能的影响可以忽略不计。

对于典型的风电机组来说，组成传动链的部件有风轮、齿轮箱和发电机转子。

增速器将传动链分为与风轮直接耦合的低速轴和与发电机相连的高速轴两部分。高速轴和低速轴之间的连接部分可以是刚性的，也可以是柔性的。刚性传动链模型认为传动系统的扭转刚度足够大，即低速轴、齿轮箱的传动轴、高速轴是刚性的，转子和发电机只有一个旋转自由度，高速轴与低速轴按定传动比变化。发电机和风力机转子的加速来自于气动转矩与发电机响应转矩的不平衡。柔性传动链模型认为低速轴和高速轴是柔性的。允许风力机转子和发电机转子有各自的旋转自由度。风力机转子的加速度依赖于气动转矩和低速轴转矩之间的不平衡。发电机转子的加速度依赖于高速轴扭矩和发电机响应转矩之间的不平衡。在柔性连接中，高速轴与低速轴具有不同的瞬间转速。这种解耦用来减少由风速或电磁转矩变化而引起的机械应力。由此，它的兼容性和传动的可靠性都大大提高，不容易受暂态负载和机械疲劳的影响。

1. 刚性模型

风电机组主传动链刚性模型见图 3.23。

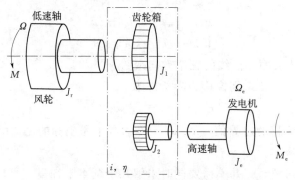

图 3.23　风电机组主传动链刚性模型

刚性传动链模型的主要组成部分是单级耦合增速器，它的传动比为 i，效率为 η，在这种情况下，由于增速器的作用，发电机转矩减少 i 倍且速度增加 i 倍。在上述模型假设下，在高速轴或低速轴下的风能转换系统动态模型可以表示为

$$J_{\mathrm{H}} \frac{\mathrm{d}\Omega_{\mathrm{e}}}{\mathrm{d}t} = \frac{\eta}{i} M(\Omega, v) - M_{\mathrm{e}}(\Omega_{\mathrm{e}}, c) \tag{3.102}$$

$$J_{\mathrm{L}} \frac{\mathrm{d}\Omega_{\mathrm{r}}}{\mathrm{d}t} = \frac{\eta}{i} M(\Omega, v) - \frac{i}{\eta} M_{\mathrm{e}}(\Omega_{\mathrm{e}}, c) \tag{3.103}$$

式中：Ω 为风轮旋转角速度；Ω_{e} 为发电机转子机械角速度；$M(\Omega, v)$ 为空气动力转矩，以风速 v 作为参数；$M_{\mathrm{e}}(\Omega_{\mathrm{e}}, c)$ 为电磁转矩，一般以表示的负载变量作为参数；J_{H}、J_{L} 为高

速轴和低速轴处的等效转动惯量，即

$$J_H = (J_1 + J_r) \frac{\eta}{i^2} + J_2 + J_e \tag{3.104}$$

$$J_L = J_r + J_1 + (J_e + J_2) \frac{i^2}{\eta} \tag{3.105}$$

式中：J_1、J_2 分别为啮合齿轮的转动惯量；J_r、J_e 分别为风轮和发电机转子的转动惯量。

由于传动链是刚性的，空气动力转矩仅由一阶线性转速变量给定。图 3.24 为转换到高速轴处的运动方程的仿真框图，此方程通常用于发电机组传动链单自由度模型。

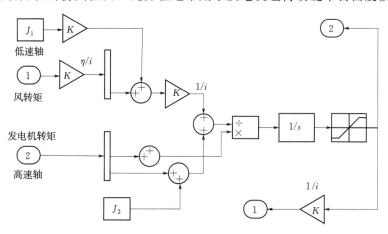

图 3.24 运动方程的仿真框图

图 3.25 给出了当高速轴以角速度 Ω_e 旋转时，风轮和发电机相互作用稳定运行的示意图。风电机组的稳定运行点是风轮和发电机机械特性曲线的交点。

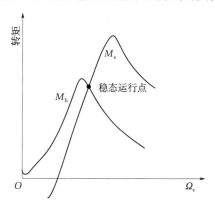

图 3.25 风电机组稳态曲线

2. 柔性模型

风力发电机组主传动链柔性模型见图 3.26。

高速轴的 B 和 C 两部分以不同的转速旋转，分别是 $i\Omega_r$ 和 Ω_e，这里 i 是齿轮箱的传动比。弹性能变化量产生一个新的状态变化内转矩 M。J_e 表示 C 部分的惯量，J_B 表示 B 部分的惯量，表达式为

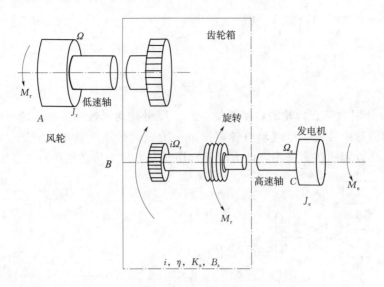

图 3.26　主传动链柔性模型

$$J_\mathrm{B}=\frac{\eta}{i^2}J_\mathrm{r} \tag{3.106}$$

式中：η 为传动效率；J_r 为低速部分（主要是风轮）的转动惯量。

传动装置柔性模型由 B 和 C 部分运动方程和内转矩动态方程构成

$$\begin{cases} \dot{\Omega}=M/J_\mathrm{r}-iM_\mathrm{r}/(J_\mathrm{r}\eta) \\ \dot{\Omega}_\mathrm{e}=M_\mathrm{r}/J_\mathrm{e}-M_\mathrm{e}/J_\mathrm{e} \\ \dot{M}_\mathrm{r}=K_\mathrm{s}(i\Omega-\Omega_\mathrm{e})+B_\mathrm{s}(i\dot{\Omega}-\dot{\Omega}_\mathrm{e}) \end{cases} \tag{3.107}$$

得到一个三阶线性模型，状态变量为 $\dot{x}=\begin{bmatrix}\Omega_\mathrm{r}\Omega_\mathrm{e}M\end{bmatrix}^T$，输入矢量为 $\dot{u}=\begin{bmatrix}MM_\mathrm{e}\end{bmatrix}^T$，输出矢量为 $\dot{y}=\begin{bmatrix}\Omega\Omega_\mathrm{e}\end{bmatrix}^T$，则

$$\begin{cases} \dot{x}=\begin{bmatrix} 0 & 0 & -\dfrac{1}{iJ_\mathrm{r}} \\[2mm] 0 & 0 & \dfrac{1}{J_\mathrm{e}} \\[2mm] iK_\mathrm{s} & -K_\mathrm{s} & -B_\mathrm{s}\left(\dfrac{1}{J_\mathrm{B}}+\dfrac{1}{J_\mathrm{e}}\right) \end{bmatrix}x+\begin{bmatrix} \dfrac{1}{J_\mathrm{r}} & 0 \\[2mm] 0 & -\dfrac{1}{J_\mathrm{e}} \\[2mm] \dfrac{iB_\mathrm{s}}{J_\mathrm{r}} & \dfrac{B_\mathrm{s}}{J_\mathrm{e}} \end{bmatrix}u \\[6mm] y=\begin{bmatrix} 1 & 0 & 0 \\ 0 & 1 & 0 \end{bmatrix}x \end{cases} \tag{3.108}$$

式中：K_s、B_s 为弹性系统的刚性系数和阻尼系数。

上述推导过程也适合于直驱式风电机组的传动链，这时，状态方程变为

$$\begin{cases} \dot{x}=\begin{bmatrix} 0 & 0 & -\dfrac{1}{J_\mathrm{r}} \\[2mm] 0 & 0 & \dfrac{1}{J_\mathrm{e}} \\[2mm] K_\mathrm{s} & -K_\mathrm{s} & -B_\mathrm{s}\left(\dfrac{1}{J_\mathrm{r}}+\dfrac{1}{J_\mathrm{e}}\right) \end{bmatrix}x+\begin{bmatrix} \dfrac{1}{J_\mathrm{r}} & 0 \\[2mm] 0 & -\dfrac{1}{J_\mathrm{e}} \\[2mm] \dfrac{B_\mathrm{s}}{J_\mathrm{r}} & \dfrac{B_\mathrm{s}}{J_\mathrm{e}} \end{bmatrix}u \\[6mm] y=\begin{bmatrix} 1 & 0 & 0 \\ 0 & 1 & 0 \end{bmatrix}x \end{cases} \tag{3.109}$$

习　题

3.1　请推导出贝兹理论，并说明推导的前提条件是什么？

3.2　写出并牢记翼型的 20 个几何参数及其定义。

3.3　写出并牢记风轮的几何参数及其定义。

第4章 风 力 机

风力发电在当今的社会越来越被接受，与传统发电能源相比现代风电机组发电主要有以下优越性：

（1）建造费用低廉，单位发电成本低于火力发电方式。

（2）产生电力无需其他任何资源消耗。

（3）与传统发电方式对生态环境污染相比，污染小而少。

（4）运行简单，无人值守或少人值守。

（5）实际占地少，无需连片土地建设。

风力机是以风能作为能源，将风能转化为机械能而做功的一种动力机。具体地讲风力机就是一种能截获流动的空气所具有的动能并将风轮叶片迎风扫掠面积内的一部分动能转化为有用机械能的装置，俗称风动机、风力发动机或风车。类似的动力机很多，如以汽油作燃料的动力机称为汽油机（也称奥托内燃机），以柴油作燃料的动力机称为柴油机（也称狄塞尔内燃机），以水力驱动的动力机称为水轮机（也称水力机）等。风力机这个名称流行比较普遍，大多数人都使用这个名称。

4.1 风 力 机 的 分 类

风力机的结构型式多种多样。着眼点的不同，可以有各式各样的分类方法。一般有以下分类方法：

（1）按风力机风轮轴所在的空间位置来区分，风力机可分为水平轴风力机和垂直轴风力机两类。风轮轴平行或接近平行于水平面的风力机称为水平轴风力机，见图4.1。风轮轴垂直于水平面的风力机称为垂直轴风力机，见图4.2，也称为竖轴风力机或立式风力机，

图4.1　水平轴风力机

图4.2　垂直轴风力机

有时也称为转子式风力机。通常水平轴风力机和垂直轴风力机的风轮结构和叶片形式很不相同。水平轴风力机较为常见。

（2）按风力机功率大小来区分，国内外分法有一定区别。一般我国按功率分为5种，即功率在1kW以下的风力机称为微型风力机，见图4.3；功率在1～10kW的风力机称为小型风力机，见图4.4；功率在10～100kW的风力机称为中型风力机，见图4.5；功率在100～1000kW的风力机称为大型风力机，见图4.6；功率超过1000kW的风力机称为巨型风力机，也称为兆瓦级风力机，见图4.7。国外一些国家按功率划分与我国不一样，在数值上扩大10倍，一般只分为3种类型，即功率在100kW以下的风力机称为小型风力机；功率在100～1000kW的风力机称为中型风力机；功率在1000kW以上的风力机称为大型风力机。表4.1为世界上一些国家典型风力机的主要参数。

图4.3　微型风力机

图4.4　小型风力机

图4.5　中型风力机

图4.6　大型风力机

图 4.7　巨型风力机（兆瓦级风力机）

表 4.1　　　　　　　　世界一些主要国家典型风力机的主要参数

分类	国家	风力机型号	风力机主要参数				
			叶片数（材料）	风轮直径/m	额定风速/(m·s⁻¹)	额定功率/kW	叶尖速比
微型风力机	中国	FD2-100	2（木制）	2.0	6.0	0.1	7.0
	美国	Winco	2（木制）	1.83	8.0	0.2	4.8
	法国	Acrowatt	3（铝制）	2.0	7.0	0.14	6.0
	瑞士	W250	2（木制）	1.6	7.0	0.25	4.8
	俄罗斯	BF2M	2（木制）	2.0	6.0	0.15	10.5
小型风力机	中国	FD7-3000	3（木制）	7.0	8.0	3.0	6.8
	美国	AXP6000UT1	3（玻璃钢）	4.27	10.5	6.0	7.2
	法国	Enag	3（铝制）	6.0	11.5	5.0	7.6
	瑞士	WV50	3（木制）	5.0	8.0	5.0	7.2
	俄罗斯	UVEUD6	2（玻璃钢）	6.0	8.0	3.4	7.3
中型风力机	中国	LFD16	3（玻璃钢）	16.0	12.6	75.0	6.0
	美国	SYORM	4（玻璃钢）	11.89	12.5	40.0	6.5
	英国	Swith	3（铝制）	15.2	18.5	100.0	3.2
	丹麦	Sonbjerg	3（玻璃钢）	14.0	12.0	55.0	5.4
	俄罗斯	SOKOL D12	3（木制）	12.0	8.0	15.2	6.9
大型风力机	中国	FD-E200	3（玻璃钢）	29.0	13.0	200.0	5.8
	丹麦	GAMESA	3（玻璃钢）	58.0	13.5	850.0	5.3
	美国	MOD-OA	2（玻璃钢）	38.0	11.2	200.0	7.1
	荷兰	Petten	2（玻璃钢）	25.0	13.0	300.0	8.0
	匈牙利	XL-280	4（玻璃钢）	36.6	10.4	280.0	5.0

分类	国家	风力机型号	风力机主要参数				
			叶片数 （材料）	风轮直径 /m	额定风速 /(m·s⁻¹)	额定功率 /kW	叶尖速比
巨型 风力机	中国	SUT61-1000	3（玻璃钢）	60.62	12.0	1000.0	4.2
	美国	GE 3.6MW	3（玻璃钢）	104.0	13.0	3600.0	4.5
	丹麦	Vestas	3（玻璃钢）	80.0	15.0	2000.0	4.7
	德国	Fuhrlander	3（玻璃钢）	54.0	14.0	1000.0	4.5
	印度	Suzlon	3（玻璃钢）	66.0	12.0	1200.0	5.9

（3）按风力机的风轮在正常工作状态下的转速来划分，可分为高速风力机和低速风力机两类。在一般情况下，风力机风轮的叶尖速比 λ（也称高速性系数）不小于 3 的，属于高速风力机；而叶尖速比小于 3 的，则属于低速风力机。通常，少叶片风力机属于高速风力机；多叶片风力机属于低速风力机。在实践中，风力发电系统采用的皆为高速风力机，风力提水系统采用的是低速风力机，见图 4.8。

图 4.8　风力提水机

（4）按照风力机风轮上叶片数目的多少来划分，可分为多叶片风力机和少叶片风力机两类。一般地，风轮上的叶片数目不大于 4 片的，称为少叶（翼）式风力机，叶片数目在 4 片以上的，称为多叶片风力机，图 4.9 所示为不同叶片的风力机。一般叶片数目的多少视风力机的用途而定。通常，用于发电的风力机叶片数有双叶片、三叶片或四叶片，目前，常见的水平轴风力机多数使用三叶片风轮，其特点是轻便，容易大型化，在风速较高时有较高的风能利用系数，而且高速旋转对传动机构要求低，适合风电；用于风力提水的风力机一般为 12～24 叶片，其特点是在风速较低时风力机有较高的风能利用系数、较大的启动力矩及较低的启动风速，适合提水。

图 4.9　不同叶片数的风力机

（5）按风力机叶片工作原理来划分，可分为升力型风力机和阻力型风力机两类。利用风力机叶片翼型的升力做功而实现风力机工作的，称为升力型风力机；利用空气动力的阻力做功而实现风力机工作的，称为阻力型风力机，见图 4.10。

图 4.10　阻力型风力机

（6）按叶片升力翼型的形状来划分，可分为螺旋桨式和达里厄式风力机两类。一般地，螺旋桨式叶片与飞机叶片相似；达里厄式叶片组成的风轮是一种升力装置，由于它的启动扭矩低，且尖速比较高，对于给定的风轮重量和成本，其有较高的功率输出。现在有多种达里厄式风力机，如Φ型、H 型、△型、Y 型、◇型等。这些风轮可设计成单叶片、双叶片、三叶片或多叶片。

（7）按照功率调节的方式，水平轴风力机有定桨距风力机和主动失速型风力机两类。定桨距风力机叶片固定在轮毂上，桨距角不变，风力机的功率调节完全依靠叶片的失速性能。当风速超过额定风速时，利用叶片本身的空气动力特性来减少旋转力矩，或通过偏航控制维持输出功率相对稳定。相对而言，变桨距风力机的叶片可以轴向旋转。当风速超过额定风速时，通过减小叶片翼型上合成气流方向与翼型弦线的夹角即攻角，来改变风轮获得的空气动力转矩，使功率输出保持稳定。同时，风力机在启动时通过改变桨距来获得足够的启动力矩。

主动失速型风力机的工作原理相当于以上两种形式的组合。当风力机达到额定功率后，相应地增加攻角，使叶片失速效应加深，从而限制风能的捕获。

（8）按照传动方式，风力机可分为高传动比齿轮箱型风力机、无齿轮箱（也叫直驱型风力机）和半直驱型风力机。

高传动比齿轮箱型风电机组中齿轮箱的主要功能，是将风轮在风力作用下所产生的动力传递给发电机，并使其得到相应的转速。风轮的转速较低，通常达不到风电机机发电的要求，必须通过齿轮箱齿轮的增速作用来实现，故齿轮箱也称为增速箱。

直接驱动型风力机采用多级同步风力发电机，可以去掉风力发电系统常见的齿轮箱，让风轮直接带动发电机低速旋转。其优点是没有了齿轮箱所带来的噪声、故障率高和维护成本大等，提高率运行可靠性。

半直驱型风力机的工作原理是上述两种类型的综合。中传动比型风力机减少了传统齿轮箱的传动比，同时也相应减少了多极同步风力发电机的极数，从而减少了发电机的体积。

（9）按照风轮的迎风方式风力机可分为上风型水平轴风力机和下风型水平轴风力机两类。其中上风型水平轴风力机是风首先通过风轮再穿过塔架（筒），风轮总是面对来风方向，风轮在塔架（筒）"前面"，必须有某种偏航装置来保持风轮迎风。而下风型水平轴风力机是风首先通过塔架（筒）再穿过风轮，风轮在塔架（筒）"后面"，能够自动对准风向。

（10）按照风电机组负载形式可分为并网型风电机组和离网型风电机组。并网型风电机组是通过并网逆变器直接馈入电网，然后电力通过电网再输送给用电户。离网型风电机组一般指单台独立运行，所发出的电能不接入电网的风电机组。这种机组一般容量较小（常为微小型机和中型机），专为家庭或村落等小的用电单位使用，常需要与其他发电或储电装置联合运行。目前风力发电的主要形式是采用并网型风力机，并网型风电机组一般指以机群布阵成风电场，并与电网连接运行的大、中型风电机组。而离网型风电机组是独立于现有电网，需要蓄电池蓄能，再通过逆变器输送给需要的用户，在海岛、牧区、林区、山区等这些远离公共电网的地方多采用这种形式。

4.2 水平轴风力机

水平轴风力机是目前国内外最常见的一种风力机，也是技术最成熟的一种风力机。水平轴风力机一般在风速较高时有较高的风能利用率（风能利用率表示风力机从自然风能中吸取能量的多少），在大容量风力发电行业中应用十分广泛。

水平轴风力机可以是升力装置（即升力驱动风轮），也可以是阻力装置（阻力驱动风轮）。一般使用升力装置，因为升力比阻力大得多。另外，阻力装置的一般运动速度没有风速快；升力装置可以得到较大的尖速比（风轮叶片尖端速度与风速之比），因此输出功率与重量之比较大，价格和功率之比较低。水平轴风力机的叶片数量可以不同，从具有配平物的单叶片风力机，到具有很多叶片（最多可达 50 片以上）的风力机均有。有些水平轴风力机没有对风装置，风力机不能绕垂直于风的垂直轴旋转，一般说来，这种风力机只用于有一个主方向风的地方。而大多数水平轴风力机具有对风装置，能随风向改变而转动。这种对风装置，对于小型风力机，是采用尾舵，而对于大型风力机，则采用对风敏感元件。有些水平轴风力机的风轮在塔架（筒）的前面迎风旋转，称为上风式风力机，见图4.11；风轮安装在塔架（筒）后面，风先经过塔架（筒），再到风轮，称为下风式风力机，见图 4.12。上风式风力机必须有某种偏航装置来保持风轮迎风。而下风式风力机则能够自动对准风向，从而免去了偏航装置。但对于下风式风力机，由于一部分空气通过塔架（筒）后再吹向风轮，这样塔架（筒）就干扰了流过叶片的气流而形成塔影效应，影响风力机的出力，使性能有所降低。所以目前大多数风电机组都是采用上风式风力机。

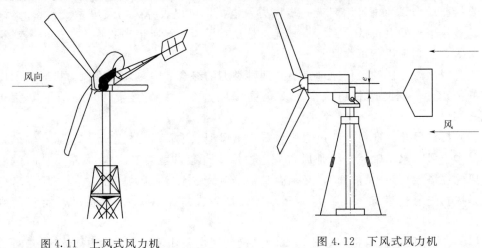

图 4.11　上风式风力机　　　　　　　　图 4.12　下风式风力机

水平轴风力机的风轮叶片可以制成固定桨距的，也可以制成可调桨距的。为了在高风速时控制风力机的转速及输出功率，目前风力机叶片有失速叶片，在高风速时依靠叶片翼型及叶片内部构造达到自动失速以限制风力机转速及输出功率的目的，属固定桨距；对于桨距可调的叶片，当风力机达到额定输出功率，风轮叶片就进入调节状态，可以通过调节叶片桨距来控制从流动的空气中吸收的能量，当风速进一步增大时，风力机的输出功率便被控制在这一水平。桨距可调的叶片又分为全翼展桨距可调及部分翼展（靠近叶尖处的1/3叶片长度部分）可调两种。

水平轴风力机的结构特征是风轮的旋转平面与风向垂直，旋转轴和地面平行。就其整体结构来看，水平轴风力机的主要组成除风轮这一捕获风能并将其转化为机械能输出的主要部件外，还有发电机、塔架（筒）、机舱（或机座）、偏航装置（偏航控制器）等，另外，还有调速装置及停车制动装置等。对于大型风力机还包括变速箱（增速器）、电子控制装置、低速联轴器、高速联轴器等。

4.3　垂　直　轴　风　力　机

垂直轴风力机的风轮始终与风向保持一致，因此当风向改变时无需调整，这使结构简化，同时也减少了风轮对风时的陀螺力，相对水平轴风力机是一大优点；但垂直轴风力机启动困难，大型垂直轴风力机不能自己启动，需要电力系统的推动才能启动。垂直轴风力机通常使用拉索而不是塔架（筒）进行支撑，因此转子高度较低，较低的高度意味着风速

图 4.13 垂直轴 H 型风力机

因地面阻碍而较慢，所以垂直轴风力机的效率通常要比水平轴风力机低。图 4.13 所示为垂直轴 H 型风力机。从有利的一面来说，所有设备都处于地面高度，便于安装和维修，但这意味着风力机的占地面积较大，对于农作物种植区来说，这是相当不利的一面。

垂直轴 H 型风力机具有无风向选择、无陀螺力矩、无塔影效应、功率系数高、造价低、与工作机械连接方便、安装维修方便等优点。并且能自行启动、能自动调速、能满足单机独立运行的要求，特别适于制造大型和特大型机组。

垂直轴风力机有几种类型，有利用阻力旋转且由平板和杯子做成的风轮，这是一种纯阻力装置。S 型风轮具有部分升力，但主要还是阻力装置。这些装置有较大的启动力矩（和升力装置相比），但尖速比较低。在风轮尺寸、重量和成本一定的情况下，提供的功率输出较低。有利用升力旋转的风轮装置，常见的为达里厄型垂直轴风力机。

达里厄型风轮是法国 G. J. M. 达里厄于 19 世纪 20 年代发明的。在 19 世纪 70 年代初，加拿大国家科学研究院进行了大量的研究，现在已有多种达里厄型风力机，如 Φ 型、△型、Y 型、◇型等，这些是水平轴风力机的主要竞争者。

其他形式的垂直轴风轮有美格劳斯效应风轮，它由自旋的圆柱体组成。当它在气流中工作时，产生的移动力是由美格劳斯效应引起的，其大小与风速成正比。有的使用管道或旋涡发生器塔，通过套管或扩压器使水平气流变成垂直方向，以增加速度。有些还利用太阳能或燃烧某种燃料。典型垂直轴风力机的结构及特点有以下 4 个方面。

1. 达里厄型风力机

达里厄型风力机回转时与风向无关，是升力型的。它装置简单，成本也比较便宜，但启动性能差，因此也有人把这种风力机和一部萨布纽斯风力机组合在一起使用，见图 4.14。弯曲叶片的剖面是翼型，它的启动扭矩低，但尖速比可以很高，对于给定的风轮重量和成本有较高的功率输出。这些风轮可设计成单叶片、双叶片、三叶片或多叶片。

图 4.14 达里厄型风力机

2. 旋转涡轮式风力机

垂直轴升力型旋转涡轮式风力机上垂直安装 3～4 枚对称翼型的叶片。它有使叶片自动保持最佳攻角的机构，因此结构复杂，价格也较高，但它能改变桨距、启动性能好、能保持一定的转速，效率极高。这种风力机也有把同样的叶片固定安装的形式。

3. 弗来纳式风力机

在气流中回转的圆筒或球可以使该物体周围的压力发生变化而产生升力，这种现象称为马格努斯效应，利用这个效应的发电装置称为弗来纳式风力发电装置。在大的圆形轨道上移动的小车上装上回转的圆筒，由风力驱动小车，用装在小车轴上的发电机发电。这种装置是 1931 年由美国的 J·马达拉斯发明的，并实际制造了重 15t、高 27m 的巨大模型并进行了实验。现在弗来纳式风力机受到重视，美国的笛顿大学在重新进行开发和试验。

4. 费特·肖奈达式风力机

这种风力机是由德国费特公司的工程师肖奈达发明的，费特·肖奈达螺旋桨垂直地安装在船底下部作为船的推进器。随着叶片的角度和回转速度不同，其升力的大小和方向也不同，所以可以不用舵。把这种费特·肖奈达叶片上下相对可制成风力机，见图 4.15。其工作原理和旋转涡轮式风力机类似。

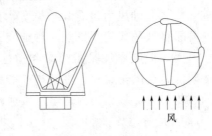

图 4.15　费特·肖奈达式风力机

总之，垂直轴风力机与水平轴风力机相比，具有以下优点：

（1）垂直轴风力机不需要复杂的偏航对风系统，可以实现任意风向下正常运行发电。这样不仅大大简化了控制系统，而且不会因对风系统的偏差造成能量利用系数的下降，运行条件宽松。

（2）水平轴风力机的主要设备（发电机、变速器、制动系统等）需安置在塔柱顶部，安装和维护比较困难；而垂直轴风力机的设备可放置在地面，大幅降低安装与维护费用，且机组整体稳定性好。

（3）水平轴风力机叶片通常采用锥形或螺旋型变截面，翼型剖面复杂，故叶片的设计及制造工艺复杂，造价高；而垂直轴风力机的叶片多采用等截面翼型，制造工艺简单，造价低。

（4）水平轴风力机叶片仅由一端固定，类似于悬臂梁，当叶片处于水平位置时，因重力和气动力作用形成很大的弯矩，对叶片结构强度很不利；垂直轴风力机叶片通常采用 Troposkien 曲线形状，叶片仅受沿展向的张力，寿命长，易安装。

（5）垂直轴风力机可通过适当提高风轮的高径比（叶轮高度和直径的比值）增加其扫风面积，可以在增加单机容量的同时减少风力机占地面积，从而提高风场单位面积的风能利用，有利于垂直轴风力机向大型化、产业化发展。

垂直轴风力机具有很好的发展潜力，特别是在大型化发展方向比水平轴更具优势，但也有缺点：①难以自启动；②难以控制失速，即易失速；③加工工艺不成熟；④风能利用率低；⑤需要增速结构。

4.4 其他风力机

无论水平轴风力机还是垂直轴风力机,随着风力机的发展,出现了各类风力机。

4.4.1 带锥形罩型风力机

水平轴风力机有的利用锥形罩,使气流通过水平风轮时气流得到收缩或扩散,以达到风轮加速的目的。带锥形罩型风力机的锥形罩有收缩型、扩散型或组合型。组合型风力机的特点是收缩、扩散,中间为中央圆筒,带中央圆筒组合型风力机增速效果比单独只有扩散管风力机增速效果好。该组合型改变外部形状时也会增加中央流路的流速。

带锥形罩风力机为阿根廷科技人员设计制造的一种新型风力机,其风能利用率比一般风力机高一倍。这种风力机有两个风轮,一前一后,外面有聚风套包裹。通常前面的风轮会阻挡后面风轮接受风力,但是设计师设计了双层聚风套,也是一前一后,后面的一个聚风套在第二个风轮后面形成低压区,加强了叶片受力,旋转速度增加。由于没有减速齿轮箱,造价降低,维修费用也随之降低。新型聚能型发电机风能利用率高达60%,比传统的风力机利用率高一倍。

浓缩型风力机是在叶轮前方设收缩管,在风轮后方设扩散管,在风轮周围设置包括增压弧板在内的浓缩风能装置。当自然风通过浓缩风能装置流经风轮时,其被加速、整流,形成流速均匀的高质量气流。因此,此风力机风轮直径小、切入风速低、噪声小、安全性高、发电量大。

4.4.2 旋风型风力机

旋风型风力发电装置是一种用人工制造的旋风来推动风轮叶片使其旋转的风电装置,见图4.16。这种装置有一个几十层楼高的空心塔体,迎风面打开,背风面关闭,风就进入塔体,然后风相对于塔中心旋转,形成旋涡并向上运动。此时,做内向运动的空气便获得

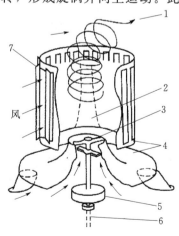

图 4.16 旋风型风力机

1—顶部风流;2—相互作用区;3—排气风力风轮;4—静止结构;
5—转轮;6—连接发电机;7—可调垂直片

77

了越来越大的速度，使旋涡增强。最后，空气流成为一个急速旋转的空气团从塔顶逸出，与吹过塔顶的风相互作用，推动风轮旋转发电。这种风电装置能发出数兆瓦的电能。

4.4.3 无阻尼型风力机

无阻尼型风力机利用磁悬浮原理，直接驱动发电机运转发电。该风力机极大地降低了发电机的机械阻力和摩擦阻力。该技术的使用使风力机的风能利用率平均达到了 40% 以上，使风电的成本有望和火力发电的成本相媲美，而且该技术的使用还可以提高风电机组的年发电时间，改善电网的稳定性。这一技术成果将彻底改变人们对风电上网电价高、易造成电网波动的印象，为风力发电的大规模普及奠定基础。

4.4.4 离心甩出式风力机

这种风力机用风吹动带空腔的叶片使其回转，空气因受离心力作用从叶片中甩出，在塔的内部放置空气涡轮机，由涡轮转动来发电。这个设计是法国人 J. 安东略发明的，第二次世界大战后，由英国的弗里特电缆公司建造。图 4.17 所示为此风力机的原理图。它是一种不直接利用自然风的独特设计，因结构比较复杂，空气流动的摩擦损失大，所以效率很低，以后再没有制造这种风力机。

4.4.5 移动翼栅式风力机

它是在大型的圆形轨道上（直径为 8～10km）装着竖着的帆状翼栅形小车，借助风力小车车轮沿圆形轨道滚动，从而驱动连接在车轴上的发电机发电，见图 4.18，应当说这是一种利用在地上跑得快艇驱动的发电机，把它称为"风力机"似乎并不恰当。因它能够获得巨大的发电量（在上述的 8～10km 直径的轨道上发电量为 10～20MW），美国的蒙达纳州立大学正在进行研制。

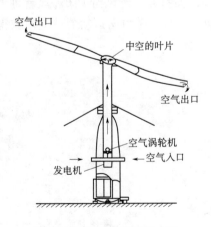

图 4.17 离心甩出式风力机

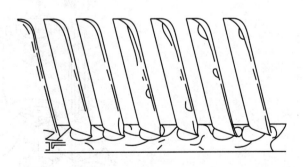

图 4.18 移动翼栅式风力机

4.4.6 四螺旋风力机

这种风力机是图 4.19 所示的特殊装置，放松张紧绳，可使风力机的回转部分折合。由于是利用卷成涡旋状的帆接受风力，所以称为四螺旋风力机。在美国的塞法风力机公司

2.5kW 的原型机正在试验之中。

4.4.7　升降传送式风力机

由美国的 D. 修纳伊达设计的升降传送式风力机原理见图 4.20。这种风力机是在环形的传送带上装上机翼似的叶片，一侧的一排叶片受风压往上推，而另一侧的一排叶片受风压往下拉。该形式不像普通螺旋桨风力机那样受风速的限制，它能在较宽的风速范围内运行。

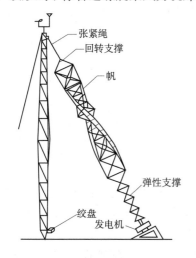

图 4.19　四螺旋风力机

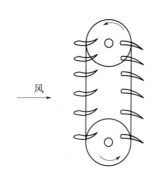

图 4.20　升降传送式风力机

4.4.8　自动变形双组风叶多层组装式风力机

自动变形双组风叶多层组装式风力机用于大型风电场和家用电源。其结构简单，主要部件采用钢管焊接和钢板制作，成本低。在风向旋转杆中部和上下部分别安装发电机和风舵，发电机输出轴的两端装有风叶、增风叶和活动增风叶，增风叶和活动增风叶很薄，旋转阻力小，风流分别作用在它两侧的风叶有推动力的斜面，从而使发电机转动加快。在暴风时，活动增风叶自动向风的流动方向倾斜，提高了抗风等级；风向改变时，大面积的上下风向舵和发电机位于旋转杆的同一侧，保证了风叶所在平面与风的方向垂直；尤其是在井字架上下方向可以组装多层，每层多套，每套之间具有聚风作用，具有大小风都能正常发电的优点。

习　　题

4.1　低速风力机是指转速较低的风力机，此种说法是否正确，为什么？

4.2　风力机划分有哪些方式？请具体说明。

4.3　通过阅读，举出两个通过风能产生能量的设备（不包括教材内容）。

4.4　请说明水平轴风力机的主要组成部件包括哪些？并说明作用。

4.5　详细说明水平轴风力机、垂直轴风力机的优缺点。

第5章 风力发电机

现代风电机组内部通常有两种物质流，即能量流和信息流，其中能量流主要是风力机产生的电能，而信息流是在风力机的过程控制和安全过程传递指令和信息。本章主要针对能量流和信息流传递部件进行讨论。

5.1 一次能源系统

5.1.1 叶片

5.1.1.1 叶片应满足的基本要求

叶片是风电机组中最基础和最关键的部件，也是风电机组接受风能的最主要部件。其良好的设计、可靠的质量和优越的性能是保证机组正常稳定运行的决定因素。由于恶劣的环境和长期不停地运转，对叶片的基本要求如下：

（1）有高效的接受风能的翼型，如 NACA 系列翼型等。有合理的安装角（或攻角），科学的升阻比、叶尖速比以提高风力机接受风能的效率。

（2）叶片有合理的结构，密度轻且具有最佳的结构强度、疲劳强度和力学性能，能可靠地承担风力、叶片自重、离心力等给予叶片的各种弯矩、拉力，不得折断，能经受暴风等极端恶劣的条件和随机负载的考验。

（3）叶片的弹性、旋转时的惯性及其振动频率都要正常，传递给整个发电系统的负载稳定性好，不得在失控（飞车）的情况下在离心力的作用下拉断并飞出，也不得在飞车转速以下范围内引起整个风电机组的强烈共振。

（4）叶片的材料必须保证表面光滑以减少叶片转动时与空气的摩擦阻力，从而提高传动性能，而粗糙的表面可能会被风"撕裂"。

（5）不允许产生过大噪声；不得产生强烈的电磁波干扰和光反射，以防给通信领域和途经的飞行物（如飞机）等带来干扰。

（6）能排出内部积水，尽管叶片有很好的密封，叶片内部仍可能有冷凝水。为避免对叶片产生危害，必须把渗入的水放掉。可在叶尖打小孔，另一个小孔打在叶根颈部，形成叶片内部的空间通道。但小孔一定要小，不然由于气流从内向外渗流而产生气流干扰，造成功率损失，还可能产生噪声。

（7）耐腐蚀、耐紫外线照射性能好，还应有雷击保护，将雷电从轮毂上引导下来，以避免由于叶片结构中很高的阻抗而出现破坏。

（8）制造容易，安装及维修方便，制造成本和使用成本低。

5.1.1.2 叶片类型

（1）根据叶片的数量可分为单叶片、双叶片、三叶片以及多叶片。叶片少的风力机可实现高转速，所以又称为高速风力机，适用于发电；而多叶片具有高转矩、低转速的特点，又称为低速风力机，适合用于提水、磨面等。

（2）根据叶片的翼型形状可分为变截面叶片和等截面叶片两种。变截面叶片在叶片全长上各处的截面形状及面积都是不同的，等截面叶片则在其全长上各处的截面形状和面积都是相同的。在某一转速下通过改变叶片全长上各处的截面形状和面积，使叶片全长上各处的攻角相同，这就是变截面叶片设计的初衷。可见变截面叶片在某一风速下及其附近区域有最高的风能利用效率，脱离这一区域风能利用效率就会显著下降。等截面叶片在任何风速下总有一段叶片的攻角处于最佳状态，因此在可利用的风速范围内等截面叶片的风能利用效率几乎是一致的。一段叶片的效率总不如叶片全长的效率高，所以在变截面叶片的最高效率风速点及附近区域的风能利用率要远高于等截面叶片。等截面叶片的制造工艺远优于变截面叶片，特别是在发电机组功率较大时变截面叶片几乎是很难制作的。

（3）根据叶片的材料及结构型式可以将叶片分为以下类型：

1）木制叶片。木制叶片多用于小型风力机，但木制叶片不易做成扭曲型。中型风力机可使用黏结剂粘合的胶合板，见图 5.1。木制叶片应采用强度很高的整体木方做叶片纵梁来承担叶片在工作时所必须承担的力和力矩，而且木制叶片必须绝对防水，为此，可在木材上涂敷玻璃纤维树脂或清漆等。

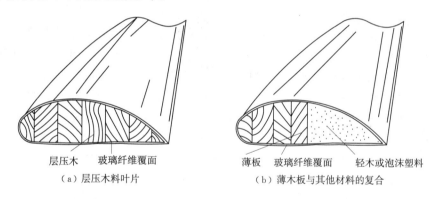

　　　层压木　　玻璃纤维覆面　　　　　　　薄板　玻璃纤维覆面　轻木或泡沫塑料
　　　（a）层压木料叶片　　　　　　　　　　　（b）薄木板与其他材料的复合

图 5.1　木制叶片的结构

2）钢梁玻璃纤维蒙皮叶片。叶片在近代采用钢管、D 型梁（D 型钢或 D 型玻璃）做纵梁，钢板做肋梁，内填泡沫塑料外覆玻璃纤维蒙皮的结构型式，往往在大型风力机上使用。叶片纵梁的钢管及 D 型梁从叶根至叶尖的截面应逐渐变小，以满足扭曲叶片的要求并减轻叶片重量，即做成等强度梁，见图 5.2。

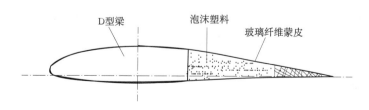

　　　D 型梁　　　　　　　泡沫塑料　　　玻璃纤维蒙皮

图 5.2　钢梁玻璃纤维蒙皮叶片

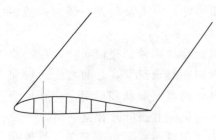

图 5.3　铝合金等弦长挤压成型叶片

3）铝合金挤压成型叶片。铝合金材料可拉伸、挤压制成空心叶片，见图 5.3。用铝合金挤压成型叶片的每个截面都采用一个模具挤压成型，适宜做成等宽叶片，因而更适用于垂直轴风力机。这种叶片重量轻，制造工艺简单，可连续生产，又可按设计要求的扭曲进行扭曲加工，但不能做到从叶根至叶尖渐缩。另外，由于受到现阶段生产能力和生产工艺的限制，铝合金挤压叶片叶宽最多达 40cm。

4）玻璃钢叶片。玻璃钢（Glass Fiber Reinforced Plastic，GFRP）就是环氧树脂、酚醛树脂、不饱和树脂等塑料渗入长度不同的玻璃纤维而做成的增强塑料。由于所使用的树脂品种不同，因此有聚酯玻璃钢、环氧玻璃钢、酚醛玻璃钢之分。

玻璃钢质轻而硬，产品的比重是碳素钢的 1/4，可是拉伸强度却接近，甚至超过碳素钢，而强度可以与高级合金钢相比；耐腐蚀性能好，对大气、水和一般浓度的酸、碱、盐以及多种油类和溶剂都有较好的抵抗能力；不导电，是优良的绝缘材料；具有持久的抗老化性能，可保持长久的光泽及持续的高强度，使用寿命在 20 年以上；除灵活的设计性能外，产品的颜色可以根据客户的要求进行定制，外形尺寸也可切割拼接成客户所需的尺寸；玻璃钢的质量还可以通过表面改性、上浆和涂覆加以改进，其单位（电量的）成本较低。以上优点使得玻璃钢在叶片生产中得到了广泛应用。

5）碳纤维复合叶片。一直以来玻璃钢以其低廉的价格，优良的性能占据着大型风力机叶片材料的统治地位。但随着风力发电产业的发展，叶片长度的增加，对材料的强度和刚度等性能提出了新的要求。减轻叶片的重量，又要满足强度与刚度要求，有效的办法是采用碳纤维复合材料（Carbon Fiber Reinforced Plastic，CFRP）。研究表明，碳纤维复合材料的优点有：叶片刚度是玻璃钢复合叶片的 2～3 倍；减轻叶片重量；提高叶片抗疲劳性能；使风电机组的输出功率更平滑、更均衡，提高风能利用效率；可制造低风速叶片；利用导电性能避免雷击；具有振动阻尼特性；成型方便，可适应不同形状的叶片等。

碳纤维复合材料的性能大大优于玻璃纤维复合材料，但价格昂贵，影响了它在风力发电上的大范围应用。但事实上，当叶片超过一定尺寸后，碳纤维叶片反而比玻璃纤维叶片便宜，因为材料用量、劳动力、运输和安装成本等都下降了。国外专家认为，由于现有一般材料不能很好地满足大功率风力发电装置的需求，而玻璃纤维复合材料性能已经趋于极限。因此，在发展更大功率风力发电装置时，采用性能更好的碳纤维复合材料势在必行。

6）纳米材料。法国 Nanoledge Asia 公司在第十三届中国国际复合材料工业技术展览会的"技术创新与复合材料"发展专题高层研讨会上指出，Nanoledge 碳纳米结构材料将引领复合材料领域的一场革命，纳米技术能够增加产品的抗冲击性、抗弯强度、防裂纹扩展性、导电性等多种功能，可以使新产品的发展成倍增加。碳纳米结构材料给叶片材料的发展提供了新的契机，为叶片长度的增加提供了更大空间。这项技术有待于进一步研究，使得更先进的材料应用于叶片生产中。

5.1.1.3 叶柄结构

叶柄是风轮中连接叶片和轮毂的构件。定桨距机组的叶片常采用螺栓与轮毂连接,有以下形式:

(1) 螺纹件预埋式。在叶片成型过程中,直接将经过表面处理的螺纹件预埋在壳体中,见图5.4。

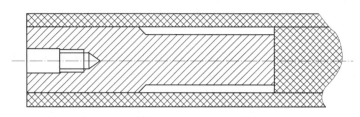

图5.4 螺纹件预埋式叶柄

(2) 钻孔组装式。叶片成型后,用专用钻床和工装在叶柄部位钻孔,将螺纹件装入,见图5.5。变桨距叶片和轮毂连接形式。

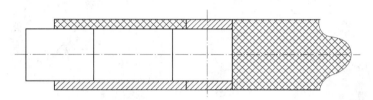

图5.5 钻孔组装式叶柄

5.1.1.4 叶片数

目前,水平轴风电机组的风轮叶片一般是2片或3片,其中3片占多数。两叶片风轮制造成本较低。

风轮叶片数对风力机性能有影响,当风轮叶片几何外形相同时,两叶片风轮和三叶片风轮的最大风能利用系数基本相同,但是两叶片风轮对应最大风能利用系数的转速比较高。

风轮叶片数对风力机载荷也有影响。当风轮直径和风轮旋转速度相同时,对刚性轮毂来说,作用在两叶片风轮的脉动载荷大于三叶片风轮。因此,两叶片风轮通常采用翘板式轮毂,以降低叶片根部的挥舞弯曲力矩。另外,实际运行时,两叶片风轮的旋转速度大于三叶片风轮。因此,在相同风轮直径时,由脉动载荷引起的风轮轴向力变化要大一些。

为了控制风轮叶片空气动力噪声,通常将风轮叶片的叶尖速比限制在65m/s以下。由于两叶片风轮的旋转速度大于三叶片风轮,因此,对噪声控制不利。

从景观来考虑,三叶片风轮更容易被接受,除了外形整体对称性原因外,还与三叶片风轮旋转速度较低有关。

5.1.2 轮毂

风轮轮毂是连接叶片与风轮主轴的重要部件,用于传递风轮的力和力矩到后面的机构,由此叶片上的载荷可以传递到机舱或塔架(筒)上。多数轮毂由高强度球墨铸铁制成，使用球墨铸铁的主要原因是可以使用浇铸工艺浇铸出轮毂的复杂形状，更方便成型与加工。此外，球墨铸铁有铸造性能好、减振性能好、抗疲劳性能好、应力集中敏感性低、成本低等优点。也有采用焊接结构的轮毂，如小型风力发电机的轮毂。

这里将讨论3种结构的轮毂。

5.1.2.1　固定式轮毂

固定式轮毂的形状有球形和三角形两种，见图5.6。三叶片风轮大多采用固定式轮毂，悬臂叶片和主轴都固定在这种无铰链部件上。它的主轴轴线与叶片长度方向的夹角固定不变。这种轮毂的安装、使用和维护比较简单，不存在铰链式轮毂中的磨损问题。只要在设计时充分考虑轮毂的防腐问题，基本上可以说是免维护的，因此是目前风力机上使用最广泛的轮毂。但叶片上的全部力和力矩都将经轮毂传递至其后续部件，导致后续部件的机械承载大。

（a）球形轮毂　　　　　　　　　　（b）三角形轮毂

图5.6　固定式轮毂

5.1.2.2　叶片之间相对固定的铰链式轮毂

铰链式轮毂常用于单叶片和双叶片风轮，见图5.7，铰链轴线通过风轮的质心。这种铰链使两叶片之间固定连接，它们的轴向相对位置不变，但可绕铰链轴沿风轮拍向（俯仰方向）在设计位置作$\pm(5°\sim10°)$的摆动（类似跷跷板）。当来流速度在风轮扫掠面上下有差别或阵风出现时，叶片上的载荷使得叶片离开设计位置，若位于上部的叶片向前，则下方的叶片将要向后。

叶片俯仰方向变化的角度也与风轮转速有关，转速越低，角度变化越大。具有这种铰链式轮毂的风轮具有阻尼器的作用。当来流速度变化时，叶片偏离原位置而做俯仰运动，其安装角也发生变化，一片叶片因安装角的变化升力下降，而另一片升力提高，从而产生反抗风况变化的阻尼作用。由于两叶片在旋转过程中驱动力矩的变化很大，因此风轮会产生很高的噪声。

5.1.2.3　各叶片自由的铰链式轮毂

每个叶片都可以单独做运动，见图5.7（c），这种铰链的每个叶片都可以单独做拍向（俯仰方向）调整而互不干扰；而有的铰链还可以让叶片不但能单独做拍向调整，还可以做单独的挥向（叶片转动方向）调整，见图5.7（d）。这两种叶片都称为叶片自由的铰链式轮毂，也可以称为柔性轮毂。对于柔性轮毂来说，受到叶片传递来的力和力矩较小。但制造成本高、易磨损、可靠性相对较低、维护费用高。

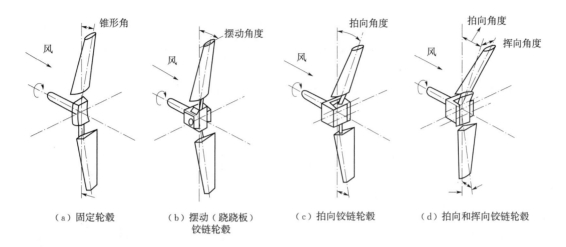

（a）固定轮毂　　（b）摆动（跷跷板）　　（c）拍向铰链轮毂　　（d）拍向和挥向铰链轮毂
　　　　　　　　　　铰链轮毂

图 5.7　各类铰链式轮毂

5.2　主 传 动 系 统

风电机组传动系统的主要作用是将由风能产生的动力传递给风力发电机。但是，由风能推动的风轮系统转速往往比风力发电机要求的转速低很多，所以一般需要通过风电机组传动系统进行增速。

风电机组传动系统主要由主轴承、主轴、齿轮箱、联轴器等组成，其中不包括直驱型风电机组，见图 5.8。

图 5.8　风电机组结构图

1—轮毂；2—主轴轴承；3—主轴；4—齿轮箱；5—制动器；
6—高速轴；7—发电机；8—底盘；9—叶片；10—塔筒

5.2.1　总体传动形式

1. 一字形

一字形总体布局见图 5.9，这种布置形式是风电机组采用最多的形式，其主要特点是对中性好，负载分布均匀；其缺点是占轴线长，可能使主轴太短，主轴承载荷较大。

2. 回流式

回流式总体布局见图 5.10，其主要特点是可以缩短机舱长度，增加主轴长度，减少塔架（筒）负载的不均衡。

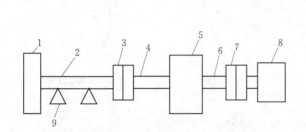

图 5.9　一字形总体布局

1—轮毂；2—主轴；3、7—联轴器；4—齿轮箱低速轴；
5—齿轮箱；6—齿轮箱高速轴；8—发电机；9—主轴承

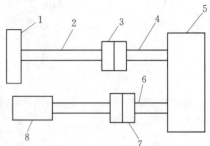

图 5.10　回流式总体布局

1—轮毂；2—主轴；3、7—联轴器；4—齿轮箱
低速轴；5—齿轮箱；6—齿轮箱高速轴；8—发电机

3. 分流式

分流式比较少见，主要包括主轴完全独立结构和主轴半独立结构。

5.2.2　主轴及主轴承

在风电机组主轴完全独立结构和主轴半独立结构中，主轴安装在风轮和齿轮箱之间，前端通过螺栓与轮毂刚性连接，后端与齿轮箱低速轴连接，承受力大且复杂。受力形式主要有轴向力、径向力、弯矩、转矩和剪切力，风电机组每经历一次启动和停机，主轴所受的各种力都将经历一次循环，因此会产生循环疲劳。所以，主轴需要具有较高的综合力学性能，见图 5.11。

图 5.11　主轴

　　根据受力情况，主轴被做成变截面结构。在主轴中心有一个轴心通孔，作为控制机构穿过电缆的通道。主轴的主要结构一般有两种，分别是如图5.12所示的挑臂梁结构和如图5.13所示的悬臂梁结构。挑臂梁结构的主轴由两个轴承架所支撑。悬臂梁结构的主轴，一个支撑为轴承架，另一支撑为齿轮箱，也就是三点式支撑。这种结构的优点是前支点为刚性支撑，后支点（齿轮箱）为弹性支撑，因此能够吸收来自叶片的突变负载。

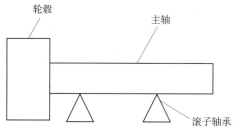

图5.12　挑臂梁结构主轴示意图

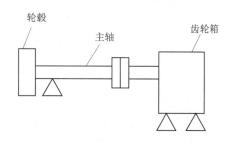

图5.13　悬臂梁结构示意图

　　值得注意的是，由于主轴承担了支撑轮毂处传递过来的各种负载的作用，并将扭矩传递给增速齿轮箱，将轴向推力、气动弯矩传递给机舱、塔架（筒），所以，在结构允许的条件下，通常应将主轴尽量设计得保守一些。

　　通常，主轴承选用调心滚子轴承，这种轴承装有双列球面滚子，滚子轴线倾斜于轴承的旋转轴线。其外圈滚道呈球面形，因此滚子可在外圈滚道内进行调心，以补偿轴的挠曲和同心误差。轴承的滚道型面与球面滚子型面非常匹配。双排球面滚子在具有三个固定挡边的内圈滚道上滚动，每排滚子均有一个黄铜实体保持架或钢制冲压保持架。通常在外圈上设有环形槽，其上有三个径向孔，用作润滑油通道，使轴承得到极为有效的润滑。轴承的套圈和滚子主要用铬钢制造并经淬火处理，具备足够的强度、高的硬度和良好的韧性和耐磨性。轴承座与机舱底盘固接，轴承座见图5.14。

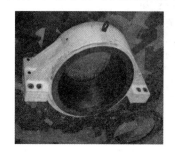

图5.14　轴承座

　　主轴承运行过程中，在轴承盖处有微量渗油是允许的，如果出现大量油脂渗出时，必须停机检查原因。渗出的润滑脂按有关环保法规要求处理，不允许重新注入轴承使用。

5.2.3　主齿轮箱

　　风电机组的主齿轮箱对于非直驱型水平轴机组是必不可少的。其主要功能是将风轮在风力作用下所产生的动力传递给发电机并使其得到相应的转速。由于并网型风电机组启停较为频繁，风轮本身转动惯量又很大，风电机组的风轮转速一般都设计在几十转/分。机组容量越大，风轮直径越长，转速相对就越低，为满足发电机的转速工作条件，在风轮和发电机之间就需要配置齿轮箱增速，因此也将主齿轮箱称为增速箱。

5.2.3.1　工作特性

风电机组通常情况下安装在高山、荒野、海滩、海岛等野外风口处，受无规律的变向、变载荷的风力作用以及强阵风的冲击，常年经受酷暑、严寒和极端温差的影响，而且所处自然环境交通不便，齿轮箱安装在塔顶机舱内的狭小空间内，一旦出现故障，修复非常困难，因此对其可靠性和使用寿命都提出了比一般机械高得多的要求。所以，对于风电机组齿轮箱的构件材料提出了更高的要求。除了常规状态下力学性能外，还应该具有以下条件：

（1）低温状态下抗冷脆性等特性。

（2）应保证齿轮箱平稳工作，防止振动和冲击。

（3）保证充分的润滑条件等。

（4）对冬夏温差巨大的地区，要配置合适的加热和冷却装置。

（5）要设置监控点，对风电机组齿轮箱的运转和润滑状态进行遥控。

5.2.3.2　类型与特点

齿轮箱按输入输出轴的变比可分为减速箱和增速箱。一般风电机组齿轮箱是指风电机组主传动链上使用的齿轮箱，该齿轮箱一般是增速箱。但是在风电机组中也有属于减速箱的齿轮箱，如偏航系统与变桨距系统使用的是减速箱。

齿轮箱按内部传动链结构可分为平行轴结构齿轮箱、行星结构齿轮箱和平行轴与行星混合结构齿轮箱。图 5.15 所示为行星系齿轮传动图解，图 5.16 所示为行星系齿轮传动实物。

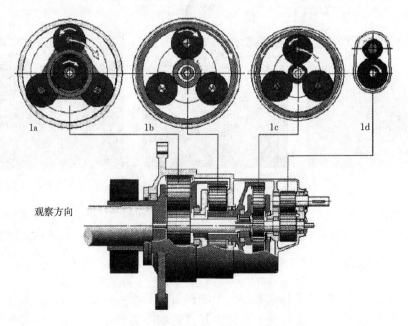

图 5.15　行星系齿轮传动图解

图 5.16 行星系齿轮传动实物

平行轴结构齿轮箱一级的传动比比较小，多级可获得大的传动比，但体积较大。平行轴结构齿轮箱的输入轴和输出轴是平行轴，不在同一条直线上。平行轴结构齿轮箱的噪声较大。

行星结构齿轮箱是由一圈安装在行星架上的行星轮、内侧的太阳轮和外侧与其啮合的齿圈组成，其输入轴和输出轴在同一条轴线上。太阳轮和行星轮是外齿轮，齿圈是内侧齿轮，它的齿开在里面。一般情况下，不是内齿圈就是太阳轮被固定，但是如果内齿圈被固定，那么齿轮系的传动比就比较大。

行星结构齿轮箱结构比较复杂，但是由于载荷被行星轮平均分担而减小了每一个齿轮的载荷，所以传递相同功率时行星结构齿轮箱比平行轴结构齿轮箱的体积小得多。由于内齿圈与行星齿轮之间减少了滑动，使其传动效率高于平行轴结构齿轮箱。同时，行星结构齿轮箱的噪声也比较小。平行轴与行星混合结构齿轮箱是综合平行轴结构齿轮与行星结构齿轮传动的优点而制造的多级齿轮箱。风电机组使用它的目的是缩小体积、减轻重量、提高承载能力和降低成本。

风电机组主传动齿轮箱的种类很多，按照传统类型可分为平行轴圆柱齿轮箱、行星齿轮箱以及它们互相组合起来的齿轮箱；按照传动的级数可分为单级和多级齿轮箱；按照传动的布置型式又可分为展开式、分流式和同轴式以及混合式等。对于功率在 $300\sim2000\mathrm{kW}$ 的风电机组，风轮的最高旋转速度在 $17\sim48\mathrm{r/min}$，驱动转速为 $1500\mathrm{r/min}$ 的发电机，齿轮箱的增速比为 $1:31\sim1:88$。为了使大齿轮与小齿轮的使用寿命相近，一般每级齿轮传动的传动比应在 $1:3\sim1:5$ 之间，就是说应用 $2\sim3$ 级齿轮传动来实现。

5.2.3.3 齿轮箱图例

各种齿轮箱图例见图 5.17～图 5.19。图 5.17 为两级平行轴圆柱齿轮传动齿轮箱剖面图。输入轴大齿轮和中间轴大齿轮都是以平键和过盈配合与轴连接，两个从动齿轮都采用了轴齿轮的结构。

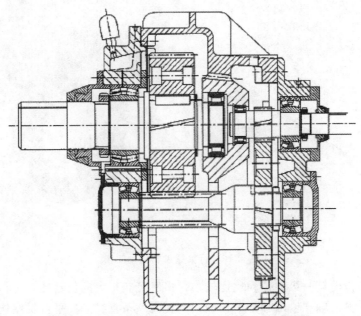

图 5.17 两级平行轴圆柱齿轮传动齿轮箱剖面图

图 5.18 为一级行星和一级圆柱齿轮传动齿轮箱剖面图。机组传动轴与齿轮箱行星架轴之间利用胀紧套连接，装拆方便，能保证良好的对中性，且减少了应力集中。行星传动机构利用太阳轮的浮动实现均载。

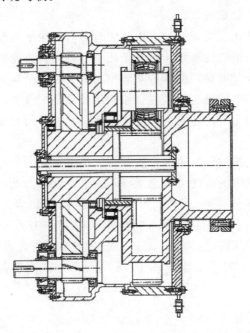

图 5.18 一级行星和一级圆柱齿轮传动齿轮箱剖面图

图 5.19 为一级行星二级平行轴齿轮箱剖面图。此种结构设计即能满足风力发电机较大的传动比要求。同时，保证输出运动平稳，减少应力集中，且齿轮箱载荷分布均匀。目前，双馈式风力发电机多采用此种结构型式。

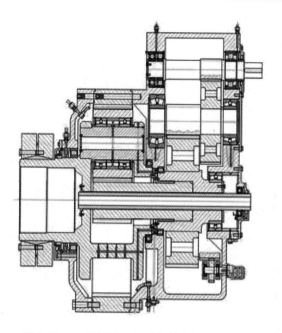

图 5.19　一级行星二级平行轴齿轮箱剖面图

5.2.3.4　主要零部件

1. 齿轮箱体

齿轮箱体是齿轮箱的重要部件，它承受来自风轮的作用力和齿轮传动时产生的反力。箱体必须具有足够的刚性去承受力和力矩的作用，防止变形，保证传动质量。齿轮箱体的主要作用是：①固定轴承的空间位置，再通过轴承固定轴的空间位置；②将轴上的力通过轴承在齿轮箱体和风轮轴托架上得到平衡，通过轴承使轴能够转动以传递扭矩；③安装轴承及齿轮的润滑系统及安全监测系统。

箱体的设计应按照风电机组动力传动的布局、加工和装配、检查以及维护等要求来进行。应注意轴承支撑和机座支撑的不同方向的反力及其相对值，选取合适的支撑结构和壁厚，增设必要的加强筋。筋的位置需与引起箱体变形的作用力的方向一致。箱体的应力情况十分复杂且分布不匀。

采用铸铁箱体，可发挥其减振性、易于切削加工等特点，适于批量生产。常用的材料有球墨铸铁和其他高强度铸铁。设计铸造箱体时，应尽量避免壁厚突变，减小壁厚差，以免产生缩孔和疏松等缺陷。

用铝合金或其他轻合金制造的箱体，可使其重量较铸铁轻 20％～30％，但从另一角度考虑，轻合金铸造箱体，降低重量的效果并不显著。这是因为轻合金铸件的弹性模量较小，为了提高刚性，设计时常需加大箱体受力部分的横截面积，在轴承座处加装钢制轴承座套，相应部位的尺寸和重量都要加大。目前除了较小的风电机组尚用铝合金体外，大型风力发电齿轮箱应用轻铝合金铸件的已不多见。

单件、小批生产时，常采用焊接或焊接与铸造相结合的箱体。为减小机械加工过程和使用中的变形，防止出现裂纹，无论是铸造或是焊接箱体，均应进行退火、时效处理，以消除内应力。

为了便于装配和定期检查齿轮的啮合情况，在箱体上应设有观察窗。机座旁一般设有连体吊钩，供起吊整台齿轮箱用。箱体支座的凸缘应具有足够的刚性，尤其是作为支撑座的耳孔和摇臂支座孔的结构，其支撑刚度要做仔细的校核计算。为了减小齿轮箱传到机舱机座的振动，齿轮箱可安装在弹性减振器上。最简单的弹性减振器是用高强度橡胶和钢垫做成的弹性支座块，合理使用也能取得较好的结果。箱盖上还应设有透气罩、油标或油位指示器，在相应部位设有注油器和放油孔。放油孔周围应留有足够的放油空间。采用强制润滑和冷却的齿轮箱，在箱体的合适部位设置进出油口和相关液压件的安装位置。

为了降低齿轮箱噪声并使主轴、齿轮箱、发电机三者易于保证同轴度，多数齿轮箱采用浮动安装结构，齿轮箱的左右两侧有对称的托架梁，或齿轮箱两侧各有一个大耳朵孔，用于浮动安装。不浮动安装的齿轮箱箱体底面有安装用法兰，直接安装在底盘上。

齿轮箱耳环滚轴式浮动支撑的结构特点是：齿轮箱体两侧铸造有支撑耳环，经机械加工后在孔内穿入支撑轴，支撑轴两端安装有圆形支座；底盘两侧铸造有双柱支撑架，支撑架上有经过加工的剖分式支撑孔，将橡胶缓冲减振套套装在圆形支座上，然后把齿轮箱安放在双柱支撑架上，最后安装好支撑架上盖。这种结构机械加工工作量较大，成本比梁式结构可能会高一些，但可以实现三个自由度的浮动。箱体支座的凸缘和横梁应具有足够的刚性，尤其是作为支撑座的耳孔结构，其支撑刚度要进行仔细的核算。为了减小齿轮箱传递到机舱机座的振动，齿轮箱可以安装在弹性减振器上，这种安装方法习惯上称为浮动支撑。最简单的弹性减振器是用高强度橡胶和钢垫做成的弹性支座块和弹簧，合理使用可取得较好的效果。

2. 齿轮

齿轮的作用是传递扭矩，轮系还可以改变转速和扭矩。齿轮传动见图 5.20。为了很好地实现上述功能，要求齿轮心部韧性大，齿面硬度高，传动噪声还要小，因此对齿轮的材料、结构、加工工艺都有着很严格的要求。风电机组运转环境非常恶劣，受力情况复杂，要求所用的材料除了要满足机械强度条件外，还应满足极端温差条件下所具有的材料特性，如抗低温冷脆性、冷热温差影响下的尺寸稳定性等。

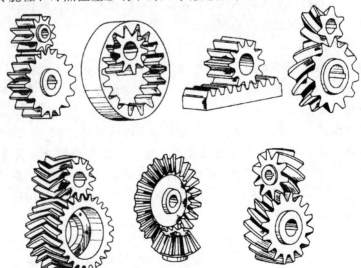

图 5.20 齿轮传动

对齿轮类零件而言，由于对其传递动力的作用要求极为严格，一般情况下不推荐采用装配式拼装结构或焊接结构，齿轮毛坯只要在锻造条件允许的范围内，都采用轮辐轮缘整体锻件的形式。当齿轮顶圆直径在两倍轴径以下时，由于齿轮与轴之间连接困难，常制成轴齿轮的形式。为了提高承载能力，齿轮一般都采用优质合金钢制造。

风电机组齿轮箱中的齿轮应优先选用斜齿轮、螺旋齿轮及人字齿轮，这几种齿轮几个齿同时啮合，具有传动噪声小、承载能力强的优点。

3. 轴承

滚动轴承结构与装配图见图 5.21 和图 5.22。

齿轮箱的支撑中大量应用滚动轴承，其特点是静摩擦力矩和动摩擦力矩都很小，即使载荷和速度在很宽范围内变化时也如此。滚动轴承的安装和使用都很方便，但是，当轴的转速接近极限转速时，轴承的承载能力和寿命急剧下降，高速工作时的噪声和振动比较大。齿轮传动时轴和轴承的变形引起齿轮和轴承内外圈轴线的偏斜，使轮齿上载荷分布不均匀，会降低传动件的承载能力。由于载荷不均匀性、轴承的质量和其他因素，如剧烈的过载而使轮齿经常发生断齿的现象。选用轴承时，不仅要根据载荷的性质，还应根据部件的结构要求来确定。

图 5.21 滚动轴承结构

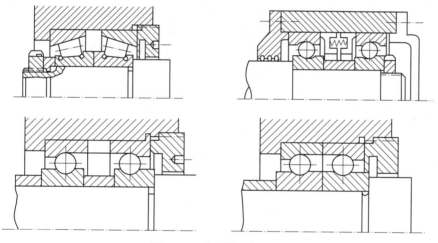

图 5.22 滚动轴承装配图

在风电机组运转过程中，在安装、润滑、维护都正常的情况下，轴承由于套圈与滚动体的接触表面经受交变载荷的反复作用而产生疲劳剥落。一般情况下，首先在表面下出现细小裂纹。在继续运转过程中，裂纹逐步增大，材料剥落，产生麻点，最后造成大面积剥落。疲劳剥落若发生在寿命期限之外，则属于滚动轴承的正常损坏。因此，一般所说的轴承寿命指的是轴承的疲劳寿命。一批轴承的疲劳寿命总是分散的，但总是服从一定的统计规律，因而轴承寿命总是与损坏概率或可靠性相关。

对于轴承损坏，实践中主要凭借轴承支撑工作性能的异常来辨别。运转不平稳和噪声异常，往往是轴承滚动面受损或因磨损导致径向游隙增大而产生损坏的反映。当机组运转时支撑有沉重感，不灵便，摩擦力大，一般是由于滚道损坏、轴承过紧或润滑不良造成的损坏，其表现为温度升高。在日常运转过程中，当工作条件不变，而温度突然上升，通常就是轴承损坏的标志。在监控系统中可以用温度或振动测量装置检测箱体的轴承部位，以便及时发现轴承工作性能方面的变化。

在风电机组的齿轮箱上常采用的轴承有圆柱滚子轴承、圆锥滚子轴承、调心滚子轴承等。在所有的滚动轴承中，调心滚子轴承的承载能力最大，且能够广泛应用在承受较大负载或者难以避免同轴误差和挠曲较大的支撑部位。

调心滚子轴承装有双列球面滚子，滚子轴线倾斜于轴承的旋转轴线。其外圈滚道呈球面形，因此滚子可在外圈滚道内进行调心，以补偿轴的挠曲和同心误差。这种轴承的滚道型面与球面滚子型面非常匹配。双排球面滚子在具有三个固定挡边的内圈滚道上滚动，中挡边引导滚子的内端面。当带有滚子组件的内圈从外圈中向外摆动时，则由内圈的两个外挡边保持滚子。每排滚子均有一个黄铜实体保持架或钢制冲压保持架。通常在外圈上设有环形槽，其上有三个径向孔，用作润滑油通道，使轴承得到极为有效的润滑。轴承的套圈和滚子主要用铬钢制造并经淬火处理，具备足够的强度、高的硬度和良好的韧性和耐磨性。

4. 密封

齿轮箱轴伸部位的密封一方面应能防止润滑油外泄，另一方面也能防止杂质进入箱体内。常用的密封分为非接触式密封和接触式密封两种。

（1）非接触式密封。所有的非接触式密封不会产生磨损，使用时间长。轴与端盖孔间的间隙形成的密封是一种简单密封。间隙大小取决于轴的径向跳动大小和端盖孔相对于轴承孔的不同轴度。在端盖孔或轴颈上加工出一些沟槽，一般2~4个，形成迷宫，沟槽底部开有回油槽，使外泄的油液遇到沟槽改变方向，输回箱体中。也可以在密封的内侧设置甩油盘，阻挡飞溅的油液，增强密封效果。

（2）接触式密封。接触式密封使用的密封件应密封可靠、耐久、摩擦阻力小，容易制造和装拆，应能随压力的升高而提高密封能力和有利于自动补偿磨损。常用的旋转轴用唇形密封圈有多种形式，可按标准选取（见标准 GB 13871—1992《旋转轴唇形密封圈基本尺寸和公差》或与之等效的 ISO 6194/1—1982《旋转轴唇形密封件　第1部分：名义尺寸和公差》）。密封部位轴的表面粗糙度 $R_a=0.2\sim0.63\mu m$。与密封圈接触的轴表面不允许有螺旋形机加工痕迹。轴端应有小于30°的导入倒角，倒角上不应有锐边、毛刺和粗糙的机加工残留物。

5. 润滑系统

齿轮箱的润滑十分重要，润滑系统的功能是在齿轮和轴承的相对运动部位上保持一层油膜，使零件表面产生的点蚀、磨损、粘连和胶合等破坏最小。良好的润滑系统能够对齿轮和轴承起到足够的保护作用。润滑系统设计与工作的优劣直接关系到齿轮箱的可靠性和使用寿命。

（1）齿轮箱润滑系统的分类。齿轮箱常采用飞溅润滑或强制润滑。飞溅润滑方式结构简单，箱体内无压力，渗漏现象较少。但是个别润滑点可能会因为油位偏低或冬季低温润滑油黏度增大、飞溅效果减弱而发生润滑不良现象。强制润滑方式结构相对复杂，润滑管路由于存在压力，关键润滑点都有可靠润滑，且液压泵强制循环有利于润滑油的热量均匀和快速传递，但是产生渗漏的概率也随之增大。齿轮箱的润滑多为强制润滑系统，设置有液压泵、过滤器，下箱体作为油箱使用，液压泵从箱体吸油口抽油后，经过过滤器输送到齿轮箱的润滑管路上，再通过管系将油送往齿轮箱的轴承、齿轮等各个润滑部位。管路上装有各种监控装置，可以确保齿轮箱在运转当中不会出现断油。同时，还配备有电加热器和强制循环或制冷降温系统。

采用哪种润滑方式，主要取决于齿轮箱设计结构的需要。但是，在寒冷地区采用飞溅润滑方式更应当注意润滑油的加热问题，并加强油位监测。对于没有润滑油过滤装置的机组，还应当根据现场情况考虑加装过滤装置或定期滤油，以提高齿轮箱运行的可靠性。

在齿轮箱运转前先启动润滑油泵，待各个润滑点都得到润滑后，间隔一段时间方可启动风电机组。当环境温度较低时，例如小于10℃，必须先接通电热器加热机油，达到预定温度后再投入运行。若油温高于设定温度（一般为65℃），机组控制系统将使润滑油进入系统的冷却管路，经冷却器冷却降温后再进入齿轮箱。管路中还装有压力传感器，以监控润滑油的正常供应。

（2）风电机组的齿轮箱润滑系统。在机组润滑系统中，齿轮泵从油箱将油液经滤油器输送到齿轮箱的润滑系统，对齿轮箱的齿轮和传动件进行润滑，管路上装有各种监控装置，确保齿轮箱在运转当中不会出现断油。保持油液的清洁十分重要，即使是第一次使用的新油，也要经过过滤。系统中除了主滤油器以外，最好加装旁路滤油器或辅助滤油器，以确保油液的洁净。润滑系统图见图5.23。

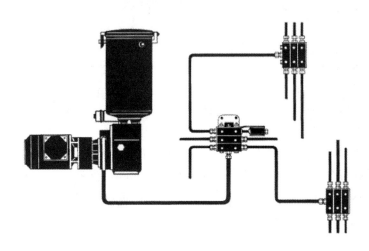

图5.23　润滑系统图

6. 齿轮箱润滑系统中的润滑油

对于机组齿轮箱润滑系统来说，首要考虑的是气温差异的因素，而湿度、风沙、盐雾等因素的影响相对较小。由于风力发电机组运行的环境温度一般不超过40℃，且持续时间不长，因此，用于风力发电机组齿轮箱的润滑油一般对高温使用性能无特殊要求。

风力发电机组齿轮箱的工作环境和运行方式对齿轮箱润滑系统提出了较高的要求。只有这样才能使风力发电机组在恶劣多变的复杂工况下长期保持最佳运行状态。

（1）风力发电机组齿轮箱润滑系统润滑油的主要作用如下：

1）减少部件磨损，可靠延长齿轮及轴承寿命。

2）降低摩擦，保证传动系统的机械效率。

3）降低振动和噪声。

4）减少冲击载荷对机组的影响。

5）作为冷却散热媒体。

6）提高部件抗腐蚀能力。

7）带走污染物及磨损产生的铁屑。

8）油品使用寿命较长，价格合理。

（2）润滑油油品的选择。正确选用润滑油是保证风力发电机组可靠运行的重要条件之一。在风力发电机组的维护手册中，设备厂家提供了机组所用润滑油型号、用量及更换周期等内容，维护人员一般只需要按要求使用润滑油品即可。但是，为更好地保证机组的安全、经济运行，要求运行人员选择出最适合现场实际的油品来。

1）润滑油的分类。由原油提炼出来的基础油称为矿物油，用它调出的油就是矿物润滑油，可满足大多数工作场合的需要。但矿物型润滑油存在高温时成分易分解、低温时易凝结的不足。

合成润滑油是用化学合成法制造的基础油，并根据所需特性在其中加入必要的添加剂以改善使用性能的产品。在低温状况下，合成润滑油具有较好的流动性；在温度升高时，可以较好地抑制黏度降低；高温时化学稳定性较好，可减少油泥凝结物和残碳的产生。

2）主要性能指标：①黏度；②低温性能。

（3）润滑油的加热与冷却。具体如下：

1）润滑油的加热。在高寒地区运行的风力发电机组可能会长期工作在-30℃以下，这样低的温度将会使润滑油的黏度增大，使润滑泵效率降低，管道阻力增大，导致齿轮箱内各润滑点的润滑状态恶化，故在高寒地区需进行润滑油加热。

2）润滑油的冷却。在热带或沙漠地区运行的风力发电机组可能会长期工作在50℃以上，这样高的温度将会使润滑油的黏度变稀，使油膜变薄，承载能力降低，导致齿轮箱内各润滑点的润滑状态恶化，故在高温环境运行需进行润滑油冷却。

5.2.4　联轴器

联轴器是一种通用元件，种类很多，用于传动轴的连接和动力传递，可以分为刚性联轴器（如刚性胀套式联轴器）和挠性联轴器两大类。挠性联轴器又分为无弹性元件联轴器（如万向联轴器）、非金属弹性元件联轴器（如轮胎联轴器）、金属弹性元件联轴器（如膜片联轴器）。刚性联轴器常用在对中性好的两个轴的连接，而挠性联轴器则用在对中性较差的两个轴的连接。挠性联轴器还可以提供一个弹性环节，该环节可以吸收轴系外部负载波动产生的额外能量，如振动。

在风电机组中，通常在低速轴端（主轴与齿轴箱低速轴连接处）选用刚性联轴器，一般多选用胀套式联轴器、柱销式联轴器等。在高速轴端（发电机与齿轮箱高速轴连接处）选用挠性联轴器。

5.2.4.1 刚性胀套式联轴器

刚性胀套式联轴器结构见图5.24。它是靠拧紧高强度螺栓使包容面产生压力和摩擦力来传递负载的一种无键连接方式，可传递转矩、轴向力或两者的复合载荷，承载能力高，定心性好，装拆或调整轴与毂的相对位置方便，可避免零件因键连接而削弱强度，提高了零件的疲劳强度和可靠性。刚性胀套式联轴器是一种新型传动连接方式。

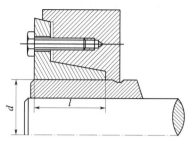

图5.24 胀套式联轴器连接
l—胀套长度；d—胀套内径（安装直径）

1. 优点

胀套式联轴器与一般过盈连接、无键连接相比，有许多独特的优点，具体如下：

（1）制造和安装简单。

（2）有良好的互换性，且拆卸方便。

（3）可以承受重负载。

（4）胀套的使用寿命长，强度高。

2. 使用和维护

（1）连接前的准备工作。

1）结合件的尺寸应使用符合 GB/T 1957—1981《光滑极限量规》规定的量规，或按 GB/T 3177—1997《光滑工件尺寸的检验》所规定的方法进行检验。

2）结合表面必须无污物、无腐蚀和无损伤。

3）在清洗干净的胀套表面和结合件的结合表面上、均匀涂一层薄润滑油（不应含二硫化钼添加剂）。

（2）胀套的安装。

1）把被连接件推移到轴上，使其达到设计规定的位置。

2）将拧松螺钉的胀套平滑地装入连接孔处，要防止结合件的倾斜，然后用手将螺钉拧紧。

3. 拧紧胀套螺钉的方法

（1）胀套螺钉应使用力矩扳手按对角、交叉均匀地拧紧。

（2）螺钉的拧紧力矩 MA 值按标准的规定，并按下列步骤拧紧：以 1/3MA 值拧紧；以 1/2MA 值拧紧；以 MA 值拧紧；以 MA 值检查全部螺钉。

4. 胀套的拆卸

（1）拆卸时先松开全部螺钉，但不要将螺钉全部拧出。

（2）取下镀锌的螺钉和垫圈，将拉出螺钉旋入前压环的辅助螺孔中，轻轻敲击拉出螺钉的头部，使胀套松动，然后拉动螺钉，即可将胀套拉出。

5. 防护

（1）安装完毕后，在胀套外露端面及螺钉头部涂上一层防锈油脂。

（2）在露天作业或工作环境较差的机器，应定期在外露的胀套端面上涂防锈油脂。

（3）需在腐蚀介质中工作的胀套，应采用专门的防护（例如加盖板）以防胀套锈蚀。

5.2.4.2 轮胎联轴器

轮胎式联轴器结构图见图5.25，外形呈轮胎状的橡胶元件与金属板硫化黏结在一起，装配时用螺栓直接与两半联轴器连接。

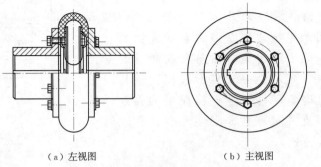

（a）左视图　　　　　　　（b）主视图

图 5.25　轮胎式联轴器结构图

采用压板、螺栓固定连接时，橡胶元件与压板接触压紧部分的厚度应稍大一些，以补偿压紧时压缩变形，同时应保持有较大的过渡圆角半径，以提高疲劳强度。

橡胶元件的材料有两种，即橡胶和橡胶织物复合材料，前一种材料的弹性高，补偿性能和缓冲减振效果好，后一种材料的承载能力大。当联轴器的外径大于 300mm 时，一般都用橡胶织物复合材料制成。

轮胎式联轴器的优点是具有很高的柔度，阻尼大，补偿两轴相对位移量大，而且结构简单，装配容易。相对扭转角 $\psi = 6° \sim 30°$。

轮胎式联轴器的缺点是随扭转角增加，在两轴上会产生相当大的附加轴向力。同时在高速下运转时，由于外径扩大，也会引起轴向收缩而产生较大的轴向拉力。为了消除或减轻这种附加轴向力对轴承寿命的影响，安装时宜保持有一定量的轴向预压缩变形。

5.2.4.3　连杆联轴器

图 5.26 所示的连杆联轴器，也是一种挠性联轴器。每个连接面由 5 个连杆组成，连接被联接轴和中间体。可以对被联接轴轴向、径向、角向误差进行补偿。连杆联轴器设有滑动保护套，用于过载保护。滑动保护套由特殊合金材料制成，它能在机组过载时发生打滑从而保护电机轴不被破坏。在保护套的表面涂有不同的涂层，保护套与轴之间的摩擦力始终是保护套与轴套之间摩擦力的 2 倍，从而保证滑动只发生在保护套与轴套之间。当转矩从峰值回到额定转矩以下时，滑的保护套与轴套之间继续传递转矩。

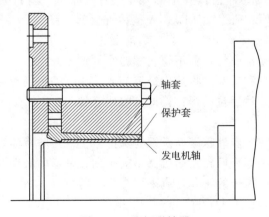

轴套

保护套

发电机轴

图 5.26　连杆联轴器

5.2.4.4 万向联轴器

万向联轴器是一类允许两轴间具有较大角位移的联轴器，适用于有大角度位移的两轴之间的连接，一般两轴的轴间角最大可达 35°～45°，而且在运转过程中可以随时改变两轴的轴间角。

在风电机组中，万向节联轴器也得到广泛的应用。例如在国产 600kW 与 WD50 - 750kW 风电机组中，就在高速轴端采用了十字轴式万向联轴器，见图 5.27。

图 5.27　十字轴式万向联轴器

5.2.4.5 膜片联轴器

膜片联轴器采用一种厚度很薄的弹簧片制成各种形状，用螺栓分别于主、从动轴上的两半联轴器连接。图 5.28 为一种膜片联轴器的结构，其弹性元件为若干多边环形的膜片，在膜片的圆周上有若干螺栓孔。为了获得相对移，常采用中间体，其两端各有一组膜片组成若干个认同两个膜片联轴器，分别与主、从动轴连接。

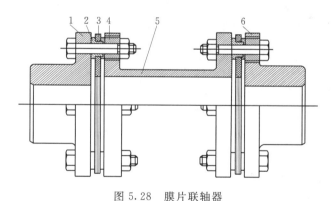

图 5.28　膜片联轴器
1、6—半联轴器；2—衬套；3—膜片；4—垫圈；5—中间体

图 5.29 为大型风电机组常用的分离膜片联轴器。每一膜片由单独的薄杆组成一个多边形，杆的形状简单，制造方便，但要求各孔距精确，其工作性能与连续环形基本相同，适用于联轴器尺寸受限制的场合而且带力矩限器，当传动力矩过大时可以自动打滑。图 5.29 为外形图，图 5.30 为拆分图。

图 5.29 分离膜片联轴器外形图

图 5.30 分离膜片联轴器拆分图

5.3 支 撑 系 统

5.3.1 机舱

机舱壳体由机舱罩、整流罩和机舱底盘组成。

5.3.1.1 机舱罩

机舱罩可分为下舱罩和上舱罩两部分，见图 5.31。机舱罩一般由厚度为 8～10mm 的玻璃钢制造，上、下舱罩可通过向机舱内部凸起带数十个螺钉孔的凸缘，用不锈钢螺栓连接成整体。上、下舱罩均带有中空式加强筋，加强筋之间距离约为 1m。网格式的加强筋分布在上、下舱罩的里面。

由于偏航回转支撑轴承内圈与机舱底盘的凸缘用一组螺钉固定连接在一起，而偏航回转支撑轴承的带外齿的外圈与塔筒顶部的凸缘用一组螺栓紧固连接在一起，为防止雨水，下舱罩底部设有一个大圆孔，此圆孔应将上述带外齿的回转支撑轴承外圈包含在机舱内部，此圆孔与塔筒外壁的间隙为 40～50mm。

下舱罩底部还设有两个可遮盖的通风孔以及吊车起吊重物用的孔（吊车的起重链条通过此孔），机舱后部设有百叶窗式的通风孔。下舱罩下部内表面上一定的位置和高度处，间隔固定有若干个与机舱底盘的支架互相固定的机舱连接板；带有橡胶减振器的螺栓穿过机舱连接板上的孔和机舱底盘支架上相应孔，用减振螺栓将机舱固定在机舱底盘上。

机舱罩的上舱罩顶部设有通风口（便于人员到机舱顶上去安装、修理在舱顶的风速风向仪）以及两个安装风电机组吊孔。

5.3.1.2 整流罩

整流罩外部呈流线性，见图 5.32，有利于减少风对机舱的作用力。整流罩与轮毂固接，与风轮一起旋转。

5.3.1.3 机舱底盘

机舱底盘上布置有风轮、轴承座、齿轮箱、发电机、偏航驱动等部件，起定位和承载作用，见图 5.33。机组载荷都通过机舱底盘传递给塔架，机舱底盘具有高的强度和刚度，还具有良好的减振特性，机舱底盘分为前后两部分。

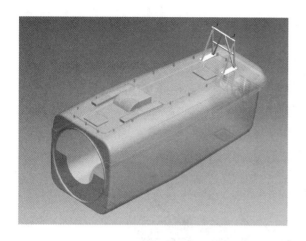

图 5.31　机舱罩

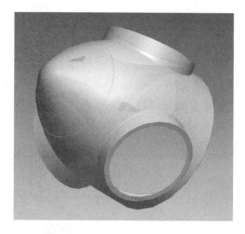

图 5.32　整流罩

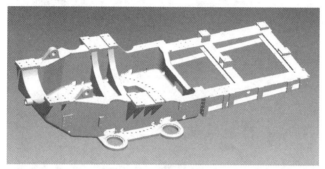

图 5.33　机舱底盘

前机舱底盘多用铸件,见图 5.34,后机舱底盘多用焊接件。

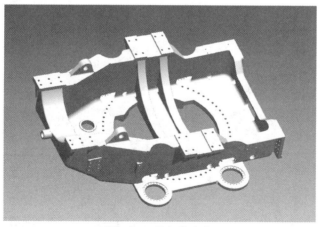

图 5.34　前机舱底盘

5.3.2　塔架

塔架的功能是支撑位于空中的风力发电系统,塔架与基础相连接,承受风电系统运行引起的各种载荷,同时传递这些载荷到基础,使整个风电机组能稳定可靠地运行。

5.3.2.1　塔架的分类

1. 拉索式塔架

拉索式塔架是单管或桁架与拉索的组合，见图 5.35。采用钢制单管或角铁焊接的桁架支撑在较小的中心地基上，承受风力发电系统在塔顶以上各个部件的气体及质量载荷，同时通过数根钢索固定在离散的地基上，由每根钢索设置螺栓进行调节，保持整个风力发电机组对地基的垂直度。这种组合塔的设计简单，制造费用较低，适用于中、小型风电机组。

图 5.35　拉索式塔架

2. 桁架式塔架

采用钢管或角铁焊接成截锥形桁塔支撑在地基上，桁塔的横截面多为正方形或正多边形，见图 5.36。桁塔的设计简单，制造费用较低，并可以沿着桁塔立柱的脚手架爬升至机舱，但其安全性较差。另外从风电机组的总体布局看，机舱与地面设施的连接电缆等均暴露在外面，因而桁塔的外观形象较差。

图 5.36　桁架式塔架

3. 锥筒式塔架

（1）钢制塔架。采用强度和塑性较好的多段钢板进行滚压，对接焊成截锥式筒体，两端与法兰盘焊接而构成截锥塔筒。采用截锥塔筒可以直接将机舱底盘固定在塔顶处，塔梯、安全设施及电缆等不规则部件或系统布局都包含在筒体内部，并可以利用截锥塔筒的底部空间设置各种必需的控制及监测设备，因此采用锥塔筒的风电机组的外观布局很美观。对比桁架式塔架结构，虽然截锥塔筒的迎风阻力较大，但目前大型风电机组仍然广泛采用这种塔架。

（2）钢混组合塔架。这种锥筒塔架是分段采用钢制与钢筋混凝土制造的两种塔筒组合，其主要构造特点为锥筒塔架分为上、下两段，其上段为钢制塔架，下段为钢筋混凝土塔架。图 5.37 所示为钢混组合塔架。

图 5.37　钢混组合塔架

（3）钢筒夹混塔筒。这种锥筒塔筒采用双层同心的钢筒，在钢筒间填充混凝土制造而成，塔筒横截面组合的示意见图 5.38。

5.3.2.2　塔架结构

本节主要介绍钢制塔架。钢制塔架由塔筒、塔门、塔梯、电缆梯与电缆卷筒支架、平台、外梯、照明设备、安全与消防设备等组成。

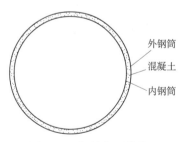

图 5.38　钢筒夹混塔筒

1. 塔筒

塔筒是塔架的主体承力构件，见图 5.39。为了吊装及运输方便，一般将塔筒分成若干段，并在塔筒底部内、外侧设法兰盘，或单独在外侧设法兰盘，采用螺栓与塔基相连，其余连接段的法兰盘，为内翻形式，均采用螺栓进行连接。根据结构强度的要求，各段塔筒可以用不同厚度的钢板。

图 5.39　塔筒

　　由于风速的剪切效应影响，大气风速随距地面高度的增高而增大（见前文风廓线部分），因此普遍希望增高机组的塔筒高度，可是增加高度将使其制造费用相应增加，随之也带来技术及吊装的难度，需要进行技术与经济的综合性考虑。

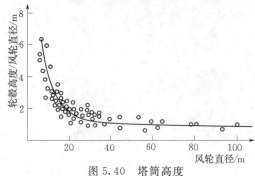

图 5.40　塔筒高度

　　当风电机组处于偏离设计风速分布较大的风电场运行时，很有可能难以获得预期的发电效果，在机组风轮一定的条件下，最佳的弥补方法是改变塔筒的高度，使机组能获得满意的风速而运行，为此同一种风电机组中，经常配有不同高度的塔筒。

　　图 5.40 给出由统计方法得出的轮毂高度与风轮直径的关系。图中表明，风轮直径减小，塔架的相对高度增加。小风力机受到环境的影响较大，塔架相对高一些，可使它在风速稳定的高度上运行。直径 25m 以上的风轮，其轮毂中心高与风轮直径的比为 1∶1 左右。而小于 25m 风轮的风力机的塔架（筒）高度，即

$$H_{tg} = R + H_{zg} + A_z \tag{5.1}$$

式中：H_{zg} 为风力机前障碍物的高度；A_z 为叶片叶尖距障碍物的最小距离，一般取 1.5～2m；R 为风轮半径。

　　2. 平台

　　为了安装相邻段塔筒、放置部分设备和便于维修内部设施，塔架中设置若干平台，见图 5.41。塔筒连接处平台距离法兰接触面 1.1m 左右，以方便螺栓安装。另外还有一个基础平台，位置与塔门位置相关，平台是由若干个花纹钢板组成的圆板，圆板上有相应的电缆桥与塔梯通道，每个平台一般有不少于三个吊板通过螺栓与塔壁对应固定座相连，平台下面还设有支撑钢梁。

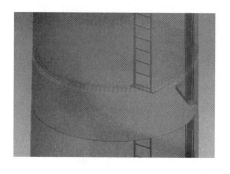

图 5.41 平台

3. 电缆及其固定

电缆由机舱通过塔架到达相应的平台或拉出塔架以外，从机舱拉入塔架的电缆见图5.42。进入塔架后经过电缆卷筒与支架。电缆卷筒与支架位于塔架顶部，保证电缆有一定长度的自由旋转，同时承载相应部分的电缆重量。电缆通过支架随机舱旋转，达到解缆设定值后自动消除旋转，安装维护时应检查电缆与支架间隙，不应出现电缆擦伤。经过电缆卷筒与支架后，电缆由电缆梯固定并拉下。

图 5.42 电缆

4. 内梯与外梯

内梯与外梯用于管理和维修人员登上机舱。外梯有直梯和螺旋梯两种，见图5.43。

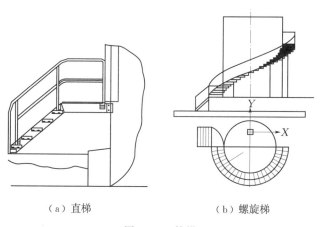

（a）直梯　　　　　　　（b）螺旋梯

图 5.43 外梯

5.3.2.3 塔架的固有频率

塔架的振动是风电机组维护中值得关心的问题，振幅的大小与激振频率和塔架的固有频率有关。

对于塔架刚度、分布质量沿其高度变化的系统，其固有频率可运用有限元数值计算方法求得。图 5.44 给出几种不同型式塔架的材料、刚性、质量、一阶固有频率。

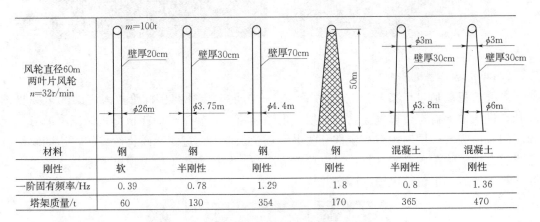

材料	钢	钢	钢	钢	混凝土	混凝土
刚性	软	半刚性	刚性	刚性	半刚性	刚性
一阶固有频率/Hz	0.39	0.78	1.29	1.8	0.8	1.36
塔架质量/t	60	130	354	170	365	470

图 5.44　塔架的固有频率

风轮转动引起塔架受迫振动的模态是复杂的，有风轮转子残余的旋转不平衡质量产生的频率为 n 的振动，也有由于塔影响、不对称空气来流、风剪切、尾流等造成的频率为 Nn 的振动（N 为叶片数）。塔架的一阶固有频率与受迫振动频率 n、Nn 值的差别必须超过这些值的 20% 以上，才能避免共振。并且必须注意避免高次共振。

事实上，塔顶安装的风轮、机舱等集中质量已和塔架构成了一个系统，并且机舱集中质量又处于塔架这样一个悬臂梁的顶端，因而它对系统固有频率的影响很大。如果塔架—机舱系统的固有频率大于 Nn，被称为刚性塔；介于 n 与 Nn 之间的为半刚性塔；系统的固有频率低于 n 的是柔塔。塔架的刚性越大，质量和成本就越高。目前，大型风力机多采用半刚性塔。`

恒定转速的风力机应保证塔架—机舱系统固有频率的取值在转速激励的受迫振动的频率之外。变转速风轮可在较大的转速变化范围内输出功率，但不容许在系统自振频率的共振区较长时间地运行，转速应尽快穿过共振区。对于刚性塔架，在风轮发生超速现象时，转速的叶片数倍频下的冲击也不得产生对塔架的激励共振。当叶片与轮毂之间采用非刚性连接时，对塔架振动的影响可以减少。尤其在叶片与轮毂采用铰链（变锥度）或风轮叶片能在旋转平面前后 5° 范围内挥舞时，取这样的结构设计能减轻由阵风或风的切变在风轮轴和塔架上引起的振动疲劳，缺点是构造复杂。

5.3.2.4 塔架—风轮系统振动模态

风轮、机舱和塔架组成的系统可作为一个弹性体来看待。图 5.45 给出叶片、机舱和塔架的受力和运动，这些运动是在空气动力、离心力、重力和陀螺效应力作用下产生的。所有的力在风轮转动过程中周期性变化，使每一个部件在给定运动方向上产生振动。对系统、各部件做振动模态分析，就是理论上确定它们在相应的交变力、交变力矩作用下的振型、振幅和频率，从而为解决风电机组的动态稳定性问题提供重要依据。图 5.46 给出风力发电机叶片和塔架的各种振型。

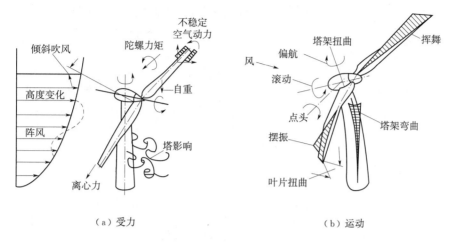

（a）受力　　　　　　　　　　　　　（b）运动

图 5.45　叶片、机舱和塔架的受力与运动

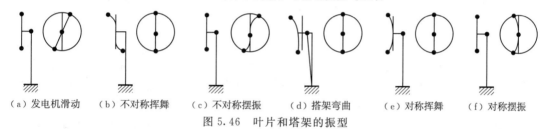

（a）发电机滑动　（b）不对称挥舞　（c）不对称摆振　（d）塔架弯曲　（e）对称挥舞　（f）对称摆振

图 5.46　叶片和塔架的振型

风电机组的动态稳定性由频率分布图（又称坎贝尔图）来判定，见图 5.47。在频率分布图中表示的是所涉及部件（风轮、塔架）的固有频率和高次谐振频率与风轮转速的关系。过坐标原点的斜线表示叶片频率的整数倍。部件的固有频率或高次振动近似水平线。为了避免共振，部件固有频率和叶片频率整数倍的交点不应落在风轮转数范围之内，但叶片高次谐振显得不很重要。叶片固有频率，特别是水平轴风力机的叶片固有频率与转速有关，随离心力增加而提高。

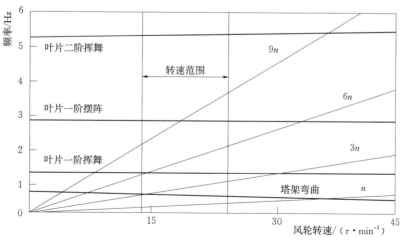

图 5.47　频率分布图

在频率分布图上表现为随风轮转速增加向上弯曲。叶片在离心方向上产生位移，这一过程使叶片刚性提高。

为了使系统稳定运行，每一部件的固有频率都应离开激振频率的20%。测试一台风力机的振动特性，需要应变片和加速度计进行分析。图 5.48 表示叶片振动曲线。振动过程中阻尼值越小，振幅越大。

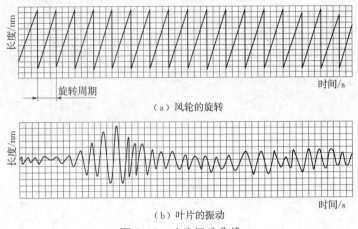

（a）风轮的旋转

（b）叶片的振动

图 5.48　叶片振动曲线

随风轮旋转造成部件振动外，有可能产生一些受迫振动载荷，比如，叶片变桨距时产生的共振，转矩传递到发电机上而产生功率的振动响应；由于风轮轴向力的变化，在塔架上会产生弯曲振动。有时超过允许最大力矩范围，安全系统会使运行中断。

处理风电机组动态稳定性问题的另一个重要手段是借助于对塔顶、风轮叶片、风轮轴承、变速箱等零部件实际振动频率响应的测试，并做出频谱分析。

出现风电机组或某些部件振动过大、动态稳定性差的问题时，在振动模态分析、振动测试频谱分析的基础上，应该有针对性地对叶片刚度与质量分布、风轮旋转质量的平衡、轴承刚度、风轮轴心与增速箱轴心的对中、塔架刚度与质量分布、塔架与基础的固定等做出改进。

5.3.2.5　辅助及安全设备

1. 升降梯

升降梯可供维修和操作人员升降机舱，见图 5.49。

2. 起重机

根据维修的需要，风电机组可以配置大小不同的起重设备。图 5.50 是 MW 机组配置的起重机。

3. 安全设备

安全设备用于保证维修人员安全。包括安全带、安全帽、绝缘安全靴、止跌扣、带缓冲性能的加长绳、手套，低温环境下还需要保暖衣。图 5.51 为部分安全设备。

5.3.3　基础

5.3.3.1　陆上风电机组的基础

锥筒型塔架采用的基础结构有厚板块、多桩和单桩三种。

图 5.49　塔筒升降舱　　　图 5.50　MW 机组配置的起重机　　　图 5.51　安全设备

1. 厚板块基础

厚板块基础用在距地表不远处就有硬性土质的情况下，可以抵制倾覆力矩和机组重力偏心，计算板块基础承重力的方法是假设承载面积上负载一致，基础承受的倾覆力矩应该小于 $WB/6$。其中，W 为重力负载，B 为厚板块基础宽度，这个条件可用来粗略估计需要的基础尺寸。

几种不同的厚板块基础的结构型式，见图 5.52。其中，图 5.52（a）基础板块厚度一致，上表面与地面相平，当岩石床接近地表的情况下选择这种基础，主要的配筋分布在上表层和下表层，抵制基础弯曲，并且板块足够厚，不用使用抗剪钢筋。图 5.52（b）基础板块基础上面设置一个基座，这种情况用在岩石床在地表下的深度比板块厚度大，需要增加一个基座来抵制弯曲力矩和剪切负载，施加在基础上的重力增加，整个板块尺寸可以减小一些。图 5.52（c）基础板块类似于图 5.52（b），不同的是塔架基底直接嵌入基础，块状基础表面成一定斜率变化，缺点是塔架基底接近基础表面处需要打孔，允许基础表面配

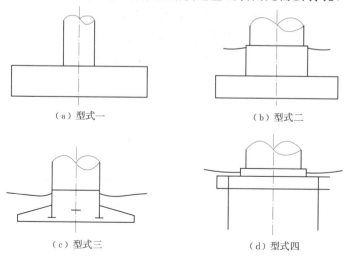

（a）型式一　　　（b）型式二

（c）型式三　　　（d）型式四

图 5.52　厚板块基础型式

筋通过，抵制剪切负载的配筋也必须经过塔架底部法兰，这种结构节省材料，但不利于安装。图 5.52（d）基础在岩石床打锚，这种情况也适用岩石床在地表下的深度比较大情况，相比于图 5.52（b），可以节省材料，免去上面的配重，承载力也很高，但岩石床打锚时需要专用机械，所以也较少适用。

理想的基础形状应该是圆形，但为了配筋方便，常见的形状为方形。

2. 多桩基础

在土质比较疏松的地层情况，常选择多桩基础，见图 5.53，基础采用一个桩帽安置在 8 个圆柱形桩基上，桩基圆形排列，在桩的垂直、侧向方向都要抵制倾覆力矩，侧向力主要作用在桩帽上，所以桩和桩帽都要配钢筋。桩孔采用螺旋钻孔，钢筋骨架定位后，原位置浇铸。

3. 混凝土单桩基础

混凝土单桩基础采用一个大直径混凝土圆柱体，见图 5.54（a），这种桩孔利于水下打桩，可以开挖出很深的桩孔，这种结构虽然简单，但耗材大，采用中空圆柱体可以节省耗材，见图 5.54（b）。

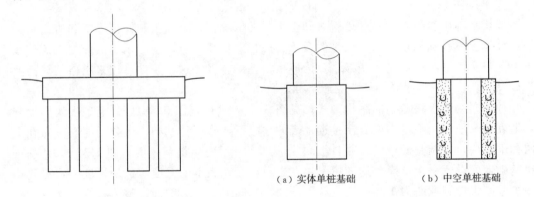

（a）实体单桩基础　　　　（b）中空单桩基础

图 5.53　桩基群与桩帽基础　　　　　　图 5.54　混凝土单桩基础

5.3.3.2　海上风电机组的基础

与陆上的风电机组相比，海上风电机组最大的差异是基础不同。海上风电机组的基础远比陆上风电机组的基础复杂，成本也高很多，并且对整个风电机组的力学性能影响更大。海上风电机组的基础结构主要有单桩式、三角架式、混凝土重力式、钢质重力式和浮置式等五种。

1. 单桩式

单桩式基础现在已经在许多大型海上风电场中采用。这种基础结构适用于 20～25m 的中浅水域。此方案的最大优点在于它的简易性，利用打桩、钻孔或喷冲的方法将桩基安装在海底泥面以下一定的深度，通过调整片或护套来补偿打桩过程中的微小倾斜，以保证基础的平正。而它的弊端在于海底较为坚硬时，钻孔的成本较高，其结构见图 5.55。

2. 三角架式

此方案适用于水深超过 30m 的水域。较单桩固定式更为坚固和稳定，但其成本较高，移动性也不好。与单桩固定式一样，不适宜较软的海床。其结构见图 5.56。

图 5.55 单桩式基础

图 5.56 三角架式基础

3. 混凝土重力式

这种结构主要用于较浅的水域。它是靠体积庞大的混凝土块的重力来固定风电机组的位置。这种方案使用方便，而且适用于各种海床土质，但是由于它质量大，搬运的费用较高。另一个缺点是海床必须被平整甚至加固，其结构见图 5.57。

图 5.57 混凝土重力式基础

4. 钢质重力式

与混凝土重力式相同，也是靠自身重力固定风电机组位置，但钢质基座的重量较轻，从而使安装和运输更为简单。当把钢质基座固定之后，向其内部填充重矿石，以增加重量（一般为 1000t 左右）。虽然此方案也适用于所有海床土质，但其抗腐蚀性较差，需要长期保护，其结构见图 5.58。

5. 浮置式

浮置式基础适用于 50～100m 的水深，其成本较低，而且能够将海上风电场的范围扩展到深水区。但是，由于其不稳定，意味着仅能应用于海浪较低的情况。此外，齿轮箱和发电机这些旋转机械长期工作在加速度较大的环境下，从而潜在地增大了风险并降低了使用寿命，其结构见图 5.59。

图 5.58 钢质重力式结构

图 5.59 浮置式基础

5.4 制 动 系 统

大型风电机组设置制动装置的目的是保证机组从运行状态向停机状态的转变。制动一般有两种情况，一种是运行制动，它是在正常情况下经常性使用的制动。另一种是紧急制动，它只用在突发故障时，平常很少使用。

制动装置有两类，一类是机械制动，一类是空气动力制动。在机组的制动过程中，两种制动形式是相互配合的。

制动系统的工作原理见图 5.60。

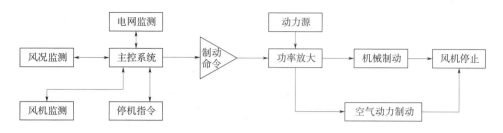

图 5.60　制动系统的工作原理图

5.4.1　机械制动

机械制动的工作原理是利用非旋转元件与旋转元件之间的相互摩擦来阻止转动或转动的趋势。机械制动装置一般由液压系统、执行机构（制动器）、辅助部分（管路、保护配件等）组成。其中，高速轴制动器及其装配见图 5.61，偏航制动器外形见图 5.62，常闭式制动器工作原理见图 5.63。

图 5.61　高速轴制动器及其装配图

图 5.62　偏航制动器

按照工作状态，制动器可分为常闭式和常开式。常闭式制动器靠弹簧或重力的作用经常处于紧闸状态，而机构运行时，则使制动器松闸。与此相反，常开式制动器经常处于松闸状态，只有施加外力时才能使其紧闸。

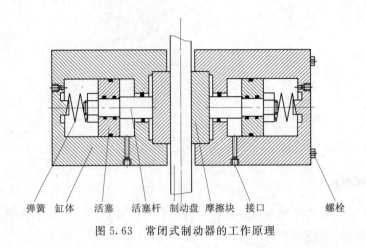

弹簧 缸体 活塞 活塞杆 制动盘 摩擦块 接口   螺栓

图 5.63 常闭式制动器的工作原理

常闭式制动器在平时处于紧闸状态，当液压油进入无弹簧腔时制动器松闸。如果将弹簧置于活塞的另一侧，即构成常开式制动器。利用常闭式制动器的制动机构称为被动制动机构，否则，称为主动制动机构。被动制动机构安全性比较好，主动制动机构可以得到较大的制动力矩。

风电机组中，常用的机械制动器为盘式液压制动器。盘式制动器沿制动盘轴向施力，制动轴不受弯矩。径向尺寸小，散热性能好，制动性能稳定。

盘式制动器有钳盘式、全盘式及锥盘式三种。最常用的是钳盘式制动器，这种制动器摩擦块与制动盘接触面很小，在盘中所占的中心角一般仅 30°～50°。故又称为点盘式制动器。按制动钳的结构形式区分，钳盘式制动器分为固定钳式制动器和浮动钳式制动器。

1. 固定钳式

钳式制动器见图 5.64 （a），制动器固定不动，制动盘两侧均有液压缸。制动时仅两侧液压缸中的活塞驱使两侧摩擦块做相向移动。

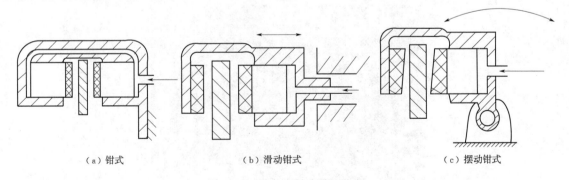

（a）钳式   （b）滑动钳式   （c）摆动钳式

图 5.64 钳盘式制动器的种类

2. 浮动钳式

（1）滑动钳式见图 5.64 （b）。制动器可以相对于制动盘做轴向滑动，其中只在制动盘的内侧置有液压缸，外侧的摩擦块固装在制动器体上。制动活塞在液压作用下使活动摩擦块压靠紧制动盘，而反作用力则推动制动器体连同固定摩擦块压向制动盘的另一侧，直到两摩擦块受力均等为止。

（2）摆动钳式见图 5.64（c）。它也用单侧液压缸的结构，制动器体与固定支座铰接。为实现制动，制动器体不是滑动而是在与制动盘垂直的平面内摆动。显然，摩擦块不可能全面均匀磨损，为此有必要将摩擦块预先做出楔形（摩擦面对背面的倾斜角为 6°）。

机械制动器安装时需注意避免制动轴受到径向力和弯矩，钳盘式制动器应成对分布。由于 $P=M\omega$，制动力矩在低速轴很大。基于可靠性角度考虑失速型风电机组常用低速轴机械制动，而变桨距风电机组在高速轴制动，但易导致制动的不均匀性。

5.4.2 空气动力制动

空气动力制动并不能使风轮完全静止下来，只能使其转速限定在允许的范围内，而定桨距风电机组采用的空气动力装置为叶尖扰流器。当转速增加时，叶尖的离心力增大，叶尖扰流器克服液压力的作用脱离叶片主体转动到制动位置。同时叶尖扰流器还可以作为液压系统出现故障的保护装置。

5.5 变 桨 系 统

变桨距就是使叶片绕其安装轴旋转，改变叶片的桨距角，从而改变风力发电机的气动特性。

变桨距风电机组与定桨距风电机组相比，启动与制动性能好，风能利用系数高，在额定功率点以上输出功率平稳。所以，大型和特大型风电机组多采用变桨距形式。

变桨距系统通常有两种类型：一种是液压变距型，以液体压力驱动执行机构；另外一种是电动变距型，以伺服电机驱动齿轮系实现变距调节功能。

5.5.1 液压变距型

液压变桨距系统的组成见图 5.65。从图可见，液压变桨距系统是一个自动控制系统，由桨距控制器、数码转换器、液压控制单元、执行机构、位移传感器等组成。

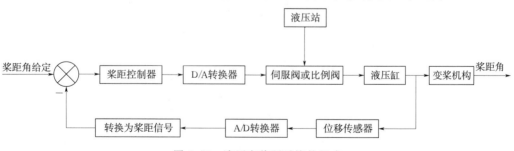

图 5.65　液压变桨距系统的组成

桨距控制器是一个非线性比例控制器，一般由软件实现。在液压变距型风电机组中根据驱动形式的差异可分为叶片单独变距和统一变距两种类型，前者 3 个液压缸布置在轮毂内，以曲柄滑块的运动方式分别给 3 个叶片提供变距驱动力，见图 5.66，因为变距过程彼此独立，一组变距出现故障后，机组仍然可以通过调整其余两组变距机构完成空气动力制动。

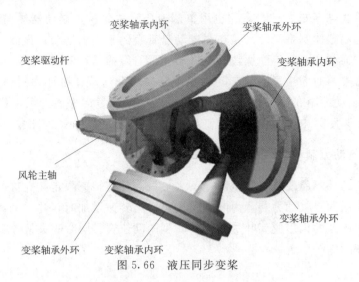

图 5.66　液压同步变浆

统一变距类型通过 1 个液压缸驱动 3 个叶片同步变桨距，液压缸放置在机舱里，活塞杆穿过主轴与轮毂内部的同步盘连接，见图 5.67。变距机构的工作过程为控制系统根据当前风速，通过预先编制的算法给出电信号，该信号经液压系统进行功率放大，液压油驱动液压缸活塞运动，从而推动推杆同步盘运动。同步盘通过短转轴、连杆、长转轴推动偏心盘转动，偏心盘带动叶片进行变距。

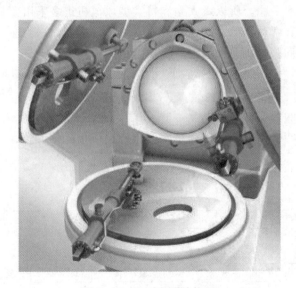

图 5.67　液压变浆结构图

5.5.2　电动变距型

电动变桨距系统可以使 3 个叶片独立实现变桨距。图 5.68 为电动变桨距系统的总体构成框网。主控制器与轮毂内的轴控制盒通过现场总线通信，达到控制 3 个独立变桨距装置的目的。主控制器根据风速、发电机功率和转速等，把指令信号发送至电动变桨距控制系统，电动变桨距系统把实际值和运行状况反馈至主控制器。

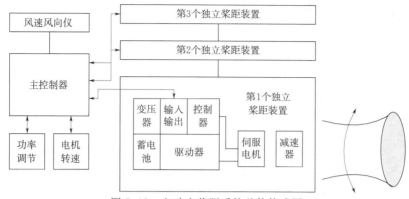

图 5.68 电动变桨距系统总体构成图

电动变桨距系统的 3 套蓄电池（每支叶片 1 套）、轴控制盒、伺服电机和减速机均置于轮毂内，一个总电气开关盒置于轮毂和机舱连接处电动变桨电机见图 5.69。

图 5.69 电动变桨电机

变桨减速器的润滑方式有浸油润滑和油脂润滑两种。变桨轴承结构型式一般采用 4 点角接触球轴承。

5.6 偏 航 系 统

风电机组偏航系统可分为被动偏航和主动偏航，其主要功能为跟踪风向的变化，驱动机舱围绕塔架（筒）中心线旋转，使风轮扫掠面与风向保持垂直。同时偏航系统通常加装偏航阻尼器，其作用为在风电机组偏航过程中增加阻尼，使机舱在转动过程中更加平稳。

偏航装置又称调向装置，是水平轴风电机组不可缺少的组成系统之一。偏航系统一般分为主动偏航系统和被动偏航系统。被动偏航是指依靠风力通过相关机构完成机组风轮对风动作的偏航方式，常见的有尾翼偏航、侧轮偏航和下风向偏航 3 种，小型风电机组一般采用被动偏航形式；主动偏航是指采用电机系统完成对风动作的偏航方式，对于并网的大型风电机组来说，通常都采用主动偏航形式。

5.6.1　被动偏航

5.6.1.1　尾翼偏航

尾翼偏航常在微型、小型风电机组上采用。其优点是结构简单、偏航可靠、制造容易、成本低，能自然地对准风向，不需要特殊控制。尾翼必须具备一定的尺寸条件才能获得满意的对风效果，即

$$A' = 0.16A\frac{e}{l} \tag{5.2}$$

式中：A' 为尾翼面积；A 为风轮扫掠面积；e 为转向轴与风轮旋转平面间的距离；l 为尾翼中心到转向轴的距离。尾翼偏航示意图见图 5.70。

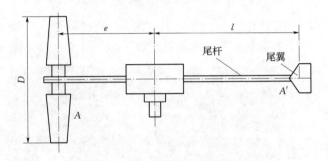

图 5.70　尾翼偏航示意图

5.6.1.2　侧轮偏航

侧轮偏航就是在机舱后边设计一个或两个低速风轮，侧轮与主轮轴线垂直或成一定角度，当风向偏离主轮轴线后，侧轮产生转矩，使主轮及机舱转动，直到主轮轴与风向重新平行为止，这种对风装置的优点是无需外力推动。

但对许多风电机组测试的结果表明：只使用单个侧轮时，由于机舱两侧气流不均衡，使来流吹向机舱的偏左或偏右方向时，侧轮的偏航灵活程度不一，导致偏航效率不高，见图 5.71（a）。较好的设计是采用两个侧轮分别安装在机舱后部，并且不与主风轮轴线垂直，而与主风轮轴成 70°～75°，以使风向变化时不论两边哪一个风轮都能获得其偏航所需的安全可靠的偏航动力，见图 5.71（b）。

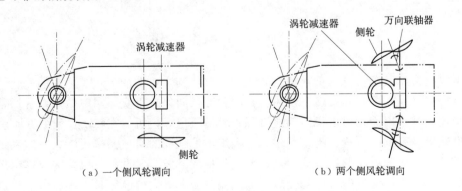

（a）一个侧风轮调向　　　　　　　　　　　（b）两个侧风轮调向

图 5.71　侧风轮偏航

5.6.1.3　下风向偏航

根据风轮的迎风方式，偏航可设计成上风型和下风型两种型式，一般大多为上风型。上风型风电机组都需要安装偏航装置，而下风型风电机组型风轮能自然地对准风向，因此下风向偏航一般不需要进行偏航控制，但不断变化的风向易使风轮左右摇摆，因而需要加装阻尼器，就是在随风转动的机舱下面的转盘上设置 2 对或 3 对对称的橡胶或尼龙摩擦块，摩擦块由可调弹簧压在转盘圆板的上、下外圆面上，摩擦块支座固定在塔架（筒）上。

5.6.2　主动偏航

5.6.2.1　电机偏航原理

对于大型风电机组，一般都采用电动机驱动的风向调节装置。偏航系统是一个随动系统，当风向与风轮轴线偏离一个角度时，控制系统经过一段时间的确认后，会控制偏航电动机将风轮调整到与风向一致的方位。该装置较复杂，属于主动偏航装置。它除了具备前几种偏航装置的使风轮跟踪风向的功能，而且当风电机组由于偏航作用，机舱内引出的电缆发生缠绕时，能够自动解除缠绕。

整个偏航系统由电动机、减速器、偏航齿轮、偏航轴承系统、偏航制动器、偏航计数器、偏航液压回路和扭缆保护装置等部分组成。偏航调节系统包括风向标和偏航系统调节软件。对应每一个风向风向标都有一个相应的脉冲输出信号，通过偏航系统软件确定其偏航方向和偏航角度，然后将偏航信号放大传送给电动机。这样，电动机以风向标作为偏航的信号来源，通过电子电路及继电器控制和接通电动机正转或反转来实现偏航。因电动机转速较高而偏航速度较低，还需要安装减速器以满足偏航所需要的速度。通过减速器转动风力机平台，直到对准风向为止。如机舱在同一方向偏航超过设定圈数时，则扭缆保护装置动作，自动执行解缆，当回到中心位置时解缆停止。

主动偏航系统结构见图 5.72，风电机组的机舱安装在旋转支撑上，而旋转支撑的内齿环与风电机组塔架（筒）用螺栓紧固相连，外齿环与机舱固定。偏航是通过两台与偏航内齿环相啮合的偏航减速器驱动的。在机舱底板上装有盘式刹车装置，以塔架（筒）顶部法兰为刹车盘。齿圈与偏航轴承做成一体，内齿圈、外齿圈组成偏航轴承。其偏航制动器与

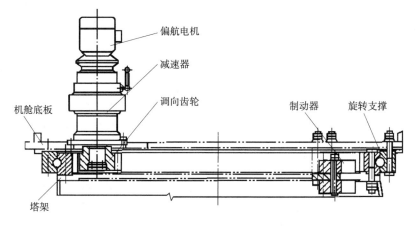

图 5.72　主动偏航系统结构

主传动制动器的区别在于不设置弹簧，偏航计数器为记录偏航系统旋转圈数的装置。偏航电动机及减速器见图 5.73。偏航系统安装图见图 5.74。偏航系统原理图见图 5.75。

图 5.73　偏航电动机及减速器　　　　　　图 5.74　偏航系统安装图

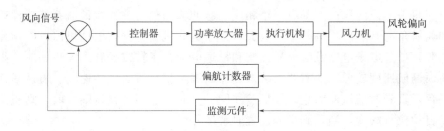

图 5.75　偏航系统原理图

5.6.2.2　偏航系统的技术要求

1. 电缆

为保证机组悬垂部分电缆不至于产生过度的扭绞而使电缆断裂失效，必须使电缆有足够的悬垂量，在设计上要采用冗余设计。电缆悬垂量的多少是根据电缆所允许的扭转角度确定的。

2. 阻尼

就偏航控制本身而言，对响应速度和控制精度并没有要求，但在对风过程中风电机组是作为一个整体转动的，具有很大的转动惯量，并因偏航过程中产生的振动而造成整机的共振。从稳定性考虑，需要设置足够的阻尼。阻尼力矩的大小要根据机舱和风轮质量的惯性力矩来确定，其基本的原则为确保风电机组在偏航时动作平稳顺畅而不产生振动。

3. 解缆和扭缆保护

解缆和扭缆保护是风电机组的偏航系统所必须具有的主要功能。偏航系统的偏航动作会导致机舱和塔架（筒）之间的连接电缆发生扭绞，所以在偏航系统中应设置与方向有关的计数装置或类似的程序对电缆的扭绞程度进行检测。一般对于主动偏航系统来说，检测装置或类似的程序应在电缆达到规定的扭绞角度时（如偏航 720° 或 1080°），控制器报告故障，风电机组将停机，并自动进行解缆处理（偏航系统按扭绞的反方向偏航 720° 或 1080°），解缆结束后，故障信号消除，控制器自动复位。有多种方式可以监视电缆缠绕情况，除了在控制软件上编入偏航计数程序外，一般在电缆处直接安装传感器，最简单的传感器是一个行程开关，将其触点与电缆束连接，当电缆束随机舱转动到一定程度时即拉动开关。对于被动偏航系统检测装置或类似的程序应在电缆达到危险的纽绞角度之前禁止机舱继续同向旋转，并进行人工解缆。

4. 偏航计数器

偏航系统中都设有偏航计数器，偏航计数器的作用是记录偏航系统所运转的圈数，当偏航系统的偏航圈数达到计数器的设定条件时，则触发自动解缆动作，机组进行自动解缆并复位。计数器的设定条件是根据机组悬垂部分电缆的允许扭转角度来确定的，其原则是要小于电缆所允许扭转的角度。偏航计数器安装图见图 5.76。

5. 偏航制动器

采用齿轮驱动的偏航系统时，为避免因振荡的风向变化而引起偏航轮齿产生交变载荷，应采用偏航制动器（或称偏航阻尼器）来吸收微小自由偏转振荡，防止偏航齿轮的交变应力引起轮齿过早损伤。对于由风向冲击叶片或风轮产生偏航力矩的装置，应经试验证实其有效性。偏航制动器见图 5.77。

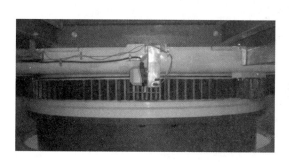

图 5.76　偏航计数器安装图

图 5.77　偏航制动器

6. 偏航液压系统

并网型风电机组的偏航系统一般都设有液压装置，液压装置的作用是拖动偏航制动器松开或锁紧。一般液压管路应采用无缝钢管制成，柔性管路连接部分应采用合适的高压软管。连接管路连接组件应通过试验保证偏航系统所要求的密封和承受工作中出现的动载荷。液压元器件的设计、选型和布置应符合液压装置的有关具体规定和要求。液压管路应能够保持清洁并具有良好的抗氧化性能。液压系统在额定的工作压力下不应出现渗漏现象。

7. 其他

偏航系统还必须有润滑、密封等措施，以保证系统能够长期稳定运行。

5.6.2.3　偏航系统的结构

偏航轴承齿轮通常有内齿形式或外齿形式两种。外齿形式是轮齿位于偏航轴承的外圈上，加工相对来说比较简单。内齿形式是轮齿位于偏航轴承的内圈上，啮合受力比较好，结构紧凑，见图 5.78。

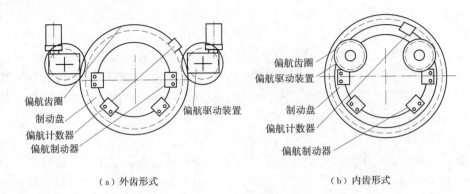

（a）外齿形式　　　　　　　　　　　　　（b）内齿形式

图 5.78　偏航系统驱动结构

偏航轴承和齿轮的结构如图 5.79 所示。

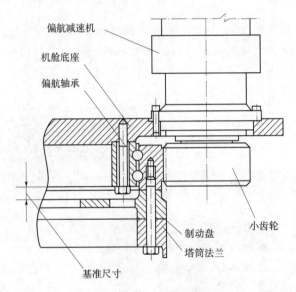

图 5.79　偏航轴承和齿轮的结构

1. 偏航驱动

偏航驱动用在对风、解缆时，驱动机舱相对于塔筒旋转，一般为驱动电机或液压驱动单元安置在机舱中，通过减速机驱动输出轴上的小齿轮，小齿轮与固定在塔筒上的大齿轮啮合，驱动机舱偏航。啮合齿轮可以在塔筒外，也可以在塔筒内。为了节省空间，方便塔筒与机舱间人行通道，一般采取塔筒外的安置方式。

2. 偏航制动

偏航制动的功能是使偏航停止，同时可以设置偏航力矩的阻尼力矩，以使机舱平稳转动。偏航制动装置由制动盘和偏航制动器组成。制动盘固定在塔架上，偏航制动器固定在机舱座上，偏航制动器一般采用液压驱动的钳盘式制动器，由于在偏航运动和偏航制动过程中总有液压存在，属于主动制动。所以，在偏航制动器中一般不设置弹簧，这是偏航制动器和主传动制动器的区别所在。

制动器应设有自动补偿机构，以便在制动补块磨损时自动补偿，保证制动力矩和偏航阻尼力矩的稳定。

5.6.2.4 偏航系统的控制

1. 偏航控制硬件

偏航系统的控制是由控制系统实现的。偏航控制器及其输入、输出信号见图 5.80。风轮偏角信号经放大和模数转换后，进入 CPU 进行处理，把得到的处理结果经过数模转换后输出，再经过功率放大驱动执行机构。如果要进行人工操作，可以通过人机互换平台。CPU 还可以与主控制器进行信号交换。

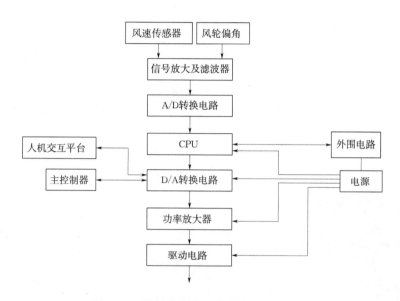

图 5.80 偏航控制器及其输入、输出信号

2. 偏航控制软件

偏航控制系统由于采用计算机控制，因此必须依赖控制软件。控制软件保证各种功能的实现。偏航控制主要包括风向标控制的自动偏航、90°侧风、自动解缆、顶部机舱控制偏航、面板控制偏航和远程控制偏航等功能，其控制流程见图 5.81。

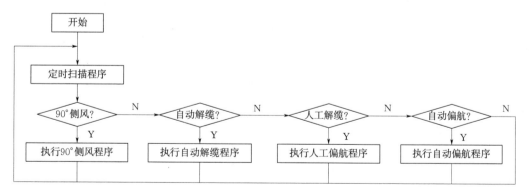

图 5.81 偏航系统工作流程

风向瞬时波动频繁，但幅度不大，通常设置一定的允许误差，如±15°，如果在此容差范围内，就可以认为是对风状态，风轮将保持既定方向。偏航控制主要实现如下功能：

（1）自动偏航功能。当偏航系统受到中心控制器发出的需要自动偏航信号后，连续3min 时间内检测风向情况，若风向确定，同时机舱不处于对风位置，松开偏航制动，启动偏航电动机运转，开始偏航对风程序，同时偏航计数器开始工作，根据机舱所要偏航的角度，使风轮轴线方向与风向基本一致。

（2）手动偏航功能。手动偏航控制包括顶部机舱控制、面板控制和远程控制偏航 3 种方式。

（3）自动解缆功能。自动解缆功能是偏航控制器通过检测偏航角度、偏航时间及偏航传感器，使发生扭转的电缆自动解开的控制过程。当偏航控制其检测到扭揽达到2.5～3.5 圈（可随意设置）时，若风电机组在暂停或启动状态，则进行解缆。若正在运行，则中心控制器将不允许解缆，偏航系统继续进行正常偏航对风跟踪。当偏航控制器检测到扭揽达到保护极限 3～4 圈时，偏航控制器请求中心控制器正常停机，此时中心控制器允许偏航系统强制进行解缆操作。在解缆完成后，偏航系统便发生解缆完成信号。

（4）90°侧风功能。风电机组 90°侧风功能是在风轮过速或遭遇切出风速以上的大风时，控制系统为了保证风电机组的安全，控制系统对机舱进行 90°侧风偏航处理。由于 90°侧风是在外界环境对风电机组有比较大影响的情况下为保证机组的安全所实施的措施，所以在 90°侧风时，应当使机舱走最短路径，且屏蔽自动偏航指令。在侧风结束后，应当抱紧偏航制动盘，同时当风向变化时，继续追踪风向的变化，确保风电机组的安全，其控制过程和自动偏航类似。

图 5.82　解缆传感器

3. 偏航传感器

（1）解缆传感器。解缆传感器用来限制风电机组电缆扭转的次数。它的齿轮与偏航轮啮合，当机舱和塔架相对转动时，可以将转动角度记录下来。解缆传感器是安全链的一部分，其结构型式见图 5.82。

（2）偏航方向传感器。偏航方向传感器是两个并排安放的接近开关，安装方式见图 5.83。判断偏航方向的方法见图 5.84。

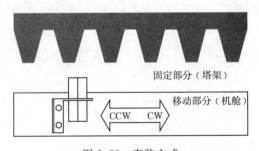

图 5.83　安装方式

具体方法通过并列安装在偏航轴承上的传感器 A 和传感器 B 实现方向判断，当传感器 A 首先接收到脉冲信号后，可以判断出偏航方向为从 A 向 B 旋转，反之亦然。

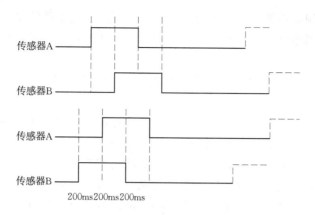

图 5.84　判断偏航方向的方法

习　题

5.1　风力机的叶片有别于其他结构产品的叶片（如汽轮机叶片、飞机叶片），请阐述其特点。

5.2　从历史角度看，叶片经历了几种不同材料及结构的叶片，请分别说明，并详细说明目前叶片主要使用型式。

5.3　风力机叶片数目有一支、两支、三支、四支及多支，而目前主要使用的型式为三支，请说明原因。

5.4　叶片轮毂型式目前主要有两种，请分别说明其特点及目前使用叶片型式的特点。（叶片）

5.5　一字型主传动型式是目前双馈式风力机采用的最多的型式，其型式包括哪些部件？

5.6　主轴半独立结构的轴承采用什么轴承型式？并解释原因和画出结构简图。

5.7　风力机主轴结构与普通传动轴有什么结构不同，为何采用如此结构，三点支撑是哪三点？

5.8　依据前期专业基础课所学的内容，说明行星齿轮系及平行齿轮系计算方法，并详细说明其中参数的含义。

5.9　齿轮箱的密封型式有接触式密封和非接触式密封，请说明各自密封的特点，且为何风力机增速箱采用非接触密封型式？

5.10　胀套式联轴器的结构特点，并标出配合位置的公差和主要受力在何处？（齿轮箱）

5.11　风力机机舱外部保护共包括几大部分，请说明其结构特点。

5.12　风力机塔架（筒）目前共有几种型式？并说明其适合哪种容量的风力机使用？

5.13　列表说明兆瓦级风力机塔架（筒）的结构组成，并说明其作用。（支撑系统）

5.14　机械制动系统在风力机传动系统中何处有使用，其中高速轴制动器主要有哪几种型式？

5.15　风力机制动系统根据原理分为哪两类？其中空气制动的主要作用是什么？

5.16　若风力机遇到紧急状态，如出现极限风速状态，风力机应该采取何种制动，说明制动顺序。（制动）

5.17　通过查阅资料说明，目前课本中所阐述的单独变桨与真正意义的单独变桨的区别。

5.18　说明液压变桨距与电动变桨的区别，其有什么优势，并说明为何如今的兆瓦级风力机不再使用液压变桨的原因？（变桨）

5.19　说明被动偏航主要型式有哪几种，请说明其特点。

5.20　风力机偏航制动可利用阻尼器来实现，但风力机阻尼器主要作用为何？

5.21　风力机偏航的一个主要作用为解缆，请说明风力机为何要进行解缆操作？

5.22　若您为风力机偏航制动系统的设计人员，您将如何设计偏航系统，请说明安装制动器个数、方式、位置。

5.23　请说明风力机在何时进行偏航工作，其目的是什么？（偏航）

第6章 风电机组

6.1 液 压 系 统

液压系统在风电机组中是不可缺少的一部分，在整个风电系统主要用于控制变桨距机构和机械制动，也用于偏航驱动与制动。其中液压油是液压系统的重要组成部分，其品质好坏直接关系到液压系统的性能。在每次对液压系统检测时都要对液压油进行检测，液压油达不到标准要求时，需要及时更换。

液压油选用原则为液压系统的液压油应该与生产企业指定的牌号相符，温度高选用黏度高的油液。更换液压油时，液压系统中的油液或添加到液压系统中的油液必须经常过滤，即使是初次用的新油也要过滤。在进行清洗过滤器和空气滤清器时，清洗前要确保电机未启动。故障排除和更换元件可以用现场维护人员来完成。

液压系统常见故障为

（1）出现异常振动和噪声。

（2）输出压力不足。

（3）油温过高。

（4）液压泵的启停太频繁。

6.1.1　基本元件

6.1.1.1　动力元件

液压系统是以液压泵作为向系统提供一定的流量和压力的动力元件，液压泵将原动机输出的机械能转换为工作液体的压力能，是一种能量转换装置。齿轮泵原图见图6.1；某齿轮泵外形图见图6.2。

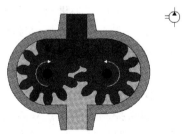

（a）外啮合式齿轮泵　　　　　　　　　　（b）内啮合式齿轮泵

图6.1　齿轮泵原理图

液压泵按结构与压力分类，其主要性能参数有压力、流量和排量、功率和效率等。

图 6.2　齿轮泵外形图

1. 压力

(1) 工作压力。液压泵实际工作时的输出压力。

(2) 额定压力。液压泵在正常工作条件下，按试验标准规定连续运转的最高压力。

(3) 最高允许压力。在超过额定压力的条件下，根据试验标准规定，允许液压泵短暂运行的最高压力值。

2. 流量和排量

(1) 排量。液压泵每转一周，由其密封容积几何尺寸变化计算而得的排出液体的体积。

(2) 理论流量。指在不考虑液压泵泄漏流量的条件下，在单位时间内所排出的液体体积。

(3) 实际流量。液压泵在某一具体工况下，单位时间内所排出的液体体积称为实际流量。

(4) 额定流量功率。指液压泵在正常工作条件下，按试验标准规定必须保证的流量。

3. 功率和效率

(1) 功率。液压泵的输出功率是指作用在液压泵主轴上的机械功率，输入功率指液压泵在工作过程中的实际吸、压油口间的压差和输出流量的乘积。

(2) 效率。指液压泵的实际输出功率与输入功率的比值，也等于输入功率与功率损失的差值与输入功率的比值。液压泵的功率损失有容积损失和机械损失两部分。

6.1.1.2　控制元件

在液压系统中，除需要液压泵供油和液压执行元件驱动工作装置外，还要配备一定数量的液压控制阀来对液流的流动方向、压力高低以及流量大小进行预期的控制，以满足负载的工作要求。控制元件的作用为控制压力、流量、方向以及进行信号转换和放大。

按用途液压控制阀可分为方向控制阀、压力控制阀和流量控制阀。

1. 方向控制阀

(1) 普通单向阀。控制油液的单向流动，见图 6.3。

(2) 液控单向阀。可通过控制口是否有压力油来控制单向还是双向流动。

(3) 换向阀。利用阀芯对阀体的相对运动，使油路接通，关断或变换油流的方向，从而实现液压执行元件及其驱动机构的启动、停止或变换运动方向，见图 6.4。

2. 压力控制阀

压力控制阀可分为溢流阀（其作用为定压、安全和卸载）、减压阀、顺序阀。其压力控制元件为压力继电器，见图 6.5 和图 6.6。

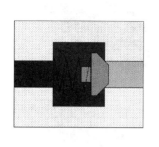

（a）原理图　　　　　　　　　　（b）外形图

图 6.3　单向阀原理图与外形图

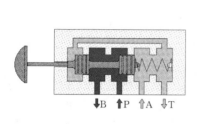

↓B ↑P ↑A ↓T

（a）原理图　　　　　　　　　　（b）外形图

图 6.4　换向阀原理图与外形图

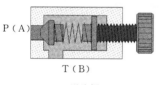

P（A）

T（B）

（a）溢流阀（1）

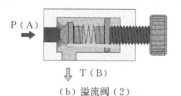

P（A）

↓ T（B）

（b）溢流阀（2）

图 6.5　压力控制阀原理图　　　　　　　　图 6.6　压力控制阀外形图

3. 流量控制阀

流量控制阀包括节流阀（其作用为节流调速、阻尼和压力缓冲）、调速阀、分流集流阀、电液比例阀（其原理为用比例电磁铁代替普通电磁换向阀电磁铁的液压控制阀）。它也可以根据输入电信号连续成比例地控制系统流量和压力，见图 6.7。

图 6.7　流量控制阀

6.1.1.3　执行元件

液压缸是液压系统中的执行元件，是将输入的液压能转化为机械能的能量装置，它可以方便地获得直线往复运动，见图 6.8。

图 6.8　液压缸

6.1.1.4　辅助元件

辅助元件主要作用为保证系统正常工作，其代表元件包括蓄能器、过滤器、油箱、功率器和密封装置等。

蓄能器的作用为应急油源、吸收压力脉动、减小液压冲击和辅助能源。过滤器的作用为保证液压油的清洁，其可分为表面型、深度型、磁性型。油箱可分为总体式和分体式。热交换器分为风冷式、水冷式和冷媒式。密封装置分为接触性密封和非接触性密封。

6.1.2　基本回路

基本回路就是能够完成某种特定控制功能的液压元件和管路的组合。

（1）压力控制回路，见图 6.9。

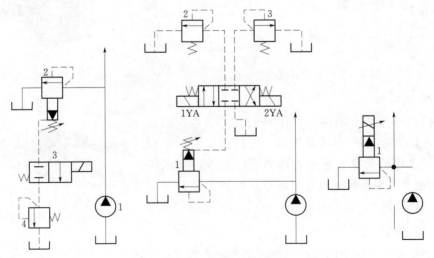

图 6.9　压力控制回路

（2）流量控制回路，见图 6.10。

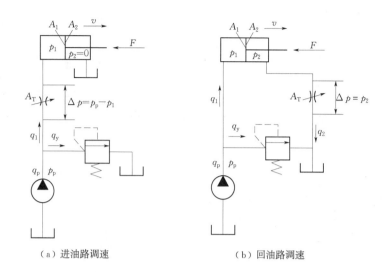

（a）进油路调速　　　　　　　（b）回油路调速

图 6.10　流量控制回路

6.1.3　风力机典型液压系统

风力机典型液压系统回路，见图 6.11。其中，风力机典型液压系统在停机时的状态图，见图 6.12。

图 6.11　液压系统回路

6.1.3.1　润滑系统

润滑与温度控制是风电机组零部件正常工作的必要条件，也是机组维护的重要内容。

1. 润滑

润滑可以分为手动润滑和自动润滑。手动润滑是人工定时定量向被润滑点加入润滑剂；自动润滑则可以由润滑系统自动完成润滑功能。

不同的润滑对象采用不同的润滑剂，主齿轮箱采用液体润滑油，轴承多采用半固体的润滑脂润滑。

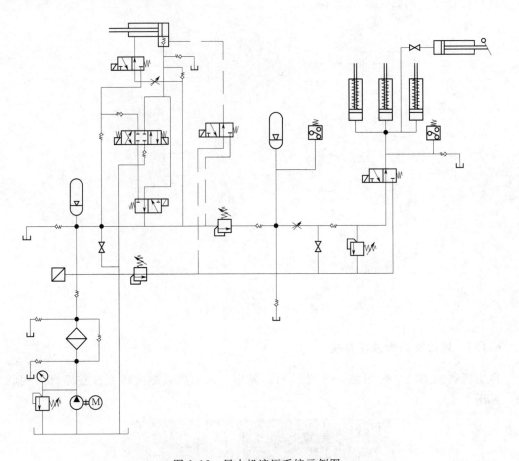

图 6.12　风力机液压系统示例图

（1）主齿轮箱的润滑。齿轮箱内常采用飞溅润滑或强制润滑，飞溅润滑是指输入轴大齿轮浸入在润滑油里，运行中飞溅起来的油也起到润滑作用。由于飞溅润滑用油量大，箱体体积大，散热条件差，所以一般常用强制润滑。

大功率风电机组的齿轮箱设有润滑油净化和温控系统，图 6.13 为一种典型结构。

电动机 1 驱动液压泵 2，将油液从齿轮箱底部经过单向阀 3 泵入过滤器 7，由齿轮箱驱动的液压泵 4 将油液通过单向阀 5 泵入过滤器，单向阀 3 和单向阀 5 的单项功能，保证了这两个液压泵能够独立或同时工作。为了防止系统压力过高对元器件造成损坏，溢流阀 6 作为安全阀使用。

过滤器采用多级过滤器精度的混合滤芯，在粗精度滤芯和高精度滤芯之间用单向阀 8 隔开，当油温较低时，由于油液黏度较高，通过高精度滤芯时产生的压降增大，当大于单向阀 8 的开启压力时，油也经过粗精度滤芯过滤后流过过滤器；随着温度的升高，通过精度滤芯时产生压降逐渐减小，单向 8 开口逐渐减小直到完全关闭（大约 10℃时），油液完全流过高精度滤芯。

采用这种结构的过滤器能够保证在任何情况下，进入齿轮箱的油液都是经过过滤的油液。

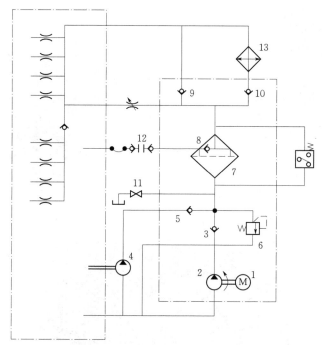

图 6.13 润滑油净化和温控系统

1—电动机；2、4—液压泵；3、5、8、9、10—单向阀；6—溢流阀；

7—过滤器；11—截止阀；12—放气接头；13—冷却器

油液经过过滤后，由单向阀 9 和 10 来分配其是直接进入齿轮箱或是经过冷却器 13 后进入齿轮箱。当油温较低时，由于黏度过大，通过冷却器的压差增大，当压差大于单向阀 9 的开启压力时，大部分油液通过单向阀 9 直接进入齿轮箱；同时仍有一小部分油液进入冷却器，这部分油液是从齿轮箱里流出的温度逐渐升高的油液，它逐渐将冷却器及连接管路中无法加热的油液替换出来，这就保证了冷却器里无论温度如何始终有油流过，避免了冷却器内冷热油流的突然切换，因为这样会导致冷却器内的压力出现剧烈升高。

截止阀 11 的作用是在更换滤芯时将过滤器壳体内的油液排出。过滤器有压差发讯器，当滤芯堵塞严重时，会发出信号，此时应更换滤芯。放气接头 12 的作用是尽可能将系统中的气泡排除，防止其进入润滑部位产生危害，同时能够降低齿轮箱噪声。

为了解决低温下启动时润滑油凝固问题，有的润滑油净化和温控系统设有油加热装置。常见的油加热装置是电热管式的，装在油箱底部。在低温状况下启动时，利用加热器加热油液后再启动机组，以避免因油的流动性不良而造成润滑失效，损坏齿轮和传动件。

润滑油净化和温控系统可以实现自动控制。机组每次启动，在齿轮箱运转前先启动润滑油泵，待各个润滑点都得到润滑后，间隔一段时间方可启动齿轮箱。同时，为保证润滑油的物理性能和化学性能需要润滑油净化装置。图 6.14 为齿轮箱润滑油净化装置外形图。

润滑油系统中的冷却器常用风冷式的，冷却风扇见图 6.15。风冷却器常放置在齿轮箱顶部，见图 6.16。

图 6.14 齿轮箱润滑油净化装置外形图

图 6.15 冷却风扇

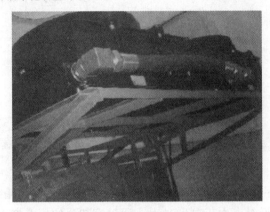

图 6.16 风冷却器安装

（2）主轴与发电机轴承的润滑。主轴与发电机轴承多采用自动润滑方式。可以实现自动定时、定量供油。图 6.17 为主轴承润滑系统。

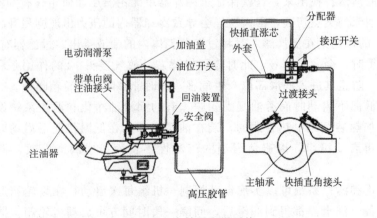

图 6.17 主轴承润滑系统

由图可见润滑系统由润滑油泵、安全阀、接近开关、高压胶管和分配器等元件组成，采用两个润滑点润滑主轴承。润滑油泵将油脂送往分配器。分配器可以将油脂以合适比例均匀分配到每个润滑点。如果发生堵塞，油脂可以从安全阀溢出。溢出的油脂送回泵内，避免环境污染。

为保证自动润滑系统对每个自动润滑点润滑，系统配套有带监控功能的循环监测开关，可以对整套润滑系统运转是否正常进行监控，以避免意外事故的发生，保证润滑点能正常定时、定量地得到润滑。当油箱里的油脂过少时，需要补充新的油脂，润滑泵自带油脂控制开关，可以监测油箱内油脂的多少，当无油脂时，系统将报警。

发电机轴承的润滑系统与主轴承润滑系统相似。

（3）变桨距与偏航系统的润滑。这里首先介绍电变距的情况下，变桨距系统的自动润滑系统。

变桨距部分系统分三套，每一套对应一个叶片。与主轴承润滑系统相比，除轴承的润滑点增加外，分配器变成两段。还有两个润滑点连接一个润滑小齿轮，用以润滑变桨距内齿圈，图 6.18 所示为变桨距机构润滑系统。

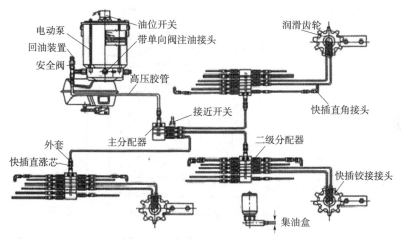

图 6.18　变桨距机构润滑系统

变桨减速机的润滑方式一般是浸油润滑加油脂润滑。减速机中加入润滑油液，而在减速器的输入轴、输出轴处，分别有润滑脂孔用于润滑轴承，见图 6.19。

偏航机构的润滑系统与变桨距机构润滑系统类似，只是仅有一套机构。偏航齿圈的润滑也采用小齿轮啮合的润滑方式。图 6.20 所示是润滑小齿轮对偏航外齿圈的自动润滑。

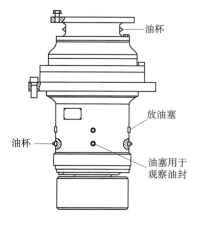

图 6.19　变桨减速机

图 6.20　偏航外齿圈的自动润滑

由于偏航动作发生的频率较低，也有的风电机组不采用集中自润滑系统，而是用手动定期加注润滑油脂的方式进行润滑。

2. 温度控制

主齿轮箱的温控问题已在前文介绍，这里介绍其他主要部件的冷却与加热方式。

（1）发电机的冷却。发电机一般为全封闭式的，其散热条件比开启式电机要差许多，发电机大多由内部设置的风扇进行冷却。发电机正常使用时，部件温度限值如下：

1）绕组。B级：报警125℃，跳闸135℃；F级：报警150℃，跳闸170℃。

2）轴承。报警90℃，跳闸95℃。

图6.21所示是采用水冷的发电机。冷却水管道布置在定子绕组周围，通过水泵与外部散热器进行循环热交换。冷却系统不仅直接带走发电机内部的热量，同时通过热交换器带走齿轮润滑油的热量，有效地提高了发电机的冷却效果。

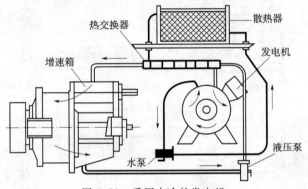

图6.21　采用水冷的发电机

（2）变流器的温控。大功率变流器通常加设专门的温度控制系统，变流器中的冷却液可以借助于液压泵进行循环，同时根据环境温度对润滑液加热或冷却。润滑液是否通过冷却器由二位三通阀控制。图6.22为变流器温控系统原理图。

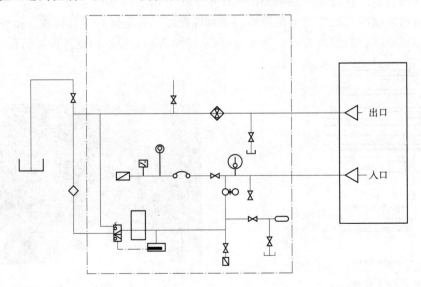

图6.22　变流器温控系统原理图

变流器的冷却属于冷媒冷却，防冻冷媒一般是在纯净水中加入乙二醇及专用防腐剂。

图 6.23 是变流器温控系统外形图和用于变流器冷却的 VDF（可蒸发非导电媒质）冷却系统。该系统具有功率密度大、重量轻、结构紧凑等优点。

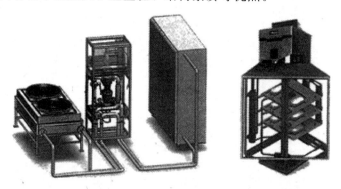

图 6.23　变流器温度控制系统外形图及 VDF 冷却系统

（3）变压器的冷却。按冷却方式分，变压器有油浸式变压器和干式变压器。油浸式变压器又分为油浸自冷式、油浸风冷式和强迫油循环式等三种。油浸自冷式是依靠油的自然对流带走热量。油浸风冷式是在油浸自冷的基础上，另加风扇给油箱壁和油管吹风。强迫油循环式是用液压泵将变压器中的热油抽到变压器外的冷却器中冷却后再送回变压器。

干式变压器冷却系统见图 6.24，也属于冷媒冷却。冷却系统的两个循环为空气在变压器壳体中循环和作为冷媒的液体在管道中循环。塔筒外的风扇是吹风，塔筒内的风扇是吸风。

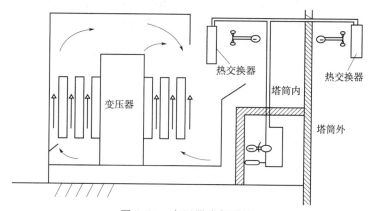

图 6.24　变压器冷却系统

（4）液压系统的温控。液压系统的油箱上设有温度传感器。一般来说，温度过高是由于通风不畅或系统故障，环境温度过高可以加冷却器，环境温度过低时应该加加热器，否则由于在低温下油液黏度过高，启动时可能造成液压元件损坏。

6.1.3.2　液压制动

由于液压系统制动过程平稳，同时液压力在同等机械装备下可提供较大的制动力，因此多数机械制动均采用液压制动，风电机组也不例外，图 6.25 为液压系统制动及液压变桨图。

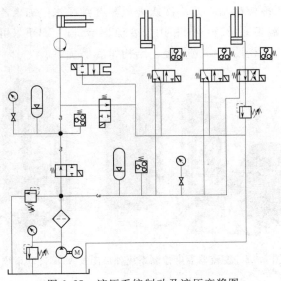

图 6.25　液压系统制动及液压变桨图

6.1.3.3　液压变桨

在早期风电机组中多数采用液压系统进行变桨，图 6.25 的制动系统同时又具有变桨距作用，其中部分液压元件作用还有着特殊的作用。

（1）蓄能器作用。当主油路断开时，由蓄能器储存的能量提供压力，使叶尖扰流器与叶片保持一致。

（2）突开阀作用。当风速超过切出风速时，突开阀自动换向，系统的压力被释放，叶尖扰流器脱离叶片，实现紧急刹车保证机组的运行安全性。

（3）压力继电器作用。监测刹车油缸的压力大小，保持油缸中压力稳定，使刹车装置安全可靠。

当风速达到切入风速时，风力机开始进行开桨动作，图 6.26 为通过液压系统变桨风力机的液压变桨开桨图，图 6.27 为液压变桨顺桨图。

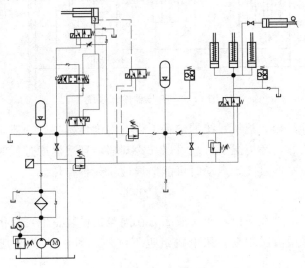

图 6.26　液压变桨开桨图

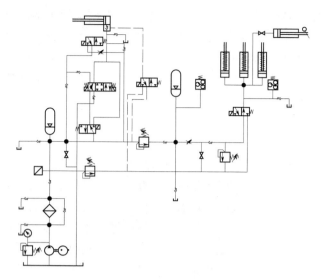

图 6.27　液压变桨顺桨图

6.2　安全保护系统

风电机组属于独立运行的大型发电设备，控制系统是风电机组的核心部件，它除了需要对风电机组发电运行过程进行有效控制外，对机组的有效保护也是控制系统的重要内容。为了提高机组的运行安全性，大型风电机组都设计了完善的安全保护系统。

6.2.1　系统设计

根据风电机组控制系统的发电、输电、运行控制等不同环节的特点，一般对于风电机组保护系统分为三个保护等级，见图 6.28。

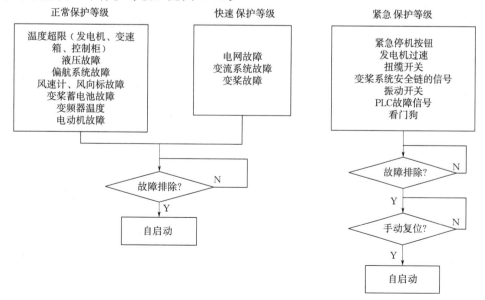

图 6.28　风电机组三级保护系统图

第一级为正常保护等级，当发生此类事件时风电机组执行正常停机程序。第二级为快速保护等级，当发生此类事件时系统执行快速停机程序。第三级为紧急保护等级，当发生此类事件时系统启动紧急停机程序。其中，第一级和第二级保护发生后若检测到系统已恢复正常可以自动启动风电机组，但若发生第三级保护事件，系统不能自启动，必须进行手动复位安全链回路，方能重新启动系统。

6.2.2 安全链系统

紧急保护等级即为安全链系统保护。风电机组安全链是独立于计算机系统的软硬件保护措施，在设计中采用反逻辑设计，即将可能对风力机组造成严重损害的故障节点串联成一个回路。一旦其中一个节点动作，将引起整条回路断电，机组进入紧急停机过程，并使主控系统和变流系统处于闭锁状态。如果故障节点得不到恢复，整个机组正常的运行操作都不能实现。同时，安全链也是整个机组的最后一道保护，它处于机组的软件保护之后。安全系统由符合国际标准的逻辑控制模块和硬件开关节点组成，它的实施使机组更加安全可靠。

1．设计原则与要求

（1）风电机组发生故障、运行参数超过极限值而出现危险情况或控制系统失效，风电机组不能保持在它的正常运行范围内，则应启动安全保护系统，使风电机组维持在安全状态。

（2）安全保护系统的设计应以失效—安全为原则。

（3）安全保护系统的动作应独立于控制系统。

以某双馈型风电机组为例，风电机组安全链系统见图6.29，其中包括紧急停机按钮、风轮超速、发电超速、扭缆开关、变桨系统故障、振动开关、计算机故障（看门狗开关）等。其中任意一个节点动作都将引起整个回路断电，机组进入紧急停机状态，并引起主控系统安全链、变流系统安全链、偏航系统安全链和变桨安全链失电闭锁。

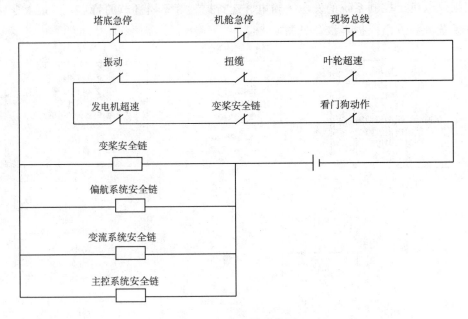

图6.29 安全链系统图

安全链打开后风电机组不能自启动，只能通过手动复位来解锁控制系统。安全链的基本功能有运行管理功能和安全保护功能。

2. 安全保护的内容

（1）超速保护。超过额定转速的110%正常停机。

（2）电网保护。风电机组离开电网将无法工作，执行紧急停机程序。

（3）电气保护，其内容有过电压保护、感应瞬时保护、机械装置保护和控制器保护。

6.2.3 接地保护

电气设备的任何部分与土壤间作良好的电气连接称为接地，与土壤直接接触的金属体称为接地体。连接接地体与电气设备之间的金属导线称为接地线，接地线和接地体合称为接地装置。

为了保证电气设备的安全运行，将电气设备的一点接地，如把变压器的中性点接地，称为工作接地。工作接地的作用是降低人体的接触电压，迅速切断故障设备，降低电气设备和电力线路设计的绝缘水平。

为了防止由于绝缘损坏而造成触电危险，把电气设备不带电的金属外壳、控制板接地，称为保护接地。保护接地的作用是一旦电气设备的绝缘击穿，可将其外壳对地电压限制在安全范围以内，防止人身触电事故。

某些电气设备应保护接零，其作用是电气设备的绝缘一旦击穿，会形成阻抗很小的短路回路，产生很大的短路电流，促使熔体在允许时间内切断故障电路，以免发生触电伤亡事故。

电气设备接地的一般原则是：

（1）保证人身和设备安全，机组电气设备应接地，三线制直流回路的中性点应直接接地。

（2）应尽量利用一切金属管道及金属构件作为自然接地体，但不可作为输雷通道。

（3）不同用途和不同电压的电气设备一般应使用一个总的接地体，而接地电阻要以其中要求最小的电阻为准。

（4）当受条件限制，电气设备实行接地困难时，可设置操作和维护电气设备用的绝缘台。

（5）低压电网的中性点可直接接地或不直接接地，但380/220V低压电网的中性点必须直接接地。

（6）中性点直接接地的低压电网，应装设能迅速自动切除接地短路故障的保护装置。

（7）防雷器与放电间隙，应与被保护设备的外壳共同接地。

（8）避雷通道或避雷线与管形防雷器共同接地。

（9）建议接地线圆钢直径为10mm，扁钢为25mm×4mm。

（10）在中性点直接接地的低压电网中，电气设备的外壳进行保护接零。由同一发电机、同一变压器或同一段母线供电的低压线路，不宜同时采用接零、接地两种保护方式；当全部电气设备都进行保护接零有困难时，可同时采用接零、接地两种保护方式，但不接零的设备和线段应装设自动保护切除接地故障的装置。

接地体可分为人工接地体和自然接地体。接地装置应充分利用与大地有可靠连接的自然接地体—塔筒和地基，但为了可靠接地，可利用人工接地体与塔筒和地基相连组成接地网，同时必须安装绕线环和接地棒等接地保护装置，这样具有较好的防雷电和大电流、大电压的冲击能力。

人工接地体不应埋设在垃圾、炉渣和强烈腐蚀性土壤处，埋设时接地体深度不小于0.6m，垂直接地体长度应不小于 2.5m，埋入后周围要用新土夯实。

接地体连接应采用搭接焊。采用扁钢时，搭接长度为扁钢长度的 2 倍，并由 3 个邻边施焊；采用圆钢连接时，搭接长度为圆钢直径的 6 倍，并由两面施焊。接地体与接地线连接，应采用可拆卸的螺栓连接，以便测试电阻。

当地下较深处的土壤电阻率较低时，可采用深井或深管式接地体，或在接地坑内填入化学降阻剂。

6.2.4　避雷系统

风电机组都是安装在野外广阔的平原地区，风力发电设备高达几十米甚至上百米，导致其极易被雷击并直接成为雷电的接闪物。由于机组内部结构非常紧凑，无论叶片、机舱还是尾翼受到雷击，机舱内的电控系统等设备都可能受到机舱的高电位反击。实际上，对于处于旷野之中高耸物体，无论怎样防护，都不可能完全避免雷击。因此，对于风电机组的防雷来说，应该把重点放在遭受雷击时如何迅速将雷电流引入大地，尽可能地减少由雷电导入设备的电流，最大限度地保障设备和人员的安全，使损失降到最小的程度。

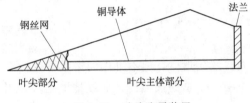

图 6.30　叶片防雷装置

1. 叶片防雷装置

雷击造成叶片损坏的机理是雷电释放巨大的能量，使叶片结构温度急剧升高，分解气体高温膨胀，压力上升造成爆裂破坏。风电机组的叶片中，有的叶片并没有设置内部导电体或进行表面金属化处理，仅是纯粹的玻璃增强塑料结构或木结构。运行经验表明，这种叶片受到雷击通常是灾难性的。因此，应在叶片物理设计上采取一定的防雷措施，以减小叶片遭受雷击时的损伤，如图 6.30 所示。

2. 机舱防雷装置

如果叶片采取了防雷保护措施，也就相当于实现了对机舱的直击雷防护。虽然如此，也需要在机舱尾部设立避雷针，并与机架紧密连接。对由非导电材料制成的机舱中的控制信号等敏感的线路部分都应有效屏蔽，屏蔽层两端都应与设备外壳连接。

3. 电控系统防雷装置

风力发电机的交流电源通常是由供电线路由电网直接引入，当雷击于电网附近或直击于电网时，会在线路上产生过电压波，这种过电压波通过交流系统传入风电设备，会造成电子设备的损坏。

电控系统的防雷保护主要包括配电变压器、电源、信号电路及通信线路的保护。配电变压器是风力发电机供电系统的重要设备，对配电变压器的防雷一方面可以防止变压器本身受到雷电过电压的破坏，另一方面可以有效防止雷电过电压通过变压器传播到建筑物内的电源系统。

对于电源及信号传输电路的保护一般包含泄流和钳位两个基本环节。第一级作为泄流环节，主要用于旁路泄放暂态大电流，将大部分暂态能量释放掉。第二级作为钳位环节，将暂态过电压限制到被保护电子设备可以耐受的水平。

4. 接地保护装置

良好的接地是保证雷击过程中风电机组安全的必备条件。由于风电场通常会布置在山地且范围非常大，而山地的土壤电阻率一般较高，因此按照一般电气设备的接地方式设计风电机组的接地系统显然不能满足其安全要求。风电机组基础周围事先都要布置一小型的接地网，它由 1 个金属圆环和若干垂直接地棒组成，但这样的接地网很难满足接地电阻须小于 4Ω。

6.2.4.1 系统构成要素

雷电对风机的危害方式有直击雷、雷电感应和雷电波侵入 3 种。外部防雷系统由接闪器、引下导线、接地装置等组成，缺一不可。

1. 接闪器

直接接受雷击，以及用作接闪的器具、金属构件和金属层面等，称为接闪器。功能是把接引来的雷电流，通过引下导线和接地装置向大地中泄放，保护风力机免受雷害。接闪器可以有以下几种组合供选择：①独立避雷针；②架空避雷线或架空避雷网；③直接装设在风力机上的避雷针、避雷带或避雷网。

2. 引下导线

连接接闪器与接地装置的金属导体称为引下导线。在腐蚀性较强场所，还应加大截面积或采取其他防腐措施。

3. 接地装置

将电子、电气及电力系统的某些部分与大地相连接称为接地。避雷针、避雷线等避雷器都需要接地，以把雷电流泄入大地，这就是防雷接地。典型的避雷针的接地装置，见图 6.31。

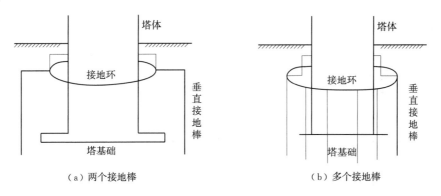

（a）两个接地棒　　　　　　　　　　（b）多个接地棒

图 6.31　风电机组的典型接地装置

6.2.4.2 部件防雷措施

风力发电机组因雷击而损坏的主要部件是叶片、机舱及其内各部件、电控系统等。来自德国的统计数据表明，风力机遭雷击的部件的维修费用（包括人工费、部件费和吊装费等）很高，其中叶片损坏的维修费用最昂贵。

1. 叶片防雷

叶片是风力发电机组中最易受直接雷击的部件，也是风力发电机组最昂贵的部件之一。因此，叶片的防雷击措施更显重要。全世界每年有 1‰～2‰的运行风力发电机组叶片遭受雷击，大部分雷击事故只损坏叶片的叶尖部分，少量的雷击事故会损坏整个叶片。对于具有叶尖气动刹车机构的叶片来说，可以通过更换叶片叶尖来修复。

图 6.32 叶尖部防雷接闪器结构

试验研究表明绝大多数的雷击点位于叶片叶尖的上翼面上，雷击对叶片造成的损坏取决于叶片的形式与制造叶片的材料及叶片的内部结构。如果将叶片与轮毂完全绝缘，不但不能降低叶片遭雷击的概率，反而会增加叶片的损坏程度。

由于瞬态电流不允许经过轴承等精密部件，故风轮叶尖和风速传感器保护装置主要叶尖处设有接闪器、风速传感器的避雷针和机舱外壳。其中叶尖处设有接闪器为主要防雷装置。

传统的叶片防雷装置主要由接闪器和引下导线组成。接闪器和引下导线常用的材料有铜、铝和钢等。通常将接闪器做成圆盘形状见图 6.32。将其嵌装在叶片的叶尖部，盘面与叶面平齐，接闪器与设置在桨叶本体内部并跨接桨叶全长的引下导体作电气连接。当桨叶叶尖受到雷击时，雷电流由接闪器导入引下导体，引下导体再将雷电流引入叶根部轮毂、低速轴和塔架（筒）等，最终泄入大地。如果叶片带叶尖刹车机构，钢丝绳既具有控制叶尖刹车的功能，也作为引下导线把雷击电流引导到轮毂处，见图 6.33。

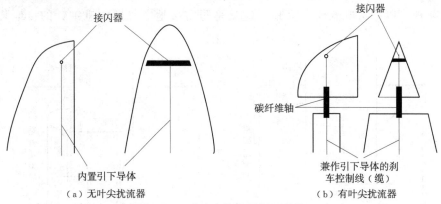

（a）无叶尖扰流器　　　　　　　　（b）有叶尖扰流器

图 6.33 叶片中的防雷引下导体

这种单接闪器的面积与整个桨叶叶面相比是很小的，因此很难保证接闪器是桨叶上的唯一雷击点，可能会有一部分雷电下行先导在桨叶表面上的非接闪器部位发生闪击，即桨叶叶尖以下的部位受到闪击，会引起桨叶材料的损伤。为了克服这一缺点，有些制造厂商在桨叶表面镶嵌一条金属带，这种金属带可以通过在桨叶表面上喷涂金属层或嵌装金属纤维编织网来设置，见图 6.34。有效地增强整个防雷装置对雷电下行先导的拦截效率。不过这种方法很难保证金属网带沿桨叶表面黏合的牢固性。

为此，一种较为实用的做法是在长桨叶上设置多个接闪器，各接闪器均与内置引下导体作电气连接，见图 6.35。这样可以大幅度地改善防雷装置对雷电下行先导的拦截性能，目前该做法在兆瓦级机组的桨叶上已投入实际应用。为了更为可靠地保护桨叶免受雷电伤害，有些制造厂商在长桨叶的前、后缘及两面中央等部位沿全长装设多条金属层，见图 6.36。

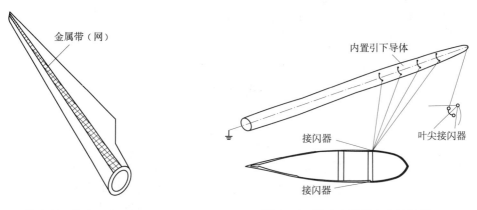

图 6.34　桨叶表面镶嵌一条金属网带　　　　图 6.35　桨叶上设置多个接闪器

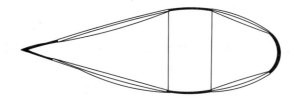

图 6.36　桨叶上设置多个金属层

2. 轴承防雷

轴承防雷的主要途径是在轴承前端设置一条与其并行的低阻通道，对于沿轴传来的雷电，常用导体滑环、铜质电刷和放电器等进行分流。如果单纯地采用这种电刷进行旁路分流，往往只能旁路分流走一部分雷电流。为此，可采用旁路分流和阻断隔离相结合的方式。在主轴承齿轮箱与机舱底板之间加装绝缘垫层以阻断雷电流从这些路径流过，并在齿轮箱与发电机之间加装绝缘联轴器，以阻断雷电流从高速轴进入发电机，这样就可以在很大程度上迫使雷电流从最前端的滑环旁路分流导入机舱底板和塔架（筒）。

3. 机舱及其内各部件防雷

在桨叶上采取了防雷措施后，实际上也能对机舱提供一定程度的防雷保护。通常，设置在桨叶上的接闪器和引下导体可以有效地拦截来自机舱前方和上方的雷电下行先导，但对于从机舱尾后方袭来的雷电下行先导则有可能拦截不到，因此，需要在机舱尾部设立避雷针，见图 6.37。机舱尾部避雷针：一方面可以有效地保护舱尾的风速风向仪；另一方面可以保护尾部机舱罩免受直接雷击。如果桨叶上没有采取防雷措施，则需要在机舱的前端和尾端同时设立避雷针，必要时在舱罩表面布置金属带和金属网，以增强防雷保护效果。有些机舱罩是用金属材料制成的，这相当于一个法拉第罩，可起到对舱内运行设备的屏蔽保护作用，但舱尾仍要设立避雷针，以保护风速风向仪。传动系统齿轮箱、发电机、钢架和机舱构成等位体，避免电压过高对部件的破坏。

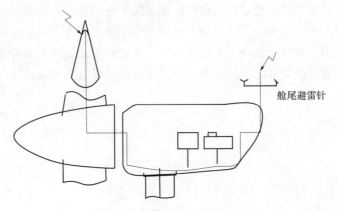

舱尾避雷针

图 6.37 机舱尾部设立避雷针

钢架机舱底盘为机舱内的各部件提供了基本保护，机舱内各部件与机舱底板作电气连接，某些设备需要绝缘隔离，不与机舱底板连接，如齿轮箱和发电机间的连接采用柔性绝缘连接，防止雷电流通过齿轮箱流经发电机和发电机轴承。但这些设备也要和接地电缆相连，接地电缆连接到机舱底盘的等电位体上以实现等电位，防止各设备和各部件之间在雷击时出现过大的暂态电位差而导致反击。

4. 电气控制系统防雷

雷电对风电机组的危害作用是多方面的，它不仅可以产生热效应和机械效应损坏机组部件，还可以产生暂态过电压损坏机组中的电气和电子设备。变压器输出端并联加装防雷器。风力发电机组电控系统的控制元件分别在机舱电气柜和塔底电控柜中，由于电控系统易受到雷电感应过电压的损害，因此电控系统的防雷击的保护一般采用以下措施：

(1) 电气柜的屏蔽。电气柜用薄钢板制作，可以有效地防止电磁脉冲干扰，在控制系统的电源输入端，出于暂态过电压防护的目的，采用压敏电阻或暂态抑制二极管等保护元件与系统的屏蔽体系相连接，可以把从电源或信号线侵入的暂态过电压波堵住，不让它进入电控系统。对于其他外露的部件，也尽量用金属封装或包裹。每一个电控柜用两截面积为 $16mm^2$ 的铜芯电缆把电气柜外壳连接到等电位连接母线上。

(2) 供电电源系统的防雷保护。对于 690V/380V 的风力发电机供电线路，为防止沿低压电源侵入的浪涌过电压损坏用电设备，供电回路应采用 TN-S 供电方式，保护线 PE 与电源中性线 N 分离。整个供电系统可采用三级保护原理：第 1 级使用雷击电涌保护器；第 2 级使用电涌保护器；第 3 级使用终端设备保护器。由于各级防雷击电涌保护器的响应时间和放电能力不同，各级保护器之间需相互配合使用。第 1 级与第 2 级雷击电涌保护器之间需要约 10m 长的导线，电涌保护器与终端设备保护器之间需要约 5m 长的导线进行退耦。

5. 测控线的保护

在变送器前段加装模拟信号防雷器或开关信号防雷器。

6. 地基防雷接地体

由垂直接地体和环形接地体组成。

6.3 发 电 设 备

发电系统是整个风电机组的重要组成部分，其结构也比较复杂。并且，对于不同类型的发电机，发电系统也各不相同。图 6.38 所示为双馈发电机发电系统简图。其中，发电机、变流器是发电和并网的核心部件，也是本章介绍的重点。变压器是常见的电器元件，将在本节中简要介绍。开关柜（又称并网柜）中包括进线出线母排、定子断路器、辅助电源变压器、定子电流互感器、总电流互感器、变频器输入熔断器和继电器等。

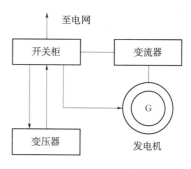

图 6.38 双馈发电机发电
系统简图

6.3.1 发电机

为了追求高的运行效率，风力发电技术向着大型化、并网型、变速恒频运行方式等技术发展。

6.3.1.1 异步发电机

异步发电机实际上是异步电动机工作在发电状态，其转子上不需要同步发电机的直流励磁，并网时机组调速的要求不像同步发电机那么严格，具有结构简单，制造、使用和维护方便，运行可靠及重量轻、成本低等优点，因此异步发电机被广泛应用在小型离网运行的风力发电系统和并网运行的定桨距失速型风电机组中。但是它也有缺点，在与电网并联运行时，异步发电机必须从电网吸取无功电流来励磁，这就使得电网功率因数变坏，也就是说异步发电机在发出有功功率的同时，需要从电网中吸收感性无功功率，因此异步发电机只具备有功功率的调节能力，不具备无功功率的调节能力。运行时，通常需要接入价格较贵、笨重的电力电容器进行无功功率补偿，经济性降低。

异步发电机的结构可分为笼型和绕线型。笼型由定子和转子组成。定子由铁芯和定子（励磁）绕组组成。转子铁芯由硅钢片叠成，槽中嵌入金属导条。铁芯两端用铝或铜端环将导条短接，转子不需要外加励磁，没有集电环和电刷。

绕线型异步发电机定子与笼型异步发电机相同，转子绕组电流通过集电环和电刷流入流出。发电时发电机转子的转速略高于旋转磁场的同步转速，并且恒速运行。

异步发电机的同步转速（旋转磁场转速）可表示为

$$n_1 = \frac{60 f_1}{p}$$

(6.1)

异步发电机是由于转子转速与旋转磁场不同步而命名，其不同步情况可通过转差率表示，其转差率为

$$s = \frac{n_1 - n}{n_1} \times 100\%$$

(6.2)

异步发电机的工作状态主要为：①当转子的转速小于同步转速（$n < n_1$）时电机中的电磁转矩为拖动转矩，电机从电网中吸收无功功率建立磁场，吸收的有功功率将电能转化为机械能；②当转子的转速大于同步转速（$n > n_1$）时电机中的电磁转矩为制动转矩，电

机从外部吸收无功功率建立磁场，风电机组将机械能转化为电能。

（1）定桨距并网运行的双速异步风力发电机。在固定参数下，异步发电机的电磁转矩 T_{em} 与转差率 s 的关系见图 6.39。异步发电机如果稳定运行，需处于 AB 段对应的转速范围内（稳定分析过程可参考电机学相关书籍）。实际上，异步发电机的转差率很小，只有几个百分点。在图 6.39 中，当高于同步转速 3%～5% 后，异步发电机将进入不稳定区。由定桨距风力机驱动的与电网并联运行的容量较大的异步风力发电机转速的运行范围在 $(1～1.05)n_1$ 之间。因此，可以近似理解为定桨距风力发电系统中运行的异步发电机是以稍高于三相定子电流旋转磁场速度运行的恒速电机。图 6.40 给出了定桨距恒速恒频运行的并网异步风力发电系统结构示意图。

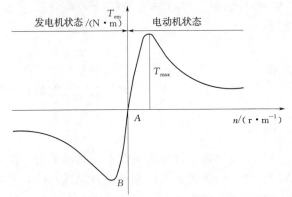

图 6.39　异步发电机的转矩—转速（转差率）特征曲线

图 6.40　定桨距恒速恒频运行的并网异步风力发电系统结构示意图

根据前面理论可知，风力机如果运行在最大效率下，当风速变化时，风轮转速（等效于发电机转速）必须和风速直接保持最优叶尖速比，因此必须根据风速来调整发电机的转速以匹配最优叶尖速比的要求。可是在风速变化的过程中，定桨距风力发电系统中使用的异步发电机只能运行在稍高于定子同步速的恒定速度上，因此风电机组运行过程中只是在某一风速下实现了最大风能捕获，而其他风速下效率不高。近年来，定桨距并网型风电机组为了提高低风速下机组运行时的效率，广泛采用双速发电机。双速异步发电机是指具有两种不同的同步转速（低同步转速及高同步转速）的电机。低风速时小电机运行，高风速时大电机运行，这样一方面可以提高风电机组的风能利用率。另一方面可以极大地减少机组的启/停次数，延长机组的使用寿命。如 600kW 定桨距风电机组一般设计成 6 极 150kW、同步转速为 1000r/min 和 4 极 600kW、同步转速为 1500r/min。750kW 风电机组设计成 6 极 200kW 和 4 极 750kW。显然，这种双速异步发电机并网运行时，需要功率控制系统控制小容量发电机和大容量发电机之间的切换问题。

双速发电机可通过以下三种改变电机定子绕组的极对数的方法实现。

1) 采用两台定子绕组极对数不同的异步电机,一台为低同步转速的,一台为高同步转速的。

2) 在一台电机的定子上放置两套极对数不同的相互独立的绕组,即双绕组的双速电机。

3) 在一台电机的定子上仅安置一套绕组,靠改变绕组的连接方式获得不同的极对数,即单绕组双速电机。

(2) 并网运行的转差可调的异步风力发电机。在并网运行的异步风力发电机中,有一种绕线转子异步发电机可以根据风速调节其转差率,从而改变发电机的转速,这种异步发电机称为转差可调的绕线转子异步电机,又称为转子电流控制异步发电机。它可以在一定的风速范围内以变化的转速运行,同时发电机输出额定功率。这种异步发电机之所以能够允许转差率有较大的变化,是通过由电力电子器件组成的控制系统调节绕线转子回路的串接电阻实现的。

6.3.1.2 同步发电机

在火力发电和水力发电系统中,利用三相绕组的同步发电机是最普遍的。对同步发电机来说,额定容量 S_n 是指出线端的额定视在功率,一般单位为 kVA、MVA。额定功率 P_n 是指发电机输出的额定有功功率,一般单位为 kW 或 MW。同步发电机的主要优点在于效率高,可以向电网或负载提供无功功率,且频率稳定,电能质量高。例如,一台额定容量为 125kVA、功率因数为 0.8 的同步发电机可以在提供 100kW 额定有功功率的同时,向电网提供 +75~-75kW 之间的任何无功功率值。它不仅可以并网运行,也可以单独运行,满足各种不同负载的需要。

同步发电机的结构由定子(由定子铁芯和三相定子绕组组成)、转子〔由转子铁芯和转子绕组(励磁)组成〕、集电环和转子轴组成,可分为凸极式和隐极式两种。由于需要励磁系统其使用直流发电机作为励磁电流的直流励磁系统或用整流装置将交流变成直流后供给励磁的整流励磁系统(大容量发电机)。

同步发电机在风力机的拖动下,转子(含磁极)以转速 n 旋转,旋转的转子磁场切割定子上的三相对称绕组,在定子绕组中产生频率为 f_1 的三相对称的感应电动势和电流输出,从而将机械能转化为电能。其特点为即可输出有用功率,也可提供无功功率,提高功率因数。同时发电机的转速必须恒定,需要精确的调速机构。

1. 恒速恒频方式运行的并网同步风力发电机

尽管同步发电机具有既可以调节有功功率,也可以调节无功功率的优点,然而,同步发电机要应用于风速随机变化,而没有电力电子变流器的风电场运行时,并不是很合适的机型。图 6.41 给出了定桨距恒速恒频运行的并网同步风力发电机系统结构示意图。因为同步发电机要求运行在恒定速度(即维持为同步转速 n_1)上,才能保持频率与电网相同。因此它的控制系统比较复杂,成本比异步发电机高。

由图 6.42 给出的风力驱动的同步发电机与电网并联情况可知,由于同步发电机没有经过变流器,直接和电网相连,当同步发电机并网运行后,发电机的电磁转矩对风力机来讲是制动转矩性质,因此不论电磁转矩如何变化,发电机的转速应维持不变(即维持为同步转速 n_1),以便维持发电机的频率与电网的频率相同,否则发电机将与电网解列。这就

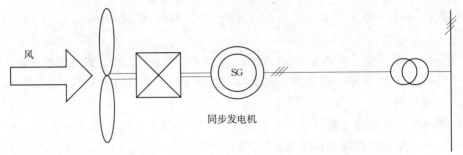

图 6.41　定桨距恒速恒频运行的并网同步风力发电系统结构示意图

要求这种风力发电系统的风力机必须配有精确的调速机构，当风速变化时，能维持发电机的转速不变，等于同步转速，这种风力发电系统的运行方式，称为同步发电机恒速恒频运行方式。

带有调速机构的同步风力发电系统的原理框图见图 6.42。

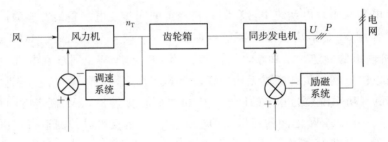

图 6.42　带有调速机构的同步风力发电系统的原理框图

调速系统是用来控制风力机转速（即同步发电机转速）及有功功率的，励磁系统是调控同步发电机的电压及无功功率的，图中 n_T、U、P 分别代表风力机转速、发电机的电压和输出功率。也就是说，在没有变流器的风力同步发电机系统中，同步发电机并网后，对发电机的电压、频率及输出功率必须进行有效控制，否则会发生失步现象。由于上述恒速恒频的发电系统对调速及电网的同步调节要求很高，在实际并网运行的风力发电系统中很少采用。

2. 变速恒频方式运行的并网同步风力发电机

（1）取消齿轮箱的变速恒频运行方式。如果同步发电机不直接连接电网，而是通过变流器后并入电网，这种运行方式为变速恒频（即风力机及发电机的转速随风速变化作变速运行，通过变流器保证输出的电能频率等于电网频率），此时风力机则不需要调速机构。如果省去齿轮箱传动机构，采用风轮直接驱动同步发电机进行变速恒频运行，则其相关内容将在后面的直驱发电机中进行讨论。

（2）带有齿轮箱的变速恒频运行方式。在变速恒频运行的并网同步风力发电机结构中，如果采用齿轮箱的传动机构，其结构示意图见图 6.43。和双馈异步风力发电系统相比，这种变速恒频运行方式需要全功率变流器，但没有了集电环，减少了维护成本。目前 GE 公司的 GEWE2.X 风力发电机组系列采用此种同步交流发电机的变速恒频运行方式。

图 6.43 具有齿轮箱的变速恒频运行的并网同步风力发电机系统结构示意图

6.3.1.3 双馈式异步发电机

近来，随着电力电子技术和微机控制技术的发展，双馈异步发电机（Doubly‐Fed Induction Generator，DFIG）广泛应用于兆瓦级大型有齿轮箱的变速恒频并网风力发电机组中。这种电机转子通过集电环与变频器（双向四象限变流器）连接，采用交流励磁方式。在风力机拖动下随风速变速运行时，其定子可以发出和电网频率一致的电能，并可以根据需要实现转速、有功功率、无功功率、并网的复杂控制。在一定工况下，转子也向电网馈送电能，与变桨距风力机组成的机组可以实现低于额定风速下的最大风能捕获及高于额定功率的恒定功率调节。图 6.44 为双馈异步发电机构成的变速恒频风力发电系统结构示意图。

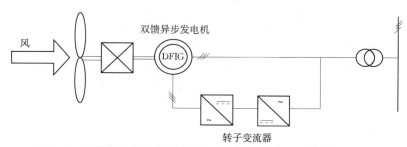

图 6.44 双馈异步发电机构成的变速恒频风力发电系统结构示意图

1. 结构及特点

双馈异步发电机又称交流励磁发电机，具有定、转子两套绕组。定子结构与异步电机定子结构相同，具有分布的交流绕组。转子结构带有集电环和电刷。与绕线转子异步电机和同步电机不同的是，转子三相绕组加入的是交流励磁，既可以输入电能，也可以输出电能。转子一般由接到电网上的变流器提供交流励磁电流，其励磁电压的幅值、频率、相位、相序均可以根据运行需要进行调节。由于双馈异步发电机并网运行过程中，不仅定子始终向电网馈送电能，在一定工况下，转子也可向电网馈送电能，即发电机从两端（定子和转子）进行能量馈送，"双馈"由此得名。

双馈异步发电机的结构组成为定子和转子（结构上带有集电环和电刷）与异步发电机相同。变流器（AC‐AC，AC‐DC‐AC，正弦波脉宽调制双向变流器）。其产生的电流由定子输出和转子通过逆变器输出组成。

其工作频率可得

$$f_1 = \frac{p}{60}n \pm f_2 \tag{6.3}$$

当发电机的转速 n 发生变化时，可通过调节 f_2 来维持 f_1 不变，以保证与电网频率相同。而双馈异步发电机运行时的功率可表示为

$$P_2 = P_{em} = (1-s)P_{em} + sP_{em} \tag{6.4}$$

式中：$(1-s)P_{em}$ 为定子输出的电能（有用功率）；sP_{em} 为转子输出/输入的功率（无功功率）。

双馈发电机在四象限运行过程中的能流关系有以下方面：

(1) 转子运行在亚同步的电动状态（$1>s>0$）。电动运行状态下，电磁转矩为拖动转矩，机械功率由电机输出给机械负载，转差功率回馈给转子外界电源。此时，发电机定子、转子均为用电状态。

(2) 转子运行于亚同步的定子回馈制动状态（$1>s>0$）。电磁功率由定子回馈给电网，机械功率由风力机输入电机，电磁转矩为制动性转矩。此时，定子为发电状态，转子为用电状态。

(3) 转子运行于与超同步速的电动状态（$s<0$）。电磁功率由定子输给电机，机械功率由电机输给负载，转差功率由电网输给负载，电磁转矩为拖动转矩。

双馈异步发电机发电系统由一台带集电环的绕线转子异步发电机和变流器组成，变流器有 AC-AC 变流器、AC-DC-AC 变流器等。

变流器为双向变流器，其工作方式为变流器控制转子电流的频率、幅值、相位和相序，从而实现与电网连接。当风力机运行在亚同步状态时，转子中的电流从电网流向转子绕组线圈。当风力机运行在超同步状态时，转子中的电流流向电网。

变流器完成为转子提供交流励磁和将转子侧输出的功率送入电网的功能。在双馈异步发电机中，向电网输出的功率由两部分组成，即直接从定子输出的功率和通过变流器从转子输出的功率（当发电机的转速小于同步转速时，转子从电网吸收功率；当发电机的转速大于同步转速时，转子向电网发出电功率）。在风电系统中应用的双馈异步发电机其外形大体可分为方箱空冷型和圆形水冷型。

双馈异步发电机兼有异步发电机和同步发电机的特性，如果从发电机转速是否与同步转速一致来定义，则双馈异步发电机应称为异步发电机，但该电机在性能上又不像异步发电机，相反其具有很多同步发电机特点。异步发电机是由电网通过定子提供励磁，转子本身无励磁绕组，而双馈异步发电机与同步发电机一样，转子具有独立的励磁绕组；异步发电机无法改变功率因数，双馈异步发电机与同步发电机一样可调节功率因数，进行有功功率和无功功率的调节。

实际上，双馈异步发电机是具有同步发电机特性的交流励磁异步发电机。相对于同步发电机，双馈型异步发电机具有很多优越性。与同步发电机励磁电流不同，双馈型异步发电机实行交流励磁，励磁电流的可调量为其幅值、频率和相位。由于其励磁电流的可调量多，控制上便更加灵活：调节励磁电流的频率，可保证发电机转速变化时发出电能的频率保持恒定；调节励磁电流的幅值，可调节发出的无功功率；改变转子励磁电流的相位，使转子电流产生的转子磁场在气隙空间上有一个位移，改变了发电机电动势相量与电网电压相量的相对位置，调节了发电机的功率角。所以交流励磁不仅可调节无功功率，也可调节有功功率。

2. 变速恒频运行的基本原理

根据电机学理论，在转子三相对称绕组中通入三相对称的交流电，将在电机气隙间产生磁场，此旋转磁场的转速与所通入的交流电的频率 f_2 及电机的极对数 p 有关，即

$$n_2 = \frac{60f_2}{p} \tag{6.5}$$

式中：n_2 为转子中通入频率为 f_2 的三相对称交流励磁电流后所产生的旋转磁场相对于转子本身的旋转速度，r/min。

从式（6.5）可知，改变频率 f_2，即可改变 n_2。因此，若设 n_1 为对应于电网频率 50Hz（$f_1=50$Hz）时发电机的同步转速，而 n 为发电机转子本身的旋转速度，只要转子旋转磁场的转速 n_2 与转子自身的机械速度 n 相加等于定子磁场的同步旋转速度 n_1，即

$$n + n_2 = n_1 \tag{6.6}$$

则定子绕组感应出的电动势的频率将始终维持为电网频率 f_1 不变。式（6.6）中，当 n_2 与 n 旋转方向相同时，n_2 取正值，当 n_2 与 n 旋转方向相反时，n_2 取负值。

将式（6.1）、式（6.5）代入式（6.6）中，则

$$\frac{np}{60} + f_2 = f_1 \tag{6.7}$$

式（6.7）表明不论发电机的转子转速 n 随风力机如何变化，只要通入转子的励磁电流的频率满足式（6.7），则双馈异步发电机就能够发出与电网一致的恒定频率的 50Hz 交流电。

由于发电机运行时，经常用转差率描述发电机的转速，根据转差率 $s = \frac{n_1 - n}{n_1}$，将式（6.7）中的转速 n 用转差率 s 替换，则

$$f_2 = f_1 - \frac{(1-s)n_1 p}{60} = f_1 - (1-s)f_1 = sf_1 \tag{6.8}$$

需要说明，当 $s < 0$ 时，f_2 为负值，可通过转子绕组的相序与定子绕组的相序相反实现。

通过式（6.8）可知，在双馈异步发电机转子以变化的转速运行时，控制转子电流的频率，可使定子频率恒定。只要在转子的三相对称绕组中通入转差频率 sf_1 的电流，双馈异步发电机可实现变速恒频运行的目的。

双馈异步发电机的功率传递关系。根据双馈异步电机转子转速的变化，双馈异步发电机可以有以下状态：

（1）亚同步状态。当发电机的转速 $n < n_1$ 时，由转差频率 f_2 的电流产生的旋转磁场转速 n_2 与转子方向相同，此时励磁变流器向发电机转子提供交流励磁，发电机由定子发出电能给电网。

（2）超同步状态。当发电机的转速 $n > n_1$ 时，由转差频率 f_2 的电流产生的旋转磁场转速 n_2 与转子转动方向相反，此时发电机同时由定子和转子发出电能给电网，励磁变流器的能量流向逆向。

（3）同步运行状态。当发电机的转速 $n = n_1$ 时，处于同步状态。此种状态下转差频率 $f_2 = 0$。这表明此时通入转子绕组的电流的频率 $f_1 = 0$，即励磁变流器向转子提供直流励磁，因此与普通同步发电机一样。

双馈异步发电机在亚同步及超同步运行时的功率流向，见图 6.45。

在不计铁耗和机械损耗的情况下，转子励磁双馈发电机的能量流动关系可以写为

$$\begin{cases} P_m + P_2 = P_1 + P_{cu1} + P_{cu2} \\ P_2 = s(P_1 + P_{cu1}) + P_{cu2} \end{cases} \tag{6.9}$$

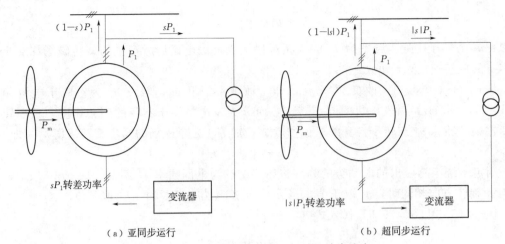

（a）亚同步运行　　　　　　　　　　　　　（b）超同步运行

图 6.45　双馈异步发电机运行时的功率流向

式中：P_m 为转子轴上输入的机械功率；P_2 为转子励磁变流器输入的电功率；P_1 为定子输出的电功率；P_{cu1} 为定子绕组铜耗；P_{cu2} 为转子绕组铜耗；s 为转差率。

当发电机的铜耗很小，式（6.9）可近似理解为

$$P_2 \approx sP_1 \tag{6.10}$$

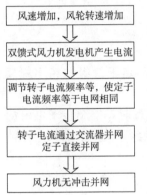

图 6.46　双馈式异步发电机并网流程图

转子上所带的变流器是双馈异步发电机的重要部件。根据式（6.10）可知，双馈异步发电机构成的变速恒频风力发电系统，其变流器的容量取决于发电机变速运行时最大转差功率。一般双馈电机的最大转差率为 $\pm(25\% \sim 35\%)$，因此变额器的最大容量仅为发电机额定容量的 $1/3 \sim 1/4$，能较多地降低系统成本。目前，现代兆瓦级以上的双馈异步风力发电机的变流器，多采用电力电子技术的 IGBT 器件及 PWM 控制技术。

双馈式异步发电机的并网过程，见图 6.46。双馈式风力机的优点有通过调节励磁电流，实现变速运行下的恒频及功率调节，只有电流频率通过变流器，变流器容量减小，系统具有很强的抗干扰性和稳定性。其缺点为电刷和集电环降低可靠性。

6.3.1.4　直驱式发电机

风力机是低速旋转机械，一般运行在每分钟几十转，而发电机要保证发出 50Hz 的交流电，如采用 4 级发电机，其同步转速为 1500r/min，所以大型风电机组在机与交流发电机之间装有增速齿轮箱，借助齿轮箱提高转速。如果风力发电系统取消增速机构，采用风力机直接驱动发电机，则必须应用低速交流发电机。

直驱式风力发电机是一种由风力直接驱动的低速发电机。采用无齿轮箱的直驱发电机虽然提高了发电机的设计成本，但却有效地提高了系统的效率以及运行可靠性，可以避免增速箱带来的诸多不利，降低了噪声和机械损失，从而降低了风电机组的运行维护成本，这种发电机在大型风电机组中占有一定比例。因发电机工作在较低转速状态，转子极对数较多，故发电机的直径较大、结构也更复杂。为保证风电机组的变速恒频运行，发电机定子需通过全功率变流器与电网连接。目前在实际风力发电系统中多使用低速多极永磁发

机。图 6.47 给出了直驱型变速恒频风力发电系统的结构示意图。

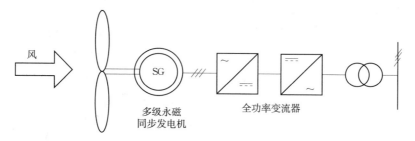

图 6.47　直驱型变速恒频风力发电系统的结构示意图

1. 低速永磁直驱发电机的特点

（1）发电机的极对数多。根据电机理论知，交流发电机的转速 n 与发电机的极对数 p 及发电机发出的交流电的频率 f 有固定的关系，即

$$p = \frac{60f}{n} \tag{6.11}$$

当 $f=50\mathrm{Hz}$ 时，如若发电机的转速越低，则发电机的极对数应越多。从电机结构知，发电机的定子内径 D_i 与发电机的极数 $2p$ 及极距 τ（沿电枢表面相邻两个磁极轴线之间的距离称为极距）成正比，即

$$D_i = 2p\tau \tag{6.12}$$

因此，低速发电机的定子内径远大于高速发电机的定子内径。当发电机的设计容量一定时，发电机的转速越低，则发电机的直径尺寸越大。如某 500kW 直驱型风电机组，其发电机有 84 个磁极，发电机直径达到 4.8m。

（2）转子使用多极永磁体励磁。永磁发电机的转子上没有励磁绕组，因此，无励磁绕组的铜损耗，发电机的效率高。转子上无集电环，运行更为可靠。永磁材料一般有铁氧体和钕铁硼两类，其中采用钕铁硼制造的发电机体积小，重量较轻，因此应用广泛。

（3）定子绕组通过全功率变流器接入电网。当发电机由风力机拖动作变速运行时，为保证定子绕组输出与电网一致的频率，定子绕组需经全功率变流器并入电网，实现变速恒频控制。因此变流器容量大、成本高。

2. 结构型式

大型直驱发电机布置结构可分为内转子型和外转子型，它们各有特点。图 6.48 为其结构示意图。

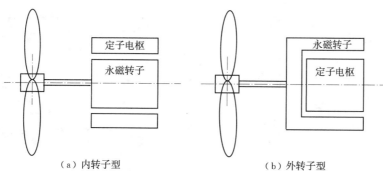

（a）内转子型　　　　　　　　　　　（b）外转子型

图 6.48　直驱永磁发电机类型

（1）内转子型。它是一种常规发电机布置型式，永磁体安装在转子体上，风轮驱动发电机转子，定子为电枢绕组。其特点是电枢绕组及铁芯通风条件好，温度低，外径尺寸小，易于运输。图 6.49 为一种内转子型直驱发电机的实际结构。

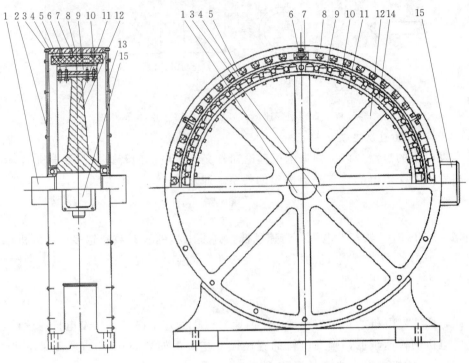

图 6.49　直驱内转子型永磁发电机的结构

1—转子轴；2—轴承；3—前端盖；4—定子绕组；5—定子铁芯；6—压块；7—螺栓；8—机座；
9—转子极靴；10—极靴心轴；11—螺栓；12—轮毂；13—后端盖；14—汝铁硼永磁铁；15—接线盒

（2）外转子型。定子固定在发电机的中心，而外转子绕着定子旋转，见图 6.50。永磁体沿圆周径向均匀安放在转子内侧，外转子直接暴露在空气之中。因此，相对于内转子结构，磁体具有更好的通风散热条件。这种布置永磁体易于安装固定，但对电枢铁芯和绕组通风不利，永磁转子直径大，大件运输比较困难。

图 6.50　直驱外转子型永磁发电机的结构

由于直驱发电机是目前正在研究和开发的一种新型发电机，不同的公司开发的发电机结构特点有所不同。除应用永磁多级发电机外，也有公司采用绕组式同步发电机，如德国ENERCON公司的直驱发电机组采用的是多级电励磁的同步发电机，ABB公司采用高压同步发电机等。随着电力电子技术和永磁材料制造技术的发展，直驱发电机和直驱式风力发电系统正受到学术界和工程界的广泛关注。

6.3.1.5 永磁式同步发电机

永磁式同步发电机的结构的定子与普通交流电机相同，转子采用永磁材料励磁。其优点为无励磁绕组的铜损耗，无集电环，发电机体积较小，极对数可做的很多，省去齿轮箱，提高系统的效率和运行可靠性。而其缺点为运行时温度高，所以永磁发电机常做成转子型，便于散热。

6.3.2 变压器

变压器是利用电磁感应的原理制成的一种静止的电气设备，它把某一电压等级的交流电能转换成频率相同的另一种或几种电压等级的交流电能。

1. 变压器的工作原理

变压器的工作原理是两个（或两个以上）互相绝缘的绕组套在一个共同的铁芯上，它们之间有磁耦合，但没有电的直接联系。通常两个绕组中一个接到交流电源，称为一次绕组，简称一次侧。另一个接到负载，称为二次绕组，简称二次侧。

2. 变压器的分类及结构

变压器的类型很多。按用途不同可分为电力变压器（又分为升压变压器、降压变压器和配电变压器等，另外，220kV以上的是超高压变压器，35～110kV是中压变压器，10kV为配电变压器）；特种变压器（电炉变压器、整流变压器等）；仪用互感器（电压、电流互感器）等。

按绕组数的多少，变压器可以分为两绕组、三绕组和多绕组变压器以及自耦变压器；根据变压器铁芯结构，分为芯式变压器和壳式变压器，见图6.51。按相数的多少，分为单相变压器和三相变压器等。

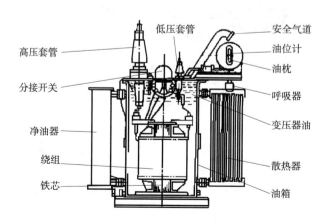

图 6.51 变压器的构造

按冷却方式分，有油浸式变压器和干式变压器。铁芯是变压器的磁通部分，为了提高磁路的磁导率和降低铁芯内的涡流损耗，铁芯通常用厚度为 0.35mm，表面涂绝缘漆的含硅量较高的硅钢片制成。铁芯分为铁芯柱和铁轭两部分，铁芯柱上套绕组，铁轭将铁芯柱连接起来，使之形成闭合回路。

绕组是变压器的电路部分，一般用绝缘纸包的漆包铝线或铜线绕成。

6.3.3　开关电器

1. 开关电器的分类

开关电议按其用途可以分为以下类型：

（1）低压刀开关、接触器、高压负荷开关等开关电器用于在正常工作情况下开断或闭合正常工作电流。

（2）熔断器，用于开断过负荷电流或短路电流。

（3）高压隔离开关，只用于检修时隔离电源。不允许用起开断或闭合电流。

（4）自动分断器，用于在预定的记忆时间内根据选定的计数次数在无电流的瞬间自动分断故障电路。

（5）高压断路器、低压空气断路器等开关电器，既用于开断或闭合正常工作电流，也用于开断或闭合过负荷电流或短路电流。高压断路器依其采用的灭弧介质及工作原理不同又分为油断路器、SF_6 断路器、真空断路器、空气断路器等型式。高压断路器外形见图 6.52。

图 6.52　高压断路器

2. 真空断路器

真空断路器是以真空作为灭弧和绝缘介质的断路器，多用于 $10 \sim 35kV$ 的配电系统中。

（1）真空灭弧室。真空灭弧室是真空断路器的核心部分，外壳大多采用玻璃和陶瓷材料，见图 6.53。在被密封抽成真空的玻璃或陶瓷容器内，装有静触头、动触头、电弧屏蔽罩、波纹管。动、静触头连接导电杆与大气连接，在不破坏真空的情况下，完成触头部分的开、合动作。

真空灭弧室的外壳作灭弧室的固定件并兼起绝缘作用。动触杆和动触头的密封靠金属波纹管实现，波纹管一般由不锈钢制成，在触头外面四周装有金属屏蔽罩，可以

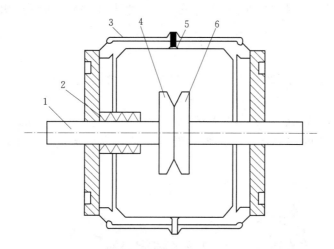

图 6.53 玻璃外壳真空灭弧室的结构

1—动触杆；2—波纹管；3—外壳；4—动触头；5—屏蔽罩；6—静触头

防止因燃弧产生的金属蒸气附着在绝缘外壳的内壁而使绝缘强度降低。同时，它又是金属蒸气的有效凝聚面，能够提高开断性能。屏蔽罩使用的材料有镍、铜、铁、不锈钢等。

真空灭弧室的真空处理是通过专门的抽气方式进行的，真空度一般达到 $1.33 \times 10^{-7} \sim 1.33 \times 10^{-3} Pa$。

真空断路器触头的开距较小，当电压为 10kV 时，只有（12±1)mm。触头材料大体有两类：一类是铜基合金，如铜铋合金、铜碲硒合金等；另一类是粉末烧结的铜铬合金。

触头结构型式多是螺旋式叶片触头和枕状触头，两者均属磁吹触头，即利用电弧电流本身产生的磁场驱使电弧运动，以熄灭电弧。螺旋式叶片触头，见图 6.54。其中，弧头中部是一圆环状的接触面，接触面周围是由旋转叶片构成的吹弧面，触头闭合时，只有接触面接触。

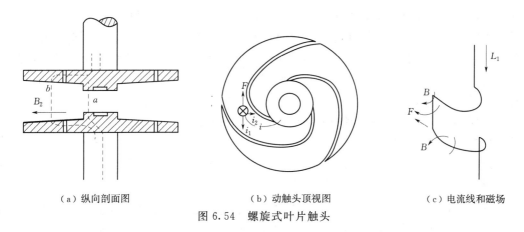

（a）纵向剖面图　　　　　　（b）动触头顶视图　　　　　　（c）电流线和磁场

图 6.54 螺旋式叶片触头

（2）断路器的结构。ZN28 系列真空断路器系三相交流 50Hz、额定电压 12kV 及以下的户内高压配电装置，尤其适用于频繁操作的场所。

该系列产品可分为分装式、固定式、手车式三种结构。操动机构选用电磁操动机构或弹簧操动机构。

3. 交流接触器

交流接触器常用来接通或断开电动机或其他设备的主电路，每小时可开闭数百次。

接触器主要由电磁铁和触头两部分组成。它是利用电磁铁的吸引力而动作的。图 6.55 是交流接触器的主要结构图。当吸引线圈通电后，吸引山字形动铁芯（上铁芯），而使常开触头闭合。

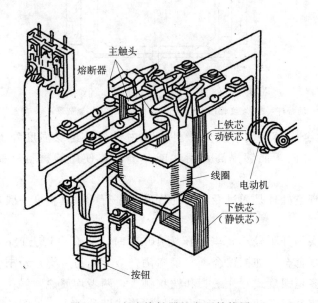

图 6.55　交流接触器的主要结构图

根据用途不同，接触器的触头分主触头和辅助触头两种。辅助触头通过电流较小，常接在电动机的控制电路中。主触头能通过较大电流，接在电动机的主电路中。如 CJ10-20 型交流接触器有三个开触头，四个辅助触头（两个常开，两个常闭）。

当主触头断开时，其间产生电弧，会烧坏触头，并使切断时间拉长。因此，必须采取灭弧措施。通常交流接触器的触头都做成桥式，它有两个断点，以降低当触头断开时加在断点上的电压，使电弧容易熄灭，并且相间有绝缘隔板，以免短路。在电流较大的接触器中还专门设有灭弧装置。

为了减小铁损，交流接触器的铁芯由硅钢片叠成。并为了消除贴心的颤动和噪音，在铁芯端面的一部分套有短路环。

在选用接触器时，应注意它的额定电流、线圈电压及触头数量等。

4. 熔断器

熔断器是最简单的而且是最有效的短路保护电器。熔断器中的熔片或熔丝用电阻率较高的易熔合金制成，例如铁锡合金等，或用截面积甚小的良导体制成，例如铜、银等。线路在正常情况下，熔断器不应熔断。一旦发生短路或严重过载时，熔断器应立即熔断。图 6.56 是常用的三种熔断器的结构图。

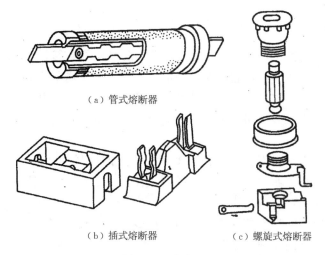

（a）管式熔断器

（b）插式熔断器　　　　　　　（c）螺旋式熔断器

图 6.56　熔断器

6.3.4　继电器

1. 热继电器

热继电器用来保护电动机使之免受长期过载的危害。热继电器是利用电流的热效应而动作的，它的原理见图 6.57。其中：热元件 1 是一段电阻不大的电阻丝，接在电动机的主电路上。双金属片 2 有两种具有不同线膨胀系数的金属碾压而成，下层金属的膨胀系数大，而上层的小。当主电路中电流超过容许值而使双金属片受热时，它便向上弯曲，因而脱扣，扣板 3 在弹簧 4 的拉力下将常闭触头 5 断开。常闭触头 5 接在电动机控制电路中的。控制电路断开而使接触器的线圈断电，从而断开电动机的主电路。

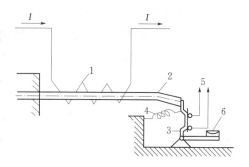

图 6.57　热继电器原理图

1—热元件；2—双金属片；3—扣板；

4—弹簧；5—常闭触头；6—复位按钮

由于热惯性，热继电器不能作短路保护。因为发生短路事故时，电路必须立即断开，而热继电器不能立即动作，但是这个热惯性用于电动机启动或短时过载时，则可以避免电动机不必要的停车。

如果要热继电器复位，则按下复位按钮 6 即可。

2. 中间继电器

中间继电器通常用来传递信号和同时控制多个电路，也可直接用它来控制小容量电动机或其他电器执行元件。

中间继电器的结构和交流接触器基本相同，只是电磁系统小些，触头多些。在选用中间继电器时，主要考虑电压等级和触头（常开和常闭）数量。

6.3.5　母线与电缆

6.3.5.1　母线

在各级电压配电装置中，将发电机、变压器与各种电器连接的导线称为母线。母线是各级电压配电装置的中间环节，它的作用是汇集、分配和传送电能。

母线分两类：一类为软母线（多股铜绞线或钢芯铝线），应用于电压较高的户外配电装置；另一类为硬母线，多应用于电压较低的户内外配电装置。

1. 母线材料

（1）铜母线。具有电阻率低、机械强度高、抗腐蚀性强等特点，是很好的导电材料。但铜储藏量少，在国防工业中应用很广，因此，在电力工业中应尽量以铝代铜，除技术上要求必须应用铜母线外，都应采用铝母线。

（2）铝母线。铝的电阻率稍高于铜，但储量多，重量轻，加工方便，且价格便宜。用铝母线较铜母线经济，因此被广泛利用。

（3）钢母线。钢的电阻率比铜的大 7 倍多，用于交流时，有很强的趋肤效应。其优点是机械强度高和价格低廉，仅适用于高压小容量电器（如电压互感器）和电流在 20A 以下的低压及直流电路中，接地装置中的接地线多数采用钢母线。

2. 母线的截面形状

（1）矩形截面。一般应用于 35kV 及以下的户内配电装置中。矩形截面母线的优点（与相同截面积的圆形母线比较）是散热条件较好，趋肤效应较小，在容许发热温度下通过的允许工作电流大。为增强散热条件和减小趋肤效应的影响，宜采用厚度较小的矩形母线。但考虑到母线的机械强度，通常铜和铝的矩形截面母线的边长之比为 1：5～1：12，最大的截面积为 $10 \times 120 mm^2 = 1200 mm^2$。但是，矩形母线的截面积增加时，散热面积并不是成比例地增加，允许工作电流也就不能成比例地增加。因此，矩形母线的最大截面积受到限制。当工作电流很大，最大截面积的矩形母线也不能满足要求时，可采用多条矩形母线并联使用，并间隔一定距离（一条母线的厚度）。矩形母线用在电压为 35kV 以上的场合，会出现电晕现象。

（2）圆形截面。在 35kV 以上的户外配电装置中，为了防止产生电晕，一般采用圆形截面母线。电压为 35kV 及以下的户外配电装置中，一般也采用钢芯铝绞线，这样可使母线结构简化，投资降低。

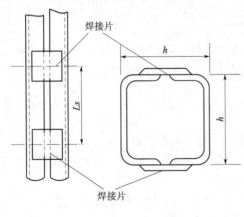

（3）槽形截面。当每相三条以上的矩形母线不能满足要求时，一般采用由槽形截面母线组成的近似正方形的空心母线结构，见图 6.58。这种结构的优点是邻近效应较小，冷却条件好，金属材料利用率较高。另外，为了加大槽形母线的截面系数，可将两条槽形母线每相隔一定距离，用连接片焊住，构成一个整体。槽形母线的工作电流可达10～12kA。

图 6.58　槽形电缆

6.3.5.2 电力电缆

1. 电力电缆的种类

电力电缆种类很多，根据电压、用途、绝缘材料、线芯数和结构特点等有以下分类：

（1）按电压高低可分为高压电缆和低压电缆。

（2）按使用环境可分为直埋、穿管、河底、矿井、船用、空气中、高海拔、潮热区、大高差等。

（3）按线芯数分为单芯、双芯、三芯和四芯等。

（4）按结构特征可分为统包型、分相型、钢管型、扁平型、自容型等。

（5）按绝缘材料可分为油浸渍纸绝缘、塑料绝缘和橡胶绝缘以及交联聚乙烯绝缘等。此外还有低温电缆盒超导电缆等。

2. 电力电缆的结构特点

常用的电力电缆的主要结构特点有以下方面：

（1）油纸绝缘电缆。具体如下：

1）黏性浸渍纸绝缘电缆。成本低；工作寿命长；结构简单，制造方便；绝缘材料来源充足；易于安装和维护；由易淌流，不宜作高落差敷设；允许工作场强较低。

2）不滴流浸渍纸绝缘电缆。浸渍剂在工作温度下不滴流，适宜高落差敷设；工作寿命较黏性浸渍纸电缆更长；有较高的绝缘稳定性；成本较黏性浸渍纸绝缘电缆稍高。

（2）塑料绝缘电缆。具体如下：

1）聚氯乙烯绝缘电缆：安装工艺简单；聚氯乙烯化学稳定性高，具有非燃性，材料来源充足；能适应高落差敷设；敷设维护简单方便；聚氯乙烯电气性能低于聚乙烯；工作温度高低对其力学性能有明显的影响。

2）聚乙烯绝缘电缆：有优良的介电性能，但抗电晕、游离放电性能差；工艺性能好，易于加工，耐热性差，受热易变形，易延燃，易发生应力龟裂。

（3）交联聚乙烯绝缘电缆。容许温升较高，故电缆的允许载流量较大；有优良的介电性能，但抗电晕、游离放电性差；耐热性好；适宜于高落差和垂直敷设；接头工艺虽较严格，但对技工的工艺技术水平要求不高，因此便于推广。

（4）橡胶绝缘电缆。柔软性好，易弯曲，橡胶在很大的温差范围内具有弹性，适宜作多次拆装的线路；耐寒性能较好；有较好的电气性能、力学性能和化学稳定性；对气体、潮气、水的渗透性较好；耐电晕。耐臭氧、耐热、耐油的性能较差；只能作低压电缆使用。

3. 电力电缆的基本结构

电缆的基本结构由线芯、绝缘层和保护层三部分组成。线芯导体要有好的导电性，以减少输电时线路上能量的损失。绝缘层的作用是将线芯导体间及保护层相隔离，因此要求绝缘性能、耐热性能良好。保护层又可分为内护层和外护层两部分，用来保护绝缘层使电缆在运输、储存、敷设和运行中，绝缘层不受外力的损伤和防止水分的浸入，故应有一定的机械强度。在油浸纸绝缘电缆中，保护层还具有防止绝缘油外流的作用。由于采用不同的结构型式和材料，便制成了不同类型的电缆，如黏性油浸纸绝缘统包型电缆、黏性油浸纸绝缘分相铅包电缆、橡皮绝缘电缆、聚氯乙烯和交联聚乙烯绝缘电缆等，见图 6.59。

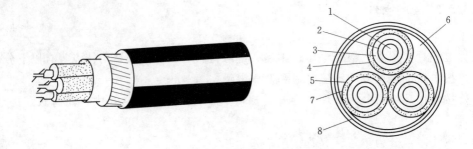

图 6.59　交联聚乙烯绝缘聚氯乙烯护套电力电缆

1—导体；2—内半导体屏蔽；3—交联聚乙烯绝缘；4—外半导体屏蔽；

5—钢带屏蔽；6—填充；7—包带；8—聚氯乙烯外护套

电缆线芯分铜芯和铝芯两种。铜比铝导电性能好，机械强度高，但铜较铝价高。按截面积形状可分为圆形、半圆形和扇形三种。圆形芯和半圆形芯用得较少，扇形芯大量用于 1～10kV 三芯和四芯电缆。

6.4　监　测　系　统

在风电机组运行过程中，必须对相关物理量进行测量，并根据测量结果发出相应信号，将信号传递到主控系统，作为主控系统发出控制指令的依据。

6.4.1　需要检测的信号

监测信号的作用把风电机组运行中的相关物理量进行测量，并根据测量结果发出相应信号，将信号传递到控制系统，作为控制系统发出控制指令的依据。

1. 电气参数监测

电气参数监测包括电压、电流、频率、功率因数、功率监测、接地故障等。逆变器运行信息。

2. 机组状态检测

（1）速度信号，包括发电机转速、风轮转速、偏航转速和方向等。

（2）温度信号，包括主轴承温度、齿轮箱温度、液压油油温、齿轮箱轴承温度、发电机轴承温度、发电机绕组温度、环境温度、电器柜内温度、制动器摩擦片温度等。

（3）位置信号，包括桨距角、叶尖扰流器位置、风轮偏角等。

（4）液流特性，包括液压或气压、液压油位等。

（5）运动和力特性，包括振动加速度、轴转矩、齿轮箱振动、叶根弯矩等。

3. 环境参数监测

环境参数监测包括风速监测和风向监测。

6.4.2　参数测量

风向、风速、位移等信号的测量技术见前文。以下介绍风力发电机组常用的其他主要测量技术。

6.4.2.1 测量仪表的分类及构成

根据测量原理以及测量值表示方法的不同，测量仪表可分为模拟式和数字式两大类。模拟式仪表利用被测量产生力矩，驱动指针运动，使指针产生相应的位移或偏转相应的角度来指示被测量的大小，其优点是能够及时简洁地反映被测物理量的大小关系，其缺点是因操作者的经验不足或疏忽等原因，容易引起测量误差。

数字式仪表则是首先利用传感器对被测量进行检测，由传感器将被测量（电量或非电量）变换成传感器输出的标准电信号（即 0～5V 电压信号或 0～20mA 电流信号等），然后将电信号（模拟量）变换成数字信号，并用计数器进行计数，再用数码管或液晶显示器等数字显示被测量。其构成框图见图 6.60。数字式仪表的优点是精确度较高，在风力发电的参数测试和在线测试中获得了广泛应用。

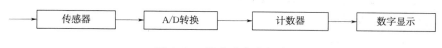

图 6.60　数字式仪表组成

6.4.2.2 基本电量测量

一般说来，电量的测量主要是指 50Hz、正弦波形的电压与电流的测量及其电功率（有功功率和无功功率）、功率因数以及频率等的测量。在变速恒频控制的风力发电系统中，在发电机与电网之间需要设置电力电子变流器装置。因此，还需要对其输出电压、电流的谐波含量进行测量，以便对谐波的影响作出评价。

1. 互感器

互感器是一次系统和二次系统间的联络元件，用于分别向测量仪表、继电器的电压和电流线圈供电，正确反映电气设备的正常运行和故障情况，是一种专供测量仪表、控制及保护设备用的特殊变压器。

互感器分为电压互感器和电流互感器。电压互感器又分为电磁式电压互感器和电容式电压互感器。电容式电压互感器一般用于超高压场合。

（1）电磁式电压互感器。电磁式电压互感器的工作原理和结构与电力变压器相似，只是容量较小，通常只有几十伏安或几百伏安。

（2）电流互感器。电流互感器的作用是将高压电流和低压大电流变换成电压较低的小电流，提供给仪表使用。

2. 电量变送器

对风力发电机发出的电量进行自动检测或对风力发电机组进行自动控制时，需要使用电量变送器，将被测电量变换成标准的直流电信号（一般为 4～20mA 的电流信号或0～5V的电压信号）。电量变送器主要有电流变送器、电压变送器和功率变送器等几种类型。

（1）电流、电压变送器。电压、电流变送器有平均值变送器和有效值变送器，交流电压、电流测量时，常使用有效值变送器，变送器输出的标准直流电压或电流信号的大小与被测交流电压或电流的有效值成正比。

有效值变送器主要有以下类型：

1）热电式有效值变送器。这种变送器是利用等效发热原理制成的，具有很高的精度，但转换速度较慢。

2）近似有效值变送器。利用二极管的非线性特性，配以电阻网络制成。这种变送器结构简单，但转换精度较低。

3）模拟式有效值变送器。利用运算放大器和乘法器，可以制成模拟式有效值变送器。这种变送器转换速度快，转换精度高，应用较为广泛。

（2）功率变送器。功率变送器可以把被测电功率变换成与之成比例变化的标准直流电压或电流信号。常用的有霍尔功率变送器和时分割乘法器式功率变送器。

3. 电压与电流的测量

电压和电流是两个最基本的电量。电压和电流的大小可以用有效值来表示，也可以用平均值或最大值来表示。通常交流电压和电流多用有效值表示，因此交流仪表多用有效值来进行标定。而直流电压和电流则多用平均值来表示，因此直流仪表也多用平均值来进行标定。电压与电流测量时，一般都直接测取线电压和线电流。

（1）用指示式仪表测量。

（2）用钳型电流表测量。

（3）用数字存储示波器测量。

（4）用电量变送器测量。

4. 电功率测量

电功率的测量通常是指有功功率的测量，需要测量无功功率时，往往需要特别指出。由于电压与电流的乘积就是功率，因此，功率的测量总是基于电压和电流的测量。功率表和功率变送器就是基于这一思路设计和制造出来的。实际上，只要检测到了电路的电压信号和电流信号，还可以通过对信号的处理和运算，得到该电路的有功功率、无功功率、功率因数以及频率等信息。在风力发电机组中，一般就是通过电压、电流检测来获得上述信息的。

电功率测量方法主要有以下方面：

（1）利用功率表测量。

（2）利用功率变送器测量。

（3）利用电压、电流信号计算出电功率。

6.4.2.3　转速的测量

风电机组需要测量风轮主轴（低速轴）和发电机轴（高速轴）的转速。转速信号主要用于机组的并网、脱网以及变速控制等。

转速测量方法有很多种，在风力发电机组中，常采用光电转速传感器和电感式接近开关。

（1）光电转速传感器。光电式转速传感器可分为投射式和反射式两种，风电机组中主要采用投射式，投射式光电转速传感器的测速原理，见图 6.61。

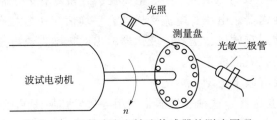

图 6.61　投射式光电转速传感器的测速原理

（2）电感式接近开关。电感式接近开关也用于检测低速轴和高速轴的转速，其外形见图 6.62。电感式接近开关工作原理见图 6.63。每当齿轮随转轴转过一个齿距，接近开关就会送出一个脉冲信号，显然，脉冲信号的频率与被测轴的转速成正比。

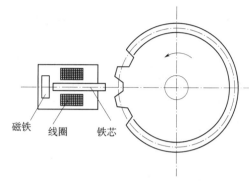

磁铁　线圈　铁芯

图 6.62　电感式接近开关　　　　　图 6.63　电感式接近开关工作原理

6.4.2.4　应力的测量

为了保证风力发电机组的安全运行，需要对风力机叶片的根部载荷、风轮载荷、塔架载荷以及塔顶弯矩或扭矩等进行测量，即便随时了解风电机组的静、动载荷是否在允许限制内。如若超过了规定的允许限制时，则应对风电机组实施安全保护。对静、动载荷的测量常采用电阻应变法。

1．电阻应变法原理

在外力作用下，物体内部将产生应力，应力表征的物体的受力情况。受外力作用的物体还将发生几何变形，应变则表征了受力物体所产生应力对变形的程度。胡克定律表明，在弹性限度内，应力与应变呈线性关系。因此只要测得物体的应变，就可以知道该物体的受力情况了。

2．应变片的种类和特点

常用的应变片有以下类型：

（1）电阻丝式应变片。

（2）箔式应变片。

（3）半导体应变片。

3．应变测试系统

应变测试系统由应变片、数据采集器和应变测试软件等构成。数据采集器的主要性能指标有采样率、分辨率以及通道数目等。数据采集器的自动采集、计算和记录功能是通过应变测试软件来实现的。

6.4.2.5　转矩的测量

在风电机组制造与运行中，需要对转矩进行测量，例如：发电机出厂检验时，需要对其输入的机械转矩进行测量；偏航、变桨距等执行机构出厂前，需要对其输出转矩进行测量；风轮载荷（风轮转矩、俯仰力矩等），一般需要借助于主轴来进行测量。

转矩测量方法主要有四种，即测功机法、校正过的直流电机法、转矩仪法以及电阻应变法等。前三种主要用于转矩的试验室测量，而电阻应变法则主要用于转矩的在线测量。

6.4.2.6　温度的测量

温度测量时使用的检温计主要有热电阻、热电偶和半导体热敏电阻等，在风力发电机中，多用热电阻。

热电阻检温计是利用金属导体的电阻随温度变化而变化的特性来测量温度。铂热电阻和铜热电阻是工程中广泛应用的热电阻检温计，具有体积小、安装方便等优点，在并网运行的大中型风力发电机组中，普遍用于前、后主轴承、齿轮箱油温、发电机轴承以及定子绕组等的温度测量。

图 6.64　振动开关

6.4.2.7　振动开关

剧烈的振动可以激活振动传感器的微动开关。但微动开关被激活后，振动传感器将改变其内部自由继电器的状态，可能是由开到关，或是由关到开。振动传感器通常被用在安全链中，传感器被激活，风力发电机组停止工作。灵敏度可以通过上下移动重量来调整，传感器通常安装在垂直于重力的方向上，振动开关外形见图 6.64。

6.4.3　诊断系统

以双馈式风力发电机组为监测对象，对风电机组的常见故障及原因、状态监测及故障诊断的方法以及在线监测及故障诊断系统的结构组成、功能模块及应用等进行分析。

6.4.3.1　常见故障

风电机组的故障多发生在主轴、齿轮箱、联轴器、发电机、变桨距机构及塔架（筒）部位。表 6.1 列举了风电机组运行中容易出现的故障及其原因。

表 6.1　　　　　　　　　　　　　　风电机组常见故障及其原因

故障位置	故障现象	故障原因
风轮	（1）叶片破损（运行时带有啸音）； （2）风轮不平衡（出现功率及载荷的异常变化）	（1）雷击造成叶片表层脱落，或常年风沙侵蚀使叶片表面漆脱落及腐蚀出洞； （2）功率及载荷随风速的异常变化，是由于叶片安装角误差引起的，也可能是由于风轮质量不平衡引起的
主轴	（1）主轴断裂； （2）主轴承座连接螺栓断裂	（1）主轴制造材料缺陷；制造中没有消除应力集中因素；齿轮箱损坏； （2）连接螺栓质量不合格

故障位置	故障现象	故障原因
齿轮箱	（1）主轴与齿轮箱连接处轴向窜动； （2）齿轮箱高速轴漏油； （3）高速轴轴承损坏； （4）高速轴上齿轮损坏； （5）行星架上行星轮轴向窜动； （6）齿轮箱轴向后移； （7）润滑系统高温	（1）齿轮箱行星架内孔精度低； （2）密封结构设计不合理；油位过高； （3）润滑不良；齿轮箱与电机轴不对中；齿轮轴承不匹配； （4）高速轴轴承损坏后齿轮轴倾斜，致使齿轮损坏；齿轮轴承不匹配； （5）行星轮定位螺钉松动、脱落； （6）机组启停过程中齿轮箱在其重力分力作用下后移； （7）冷却系统堵塞（滤油器或风扇被堵）
联轴器	（1）联轴器振动，偏离原连接处； （2）联轴器膜片断裂	（1）高速轴与发电机轴对中不好； （2）安全罩刮损；高速轴与发电机轴对中不好
制动器	制动盘裂纹	制动盘材料缺陷
发电机	（1）发电机后轴承保持架断裂； （2）机组在并网前主断路器与箱式变压器断路器同时跳闸； （3）发电机前轴承温度高、损坏； （4）编码器传出的速度信号有误	（1）齿轮箱—发电机系统轴线没对准；轴的热膨胀不能释放； （2）发电机接线端子烧焦接线柱脱落；发电机集电环烧坏（可能雷击造成，也可能是电刷磨损不均造成）； （3）轴承缺少润滑油脂；高速轴与发电机轴不对中； （4）编码器与发电机轴的连接原件失效
变流器	机组无法并网	电子器件损坏
液压变浆距机构	机构中同步盘与拉杆连接的螺栓剪断	变浆距机构刚度低；同步盘与主轴中心线不同心
液压系统	（1）出现异常振动和噪声； （2）输出压力不足； （3）油温过高； （4）液压泵频繁启停； （5）液压缸运动不平稳	（1）旋转轴连接不同心；液压泵超载或吸油受阻；管路松动；液压阀出现自激振荡；液面低；油液黏度高；过滤器堵塞；油液中混有空气等； （2）液压泵失效；吸油口漏气；油路有较大的泄露；液压阀调节不当；液压缸内泄等； （3）系统内泄露过大；系统冷却能力不足；在保压期间液压泵没卸荷；系统油液不足；冷却水阀不起作用；温控器设置过高；没有冷却水或制冷风扇失效；冷却水的温度过高；周围环境温度过高；系统散热条件不好； （4）系统内泄露过大；在蓄能系统中，蓄能器和泵的参数不匹配；蓄能器充气压力过低；气囊（或薄膜）失效；压力继电器设置错误等； （5）电液比例阀失调

故障位置	故障现象	故障原因
偏航机构	(1) 齿圈齿面磨损; (2) 偏航压力不稳; (3) 异常噪声; (4) 偏航定位不准确; (5) 偏航计数器故障	(1) 相互啮合的齿轮副齿侧间隙中掺入杂质;润滑油或润滑脂严重缺失使齿轮副处于干摩擦状态; (2) 液压管路出现渗漏;液压系统的保压蓄能装置出现故障;液压系统元器件损坏; (3) 润滑油或润滑脂严重缺失;偏航阻尼力矩过大;齿轮副轮齿损坏;偏航驱动装置中油位过低; (4) 风向标信号不准确;偏航系统的阻尼力矩过大或过小;偏航制动力矩达不到机组的设计值;偏航系统的偏航齿圈与偏航驱动装置齿轮之间的齿侧间隙过大; (5) 连接螺栓松动;异物侵入;电缆损坏;磨损
塔架	(1) 地脚法兰连接螺栓断裂; (2) 外表漆膜脱落	(1) 承受剪应力过大;预紧力过大;塔架偏摆大; (2) 运输问题;喷漆工艺问题;油漆质量问题
风向仪	风速信号错误,或接收不到风速信号	对于超声波式的风向仪可能是遭受雷击;对于旋转式的风速仪可能是轴承故障

6.4.3.2 状态监测及故障诊断的方法

设备故障诊断是根据设备运行时产生的信息变化规律的不同,识别设备运行状态是否正常,设备诊断过程主要有获得被检测设备状态的特征信息,从所检测的特征信号中提取征兆,故障的模式识别和诊断决策。

1. 特征信息获得与数据采集

通过传感器从被诊断的设备或系统中获得原始信息是设备诊断的第一步。在线监测是将传感器永久地安装在机器或设备某一固定部位。这样可以长期获得机器运行的状态参数,并将数据送入数据采集系统和分析系统进行处理。

(1) 传感器的安装方式。主要有双头螺纹连接、胶粘单头螺纹连接、磁座连接、双面胶粘接、蜂蜡连接、手持式连接等。

(2) 传感器的安装位置。一般情况下传感器需避免安装在结构振动的节点或节线上,应尽可能安装在结构响应信号较大的位置,以提高信噪比,提高测试精度。

(3) 测量参数的选择。用振动信号对轴承的故障进行诊断时,通常选用振动速度或振动加速度作为测量参数。但应注意,利用振动速度或振动加速度所能测出的故障种类是不同的。振动位移是研究强度和变形的重要依据。

(4) 测量周期的确定。先确定一个基本的测量周期,当发现测量数据有变化征兆,就应缩短测量周期,以符合实际情况的需要。

2. 信号处理与特征提取的方法

在线监测系统的信号处理与特征提取需要完成的工作是利用信号处理手段从大量混杂的现场信号中准确分离故障信号,然后根据故障机理来判断故障的部位及程度。因此,为得到可靠的故障诊断结果，信号处理与故障数据的特征提取是相当重要的，而要取得良好的信号分析效果，所采用的信号分析方法也是非常重要的。对于能直接由仪器读出数据的缓变信号，如温度信号、油液参数等，读出的数据实际上就是特征值，因此它们不需要另外再提取特征了。而大多数由传感器上获得的信息往往都是各种物理量（应力、位移、速度、电流、噪声等）的动态波形，而这些动态波形往往又是由很多幅值、频率、相位不同的波形混叠而成，为了分解信号内的各种频率成分的有效值，全面地揭示动态波形中包含的信息，必须对信号进行加工处理。在信号的分析处理方面，除了时域分析、频域分析、幅值域分析等，近来又发展了时频域分析、时序模型分析、参数辨识、频率细化、倒谱分析、共振解调分析、三维全息谱分析、轴心轨迹分析以及基于非平稳信号假设的短时傅里叶变换、Wigner 分布和小波变换等技术。

3. 故障的模式识别和诊断决策过程

故障诊断就是根据对机器运行状态检测和监测所得的信息，进行趋势分析和故障识别，确定机器运行是否存在故障，以及故障性质和故障部位，做出诊断决策，制定设备维修计划，确定设备继续运行还是停机检修。故障诊断是一个典型的模式识别过程，而诊断文档中的各种故障样板模式就是进行技术状态识别的基础。所谓技术状态识别，是指将待检模式与诊断文档库中的样板模式进行对比，并将待检模式归属到某一已知的样板模式中去的过程。由此便可判定诊断对象所处的状态模式是否正常，并预测其可靠性和状态的发展趋势。

设备故障诊断近几十年来的发展日新月异，主要的诊断理论和方法有以下方面：

（1）基于专家系统的智能诊断方法。专家系统是人工智能的最活跃分支之一，其核心主要包括以下部分：知识库、知识获取、推理机、解释器等部分，见图 6.65，其中箭头方向为数据流动的方向。

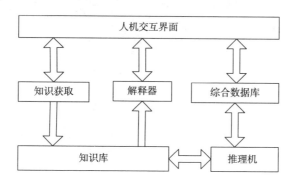

图 6.65　专家系统的基本结构图

（2）基于故障树分析法的智能诊断方法。故障树分析法（FTA）是一种将系统故障形成原因按树枝状逐级细化的图形演绎方法，是 20 世纪 60 年代发展起来的用于大型系统可靠性、安全性分析和风险评价的一种方法。它通过对可能造成系统故障的各种因素（包括硬件、软件、环境、人为因素等）进行分析，画出逻辑框图（即故障树），再通过对系统故障事件作由总体到部分按树状逐级细化的分析，并对系统进行可靠性、安全性分析，常用于系统的故障分析、预测和诊断，找出系统的薄弱环节，以便在设计、制造和使用中采取相应的改进措施。

FTA 以系统最不希望出现的故障状态作为分析的目标（顶事件），找出导致故障的全部因素（中间事件），再寻找出造成中间事件发生的全部因素，按照这种方式一直追溯到引起系统发生故障的全部原因（底事件）将系统的故障与中间事件和底层事件之间的逻辑关系用逻辑门联结起来，形成树形图，以表示系统与产生原因之间的关系。并通过计算找出系统发生故障和不发生故障的各种途径，利用概率论方法计算系统出现故障的概率，评价引起系统故障的各种因素的相关重要度。

6.5 操 作 系 统

人机界面是计算机与操作人员的交互窗口。其主要功能是风力发电机组运行操作、状态显示、故障监测和数据记录。

计算机的操作面板激活后显示总览界面，见图 6.66。总览界面包括机组示意图、数据显示区和功能键。

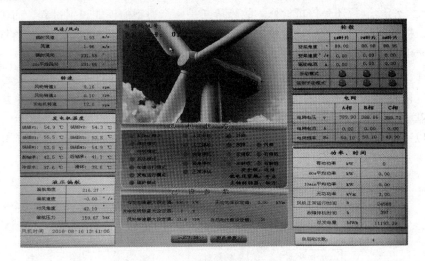

图 6.66 操作人机交互界面

在一个机组群中对每一台机组来说，有两个可以控制机组的操作面板，分别是塔基操作面板、监控远程操作面板。两个面板按一定的优先级执行命令，其中塔基操作面板优先级较高。高优先级的面板启动后，自动屏蔽低优先级的操作面板，使低优先级的操作面板只能查看数据，不能进行任何功能型操作。

6.5.1 运行操作

1. 机组启停及复位

启动。系统处于停机模式，且无故障，按起/停键启动机组，机组启动后处于待机状态，根据工况进行自动控制。

关机。在除紧急停机和停机之外的任何状态下按启/停键，即可关机。

复位。在紧急停机状态按复位键。

机组复位进行如下操作。安全链复位，机组故障复位，机组状态复位到停机。

2. 手动操作

手动操作主要用于机组调试和检修。对机组的主要部件进行功能或逻辑测试，为了人身及机组安全，手动必须在停机状态下进行。

停机状态下，按手动操作键，进入手动状态。手动状态下，可以按各功能键进行各种手动动作。手动操作状态时，先弹出密码输入画面，见图6.67，双击密码输入框，小键盘弹出，输入密码，进入手动操作画面，见图6.68。

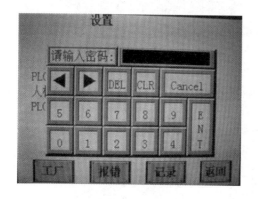

图 6.67 密码界面

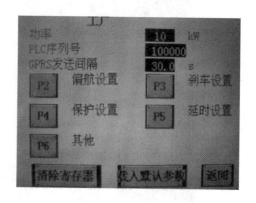

图 6.68 手动操作界面

3. 控制参数修改

控制参数可以修改，在数值显示栏双击，就会弹出键盘，输入要修改的值，回车。操作需要相应的权限。

6.5.2 状态显示

图6.69为风力机实时参数显示窗口。图中清晰显示了变桨系统、电网、风轮、主轴、齿轮箱、润滑系统、冷却系统及机舱、塔基风向仪等等部件的信息状况。

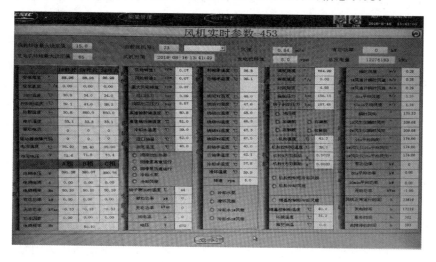

图 6.69 状态参数窗口

6.5.3　故障检测

图 6.70 中显示了风轮、主轴承、润滑系统、冷却系统、电机等等设备的故障信息。

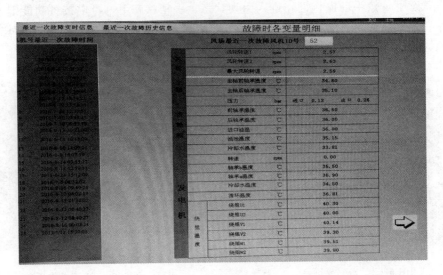

图 6.70　故障监测窗口

6.6　常 用 控 制 器

6.6.1　常用电子元件

1. 器件分类

电力电子器件被广泛用于处理电能的主电路中，是实现电能的传输、变换及控制的电子器件。其主要参数为电功率大小，处理功率级别大，由信息电子来控制电力电子器件。

电力电子器件可按控制性、驱动信号分类。

（1）按控制性分类，有不控型器件、半控型器件和全控器件。具体如下：

1）不可控器件—电力二极管。其特征正向导电性和反向阻断性。其原理是，当正向同态电压 U_F 大于阈值电压 U_{T0} 时，导通。当反向电压超过反向击穿电压 U_{RB0} 后，二极管的反向电流迅速增大，产生雪崩击穿。

2）半控型器件—晶闸管，又称可控硅整流器。由门极 G、阳极 A 和阴极 K 等组成。其特征为电流触发性，单向特性，半控型特性。

3）全控型器件—电力场效应晶体管（电力 MOSFET），其原理为用栅极电压来控制漏极电流，实现电流的通断。可分为 P 沟道和 N 沟道。其特点为栅极电压（UGS）越高，反型层越厚，导电沟道越宽，漏极电流越大。驱动功率小，反应效率快。绝缘栅型双极性晶体管（IGBT）。其特点为驱动方便、开关速度快、导通后呈电阻性质、电力压降高、电压驱动型、通流能力强、耐压等级高。

（2）按驱动信号分类，可分为电流驱动型和电压驱动型等。

2. 基本电路

（1）AC-DC变换电路。

1）不控整流—二极管。大小取决于输入电压和电路形式，其特点为电流稳定（电感滤波）、电压稳定（电容滤波）和同时稳定（电感与电容组成 LC 滤波电路）。可分为半控桥和全控桥。

2）相控整流—晶闸管。通过控制门极的触发延迟角，就能控制晶闸管的导通时刻。可分为半控桥和全控桥。特点为控制方便，并产生的谐波对电网会产生二次污染。

3）斩波整流—PWM。其特点为网侧功率因素高、谐波含量低。网侧电流畸变小，功率因素任意可控。体积、质量小。按拓扑结构可分为电压型和电流型。按是否有能量回馈可分为无能量回馈的整流器（PFC）和有能量回馈的开关模式整流器（SMR），其特点为动态响应速度，适当控制整流器交流端的幅值和相位可获得所需大小和相位的输入电流。

（2）DC-DC交换电路。其特点是可将一种电流电变换成另外一种固定或可调电压的直流电，可分为不隔离式和隔离式。

（3）DC-AC变换。可分为电压型、电流型、单相半桥、单相全桥和三相桥式。

（4）AC-AC变换电路。其特点是频率不变而仅改变电压大小，直接将一定频率的交流电变换为较低频率交流电的相控式 AC-AC 直接变换器，在直接变频的同时也可以实现电压变换，实现降频降压变换。

3. 常用元件

在风力发电机组中可能会常用到的控制器有整流器、逆变器、变频器及充电控制器。

（1）整流器。是把交流电转换成直流电的装置。

（2）逆变器。与整流器相反，把直流电转换成交流电的装置，就称为逆变器。

（3）变频器。把电压和频率固定不变的交流电变换为电压或频率可变的交流电的装置称为变频器。

（4）充电控制器。专门用来控制蓄电池等储能装置的充放电，主要目的是防止蓄电池充电时过充电或放电时过放电。

6.6.2 整流器

整流器（Rectifier）是一个整流装置，简单地说就是将交流电（AC）转化为直流电（DC）的装置。它的主要功能有：第一，将交流电（AC）变成直流电（DC），经滤波后供给负载，或者供给逆变器；第二，给蓄电池提供充电电压，因此，它同时又起到一个充电器的作用；第三，整流器还用在调幅（AM）无线电信号的检波。

当风电场选用交流风电机组时，需要把风电变成直流向蓄电池充电或向电镀供电等就要将三相交流电经变压器降压至可以充电或电镀的交流电压再经整流变成直流，这时就用到整流器。尤其在小型离网型风电机组中经常用到。图 6.71 所示为小型离网型风力发电原理简图。

按照所采用的整流器件，可分为机械式、电子管式和半导体式几类。其中最简单、最常用的是二极管整流器。

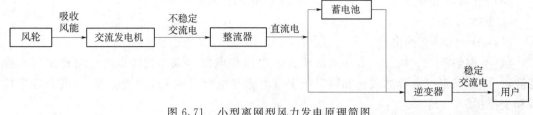

图 6.71　小型离网型风力发电原理简图

按照整流的方法，可分为半波整流、全波整流。其中全波整流又分为桥式整流和中心抽头式整流。

（1）半波整流。半波整流利用二极管单向导通特性，在输入为标准正弦波的情况下，输出获得正弦波的正半部分，负半部分则损失掉，或者相反。这样，在半波整流器的工作过程中，只有一半的输入波形会形成输出，对功率转换没有效率。

（2）全波整流。全波整流可以把完整的输入波形转成同一极性来输出。由于充分利用到原交流波形的正、负两部分，并转成直流，因此效率更高。全波整流有桥式和中心抽头式两种。

6.6.3　逆变器

众所周知，整流器的功能是将 $50\,\mathrm{Hz}$ 的交流电整流成为直流电。而逆变器与整流器恰好相反，逆变器（Inverter）是一种把直流电（DC）转化为交流电（AC）的装置。逆变技术是建立在电力电子、半导体材料与器件、现代控制、脉宽调制（PWM）等技术学科之上的综合技术。

目前，常用的储能设备为蓄电池组，所储存的电能为直流电。然而，绝大多数的家用电器，如电视机、电冰箱、洗衣机等均不能直接用直流电源供电，而是采用交流电源，绝大多数动力机械也是如此。还有，当供电系统需要升高电压或降低电压时，交流系统只需加一个变压器即可，而在直流系统中升降压技术与装置则要复杂得多。独立运行的风力发电系统所发出的电虽然是交流电，但它是电压和频率一直在变化的非标准交流电，不能被直接用来驱动交流用电器。另外，风能是随机波动的，不可能与负载的需求完全相匹配，需要有储能设备来储存风力发电设备发出来的电，然后再逆变成可以使用的标准的交流电。因此，除针对仅有直流设备的特殊用户外，在风力发电系统中都需要配备逆变器，最大限度地满足无电地区等各种用户对交流电源的需求。而且逆变器还具有自动稳压功能。逆变器的应用可参见小型离网型风力发电原理简图，图 6.72。

1. 逆变器类型

目前逆变技术很成熟，形式也很多。主要分类如下：

（1）根据逆变器输出交流电波形，可分为方波逆变器、阶梯波逆变器、正弦波逆变器和准正弦波逆变器。

（2）根据逆变器输出交流电压的相数，可分为单相逆变器、三相逆变器和多相逆变器。

（3）根据逆变器使用的半导体器件类型的不同，可分为晶体管逆变器、晶闸管逆变器和可关断晶闸管逆变器。

（4）根据逆变器逆变原理的不同，可分为高频逆变器和低频逆变器两类。

（5）根据逆变器输入直流电源的性质，可分为电压源型逆变器和电流源型逆变器。

（6）根据主电路拓扑结构，可分为推挽逆变器、半桥逆变器和全桥逆变器。

（7）根据功率流动方向，可分为单向逆变器和双向逆变器。

（8）根据负载是否有源，可分为有源逆变器和无源逆变器。

（9）根据输出交流电的频率，可分为低频逆变器、工频逆变器、中频逆变器和高频逆变器。

2. 基本工作原理

独立运行的风力发电机往往将多余电能储存在蓄电池内，当无风不能发电时，需要将蓄电池的直流电变成交流电为用电器供电。用于风力发电的逆变器输出交流电的频率为50Hz，典型的逆变电路，见图6.72。它由主逆变电路、输入电路、输出电路、控制电路、辅助电路和保护电路等组成。其中逆变开关电路则是逆变器的核心，简称为逆变电路。它通过半导体开关器件的导通与断开完成逆变的功能。

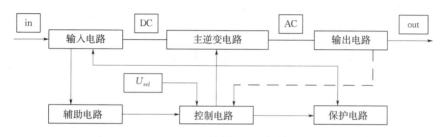

图 6.72　逆变电路的基本构成

逆变器的种类很多，各自的具体工作原理、工作过程不尽相同，但是最基本的逆变过程相同。

正弦波逆变器输出的是同人们日常使用的电网一样甚至更好的正弦波交流电，因为它不存在电网中的电磁污染。正弦波逆变器提供高质量的交流电，能够带动任何种类的负载，但技术要求和成本均高。准正弦波逆变器可以满足人们大部分的用电需求，效率高，噪声小，售价适中，因而成为市场中的主流产品。

在选择逆变器时，除了考虑功率、波形等因素以外，逆变器的效率也非常重要。逆变器在工作时其本身也要消耗一部分电力，因此其输入功率要大于输出功率。逆变器的效率即是逆变器输出功率与输入功率之比。效率越高则在逆变器身上浪费的电能就少，用于电器的电能就更多。

3. 注意事项

（1）在连接机器的输入输出前，请首先将机器的外壳正确接地，正、负极必须接正确。逆变器接入的直流电压标有正负极。红色为正极（＋），黑色为负极（－），蓄电池上也同样标有正负极，红色为正极（＋），黑色为负极（－），连接时必须正接正（红接红），负接负（黑接黑）。连接线线径必须足够粗，并且尽可能减少连接线的长度。

（2）直流电压要一致。每台逆变器都有接入直流电压数值，如12V、24V等，要求选择蓄电池电压必须与逆变器直流输入电压一致。例如，12V逆变器必须选择12V蓄电池。

（3）逆变器输出功率必须大于电器的使用功率，特别对于启动时功率大的电器，如冰箱、空调，还要留一些的余量。

（4）应放置在通风、干燥的地方，谨防雨淋，并与周围的物体有 20cm 以上的距离，远离易燃易爆品，切忌在该机上放置或覆盖其他物品，使用环境温度不大于 40℃。

（5）充电与逆变不能同时进行，即逆变时不可将充电插头插入逆变输出的电气回路中。

（6）两次开机间隔时间不少于 5s（切断输入电源）。

（7）请用干布或防静电布擦拭以保持机器整洁。

（8）怀疑机器有故障时，请不要继续进行操作和使用，应及时切断输入和输出，为避免意外，严禁用户自行打开机箱进行操作和使用。

（9）在连接蓄电池时，请确认手上没有其他金属物，以免发生蓄电池短路，灼伤人体。

6.6.4　变频器

把电压和频率固定不变的交流电变换为电压或频率可变的交流电的装置称为变频器。特点是不改变总电能，只改变电压、改变频率（Variable Voltage and Variable Frequency，VVVF）。

为了使风力发电机适应风速的特点变转速运行，就用到变频器，变频器是应用变频技术与微电子技术，通过改变电机工作电源的频率和电压，控制交流电机转速的电力传动元件。它具有调压、调频、稳压、调速等基本功能，通过它可以把不同频率的电力系统连接起来。

变频技术诞生的背景是交流电机无级调速的广泛需求。在变频器发明以前，人们通过改变交流电机的磁极对数来调速，但只能逐挡调速，没法无级调速。变频器的作用是改变交流电机供电的频率和幅值，因而改变其运动磁场的周期转速的目的，实现无级调速，使得复杂的调速控制简单化。

目前，交流电机变频调速以其优异的调速启动、制动性能、无级调速、高效率、高功率因数和节电等优点，被认为是当今节约电能，改善生产工艺流程，提高产品质量，以及改善运行环境的一种最主要的、最理想的电机调速手段。

6.6.4.1　变频器类型

（1）按变换的环节分类，包括交—直—交变频器和交—交变频器。

（2）按直流环节的储能方式分类，包括电流型变频器和电压型变频器。

（3）按照工作原理分类，可以分为 V/f 控制变频器、转差频率控制变频器、矢量控制变频器和直接转矩控制变频器等。

（4）按照开关方式分类，可以分为 PAM 控制变频器、PWM 控制变频器和高载频 PWM 控制变频器。

（5）按照用途分类，可以分为通用变频器、高性能专用变频器、高频变频器、单相变频器和三相变频器等。

（6）按电压等级分类，可以分为高压变频器、中压变频器和低压变频器等。

6.6.4.2　工作原理

变频器是把工频电源（50Hz 或 60Hz）变换成各种频率的交流电源，以实现电机的变速运行。

变频器主要由主电路（包括整流器、中间直流环节、逆变器）和控制电路组成。其中整流电路将交流电变换成直流电，中间直流电路对整流电路的输出进行平滑滤波，逆变电路将直流电再逆成交流电，控制电路完成对主电路的控制。对于如矢量控制变频器这种需要大量运算的变频器来说，有时还需要一个进行转矩计算的 CPU 及一些相应的电路。

1. 整流器

整流器将工作频率固定的交流电转换成直流电，整流电路一般都是单独的一块整流模块。应用最多的是三相桥式整流电路。分为不可控整流和可控整流电路。

可控整流由于存在输出电压含有较多的谐波、输入功率因数低、控制部分复杂、中间直流大电容造成的调压惯性大而相应缓慢等缺点，随着 PMW 技术的出现，可控整流在交—直—交变频器中已经被淘汰。不可控整流是目前交—直—交变频器的主流形式，它有两种构成形式，6 只整流二极管或 6 只晶闸管组成三相整流桥。

2. 中间直流电路

由于整流后的电压为脉动电压，中间直流环节采用电感和电容吸收脉动电压。它的作用有滤波（使脉动的直流电压变得稳定或平滑）、直流储能和缓冲无功功率。滤波电容除滤波作用外，还在整流与逆变之间起去耦作用、消除干扰、提高功率因素的作用，由于该大电容还储存能量，在断电的短时间内电容两端存在高压电，因而要在电容充分放电后才可进行操作。另外，装置容量小时，如果电源和主电路构成的器件有余量，可以省去电感采用只有电容的简单的平波回路。

3. 逆变器

逆变器是变频器实现变频技术的核心环节部分。同整流器相反，逆变是采用大功率开关晶体管阵列组成电子开关，将固定的直流电压变换成可变电压和频率的交流电，以所确定的时间使开关器件导通、关断就可以得到三相交流输出，应用最多的是三相桥式逆变电路。

4. 控制电路

控制电路是给异步电机供电（电压、频率可调）的主电路提供控制信号的回路，称为主控制电路。控制电路将信号传送给整流器、中间直流电路和逆变器，同时它也接收来自这些部分的信号，以完成对逆变器的开关控制、对整流器的电压控制以及完成各种保护功能等，其控制方法可以采用模拟控制或数字控制。目前许多变频器已经采用微机来进行全数字控制，采用尽可能简单的硬件电路，靠软件来完成各种功能。

控制电路是由频率、电压的"运算电路"，主电路的"电压、电流检测电路"，电动机的"速度检测电路"，将运算电路的控制信号进行放大的"驱动电路"，以及逆变器和电动机的"保护电路"组成。

（1）运算电路。将外部的速度、转矩等指令同检测电路的电流、电压信号进行比较运算，决定逆变器的输出电压、频率。

（2）电压、电流检测电路。与主回路电位隔离检测电压、电流等。

（3）速度检测电路。以装在异步电动机轴机上的速度检测器（t、p 等）的信号为速度信号，送入运算回路，根据指令和运算可使电动机按指令速度运转。

（4）驱动电路。驱动主电路器件的电路。它与控制电路隔离使主电路器件导通、关断。

（5）保护电路。检测主电路的电压、电流等，当发生过载或过电压等异常时，为了防止逆变器和异步电动机损坏，使逆变器停止工作或抑制电压、电流值。

综上所述，变频器可以用来改变交流电源的频率，还可以起到改变交流电机的正反转、转速、扭矩、调节电机启动和停止时间（软启动器）等作用。由于其具有调速平滑，范围大，效率高，启动电流小，运行平稳，节能效果明显，而且宜于同其他设备接口等一系列优点。因此，交流变频调速已逐渐取代了过去的传统滑差调速、变极调速、直流调速等调速系统，越来越广泛地应用于风电等各种领域。

变频器总的发展趋势是驱动的交流化，功率变换器的高频化，控制的数字化、智能化和网络化。因此，变频器作为系统的重要功率变换部件，提供可控的高性能变压变频的交流电源而得到迅猛发展。

6.6.4.3　维护与保养

变频器种类繁多，但功能及使用上却基本类似，其日常维护与使用方法基本相同。对于连续运行的变频器，可以从外部目视检查运行状态。定期对变频器进行巡视检查，检查变频器运行时是否有异常现象。

变频器通常应作以下检查：

（1）环境温度是否正常，要求在 $-10\sim40℃$ 范围内，以 $25℃$ 左右为好，可以根据条件安装空调或避免日光直射。

（2）安装环境是否满足要求，应该不能潮湿，有腐蚀性气体及尘埃、振动。

（3）显示面板上显示的字符是否清楚，是否缺少字符。

（4）用测温仪器检测变频器是否过热，是否有异味。

（5）变频器风扇运转是否正常，有无异常，散热风道是否通畅。

（6）变频器运行中是否有故障报警显示。

（7）检查变频器交流输入电压是否超过最大值。极限是 418V（380V×1.1），如果主电路外加输入电压超过极限，即使变频器没有运行，也会对变频器线路板造成损坏。

（8）变频器在显示面板上显示的输出电流、电压、频率等各种数据是否正常。

造成变频器故障的原因是多方面的，只有在实践中不断摸索总结，才能及时消除各种各样的故障。

6.6.4.4　变流器在风力发电机组的应用

（1）正弦脉宽调制技术。将参考波形与输出调制波形进行比较，并根据两者比较结果确定逆变桥壁的开关状态。

（2）大功率变流技术。采用器件串联技术来提高电压等级；采用器件并联技术来提高输出电流；采用模块并联技术。

（3）多重化技术。指在电压源型变流器中，为减少谐波，提高功率等级，将输出的 PWM 波错位叠加，使输出波形更加正弦波。

（4）低电压穿越技术。当电网发生故障如电压跌落时，风电机组仍需要保持与电网的连接，只有故障严重时才允许脱网。

6.6.5　充电控制器

离网型风力发电机需要储能装置，最常用的储能装置是蓄电池。当风力资源丰富致使产生的电能过剩时，蓄电池将多余的电能储存起来。反之，当系统发电量不足或负载用电量大时，蓄电池向负载补充电能，并保持供电电压的稳定。为此，需要为系统设计一种控制装置，该装置根据风能多少以及负载的变化，不断对蓄电池组的工作状态进行切换和调节，使其在充电、放电或浮充电等多种工况下交替运行，防止蓄电池充电时过充电，放电时过放电。从而控制充放电电流，提高充电效率，保护蓄电池，保证风力供电系统工作的连续性和稳定性。具有上述功能的装置称为充电控制器。

6.6.5.1　类型

1. 按照控制器功能特征分类

（1）简易型控制器。具有对蓄电池过充电和正常运行进行指示的功能，并能将配套机组发出的电能输送给储能装置和直流用电器。

（2）自动保护型控制器。具有对蓄电池过充电、过放电和正常运行进行自动保护和指示的功能，并能将配套机组发出的电能输送给储能装置和直流用电器。

（3）程序控制型控制器。除了具备一般控制器所具有的功能外，还能高速实时采集系统各控制设备的运行参数，同时远程数据传输，并发出指令控制系统的工作状态。

2. 按照控制器电流输入类型分类

（1）直流输入型控制器。使用直流发电机组或把整流装置安装在发电机上的与离网型风力发电机组相匹配的产品。

（2）交流输入型控制器。整流装置直接安装在控制器内的产品。

3. 按照控制器对蓄电池充电调节原理分类

（1）串联控制器。使用固体继电器或工作在开关状态的功率晶体管，起到防止夜间"反向泄漏"的作用。

（2）并联控制器。当蓄电池充满时，利用电子部件把光伏阵列的输出分流到并联电阻器或功率模块上去，然后以热的形式消耗掉。这种控制方式虽然简单易行，但由于采用旁路方式，旁路接有二极管，二极管的作用如同一个单向阀门，充电期间允许电流流入蓄电池，在夜间或阴天时防止蓄电池电流反流向风力发电机。

（3）多阶控制器。其核心部件是一个受充电电压控制的"多阶充电信号发生器"。根据充电电压的不同，产生多阶梯充电电压信号，控制开关元件顺序接通，实现对蓄电池组充电电压和电流的调节。

（4）脉冲控制器。它包括变压、整流、蓄电池电压检测电路。脉冲充电方式首先是用脉冲电流对电池充电，然后让电池停充一段时间后再充，如此循环充电，使蓄电池充满电量；间歇脉冲使蓄电池有较充分的反应时间，减少了析气量，提高了蓄电池对充电电流的接收率。

（5）脉宽调制（PWM）控制器。它以 PWM 脉冲方式开关发电系统的输入。当蓄电池趋向充满时，脉冲的宽度变窄，充电电流减小，而当蓄电池电压回落时，脉冲宽度变宽，符合蓄电池的充电要求。

6.6.5.2　基本功能

发电系统中充电控制器具有对系统、蓄电池、负载等实施有效保护、管理和控制等功能，充电控制器的基本功能如下：

（1）充电功能。能按设计的充电模式把风电机组发出的电能向蓄电池充电。

（2）电压显示。模拟或数字显示蓄电池电压，指示蓄电池的荷电状态。

（3）电流显示。模拟或数字显示可再生能源发电系统的发电电流和输出的负载电流。

（4）高压（HVD）断开和恢复功能。控制器应具有输入高压断开和恢复连接的功能。

（5）欠电压（LVG）告警和恢复功能。当蓄电池电压降到欠电压告警点时，控制器应能自动发出声光告警信号（有时这一功能由逆变器完成）。

（6）低压（LVD）断开和恢复功能。这种功能可防止蓄电池过放电，这一功能也往往通过逆变器来实现。

（7）保护功能。防止任何负载短路的电路保护，防止充电控制器内部短路的电路保护，防止夜间蓄电池反向放电保护，防止负载或蓄电池极性反接的电路保护，防止感应雷的线路防雷。

（8）温度补偿功能（仅适用于蓄电池充满电压）。当蓄电池温度低于 25℃时，蓄电池的充满电压应适当提高。相反，高于该温度蓄电池的充满电压的门限应适当降低。

（9）提供通信接口。需要具有远程监控、功率累计显示、通信专用接口 RS232 等功能。

习　　题

6.1　液压系统中的阀包括哪几种类型？其作用都是什么？请绘制其元件符号。

6.2　请绘制液压系统图，其注明液压符号的名称。

6.3　请说明润滑系统中的结构特点，并说明工作特点。

6.4　根据上课所讲内容，详细阐述风力机液压开桨和顺桨的全过程。

6.5　风力液压系统共有那几大部分组成，并简单列举出几个元件名称及其液压符号画法。

6.6　润滑系统与其他液压系统是否独立？请分别说明哪处的润滑系统是独立系统，哪处联合使用？

6.7　风力机液压系统为何加装加热系统和冷却系统（即温控系统）？其在风力机运行过程中何时开始工作？（液压）

6.8　说明安全链的作用，其设计原则有哪些？

6.9　当安全链一旦动作，风力机是否可以继续工作，并采取何种操作能使风力机重新启动？

6.10　安全系统主要保护风力机哪几方面？

6.11　请区分中线点接地、工作接地、保护接地的区别。

6.12　风力机的防雷系统中有哪些组成部分？常用的接闪器有哪些类型？（保护）

6.13　请详细说明异步发电机的工作状态，即何时为发电状态？何时为用电状态？

6.14　双馈式风力发电机的"双馈"的具体含义及电能输出方式。

6.15　请详细阐述双馈发电机在四象限运行过程中的能流关系及功率传递关系。

6.16　请分别说明同步、异步、双馈和永磁发电机的结构特征及优缺点。

6.17　通过查阅相关资料说明断路器分装式、固定式及手车式结构特征及适用环境。（发电）

6.18 请详细列举风力机运行过程中主要监测哪些物理量，并使用何种设备进行测量？

6.19 说明互感器种类及工作原理。

6.20 通过查阅相应资料说明目前故障诊断方法有哪几种，并简单说明其故障判定原理，请至少列举三项。（监测）

6.21 风力机操作系统主要有哪几方面工作操作，对于运行员和检修员主要使用哪几方面操作。（操作）

6.22 请用 20 个以内汉字总结整流器、逆变器、变流器的功能。

6.23 通过主动学习，解释 IGBT 的含义及功能。

第7章 风力发电技术

7.1 风电机组的控制技术

控制系统是风电机组的重要组成部分，负责机组从启动并网到运行发电过程中的控制任务，同时要保证风电机组在运行中的安全。

图 7.1 为控制系统的基本结构，控制方式基本采用计算机离散式控制方式。

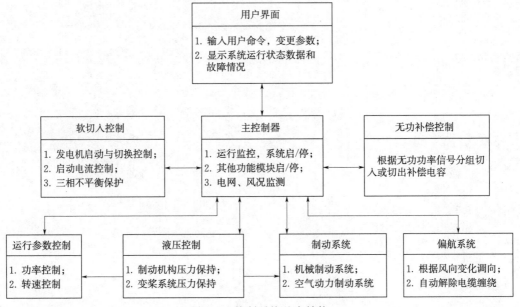

图 7.1 控制系统基本结构

（1）控制系统原因与目标。控制系统的主要原因为风能密度低、稳定性差；风速和风向随机性。控制目标为保证系统的可靠性运行、能量利用率最大、电能质量高和机组寿命长。

（2）常规控制内容包括以下内容：

1）风电机组的稳态工作点。当外部条件（如负载、风速和空气密度等）和自身的参数确定，风电机组经过动态调整后将工作在某一平衡工作点。风电机组控制的主要目的为跟踪最佳风能利用系数曲线，最佳风能利用系数曲线是在不同风速下，风电机组输出功率最大点的连线。控制系统的任务是为了保证机组安全可靠运行的前提下，使风电机组的稳态工作点尽可能靠近风电机组的最佳风能利用系数曲线。

2）风电机组工作状态为运行状态、暂停状态、停机状态和紧急停机状态。当紧急停机电路动作时，所有接触器断开，计算机输出信号被旁路，使计算机没有可能去激活任何机构。其转换方式见图 7.2。

提高工作状态层次只能一层一层地上升，而要降低工作状态层次可以一层或多层。

（3）风电机组的启动。风电机组的启动方式可分为自启动、本地启动和远程启动。

7.1.1 风电机组的控制要求

一般的大型风电机组主要由轴系连接的风轮、增速齿轮箱、发电机组成。从机械结构设计及运行特性要求决定了风轮运行在低转速状态（每分钟十几至二十几转），发电机运行在高转速状态（每分钟上千转）。因此，齿轮箱起到了增速作用（直驱式机组依靠增加发电机极对数实现增速）。其中，风轮及发电机是主要的控制对象。一般风电机组及其控制系统结构见图 7.3。

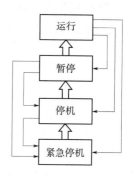

图 7.2　控制方式转换

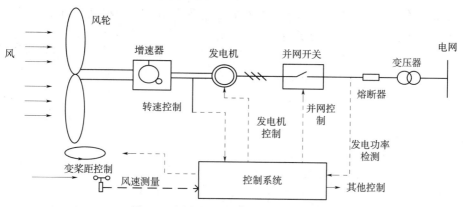

图 7.3　风电机组及其控制系统结构图

风电机组依靠风轮的叶片吸收风能，并在一定转速下将能量以转矩的形式给机组提供机械能。并入电网的发电机在一定电压下将能量以电流的形式向电网输送电能，同时，发电机的电磁转矩平衡了风轮的机械转矩，使机组在某一合适的转速下运行。风电机组的运行及发电过程在控制系统控制下实现。

风速具有典型的随机性和不可控性，因此，控制系统必须根据风速的变化对风电机组进行发电控制与保护，以 1.5MW 双馈型机组为例，在不同风速下控制后的风电机组功率曲线见图 7.4。

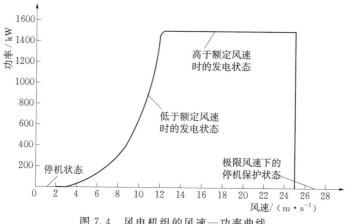

图 7.4　风电机组的风速—功率曲线

风电机组发出的功率与风速密切相关，根据风速大小可以使风电机组运行在不同状态。当风速很低时，机组处于停机状态；当风速达到或超过启动风速后（如 3.5m/s），风电机组进入变功率运行状态，即随着风速的增加发电功率亦增加；当达到某一风速时，风电机组功率达到额定功率，此时的风速称为额定风速；当风速超过额定风速后，风电机组将被限制在额定功率状态下运行；当风速过大时（如超过 25m/s），为了安全，风电机组将进入停机保护状态。根据上述规律，风电机组的控制系统将根据风速对风电机组的启停及功率进行控制。

发电机是控制系统的另一重要控制对象，目前的兆瓦级风电机组主要有普通异步发电机、双馈式异步发电机和直驱式永磁发电机三种。根据发电机种类的不同，控制系统的控制方式有很大区别，对于普通异步发电机的控制是比较简单的，主要是控制发电机的并网与脱网，如需进行无功功率补偿，还需进行补偿电容器组的投切控制。对于双馈式异步发电机和直驱式永磁发电机的控制要用到变流器，两者的区别见图 7.5 和图 7.6。

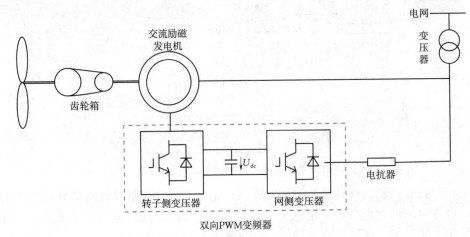

图 7.5　双馈式风电机组

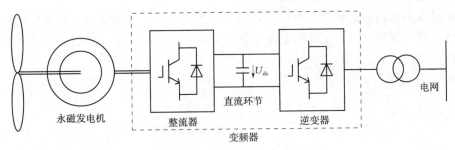

图 7.6　直驱式永磁同步风电机组

变流器一般指的是由电力电子器件组成的交—直—交变频器。双馈式发电机的转子通过变流器与电网连接并与电网交换能量，变流器可以为转子提供频率可变的交流电，并通过对转子交流励磁的调节，改变风力发电机组的转速及发电机发出的有功功率和无功功率。直驱式永磁同步发电机的定子通过换流器与电网连接并向电网输送电能，这种连接方式可以使发电机的转速与电网的同步转速不一样，即可以按机组的要求使发电机工作在希望的转速下同步运行。因此，这两种发电机都可以实现变速运行。众所周知，电网的容量很大，风电机组与电网电力连接处的发电频率必须与电网相一致，或者由电网的频率所决定。而风电机组的功率与转矩和转速的乘积成正比，为了提高风电机组的效率，希望风电机组在不同风速下有与之合适的转速，必须使风电机组能够变速运行。设计有变流器的双馈式风电机组与直驱式风电机组实现了变速运行，具有较高的发电效率。普通异步发电机组由于不具备变速功能，其发电效率较低。因此，有的异步发电机采用了变极调速方法，使发电机效率有所提高。对双馈式与直驱式发电机变速运行的控制通过对变流器的控制实现。大型风电机组一般都是在并入电网状态下运行。因此，并网与脱网控制是控制系统的任务之一，并要求在控制并网时对电网的冲击最小，对风电机组的机械冲击也最小，使机组平稳并入电网。脱网时机组不要超速，使风电机组能安全停机。

风电机组在运行时，除了风速发生变化，风向也会发生变化。因此，要求控制系统能够根据风向实时调整机舱的位置，使风电机组始终处于正对气流的方向，这种控制称为对风。对风的控制是通过由伺服电动机等构成的偏航系统实现的。另外，在对风过程中，机舱与地面之间的连接电缆会发生缠绕，因此，还需要定期进行所谓的解缆控制。

为了保证机组的安全，风电机组设计有制动系统，其原理与汽车的制动系统相似。制动力一般由液压系统提供。根据机组的不同停机要求，控制系统应适时进行变桨与制动控制。

为了保证机组齿轮箱、液压系统、发电机、控制装置等各主要部件的正常工作，对各部件温度等进行控制也是对控制系统的基本要求。

风电机组在运行过程中可能会发生故障，当故障发生时，控制系统要作出相应报警直至停机等动作。风电机组属于大型转动机械，机组的振动往往反映机组的故障状态，目前的振动信号主要反映风对塔架（筒）的作用引起的振动，并作为停机信号使用，对机械旋转振动及故障原因等还缺乏监测手段，该问题正在逐渐引起人们的重视。

风电机组的运行安全十分重要，控制系统在设计时均具有对风电机组较完善的保护措施。为了安全而作为对风电机组的最后一级保护，目前的大型风电机组都设计了安全链系统，设计原则是当发生任何一种严重故障需要停机时，安全链系统都能保证使机组停下来。安全链系统是脱离控制系统的低级保护系统，失效性设计保证了系统在任何条件下的可靠性。

另外，控制系统是以计算机为基础的，除了对控制系统的上述要求外，还要具有人机操作接口、数据存储、数据通信等功能。

综上所述，风电机组控制系统需要具有以下功能及要求：

（1）根据风速信号自动进入启动状态或从电网自动切除。

（2）根据功率及风速大小自动进行转速和功率控制。

（3）根据风向信号自动对风。

（4）根据电网和输出功率要求自动进行功率因数调整。

（5）当发电机脱网时，能确保机组安全停机。

（6）在机组运行过程中，能对电网、风况和机组的运行状况进行实时监测和记录，对出现的异常情况能够自行准确地判断并采取相应的保护措施，并能够根据记录的数据，生成各种图表，以反映风力发电机组的各项性能指标。

（7）对在风电场中运行的风力发电机组具有远程通信的功能。

（8）具有良好的抗干扰和防雷保护措施，以保证在恶劣的环境里最大限度地保护风电机组的安全可靠运行。

7.1.2 风电机组功率调节方式

（1）功率调节方式可分为：①定桨距失速调节，其控制最简单，利用高风速时升力系数降低和阻力系数增加，限制功率在高风速时保持恒定；②变桨距调节，当转动桨距叶片安装角以减小攻角，高风速时减小升力系数，以限制功率；③主动失速调节，利用桨距调节，在中低风速区可优化功率输出。

（2）功率调节方式可分为定桨距失速控制、变桨距调节和主动失速调节。具体如下：

1）定桨距失速控制。其优点是控制简单。而缺点为功率曲线由叶片的失速特性决定，功率输出不确定。阻尼较低，振动幅度较大，叶片易疲劳损坏。高风速时气动载荷较大，叶片及塔架（筒）等受载荷较大。低风速段风轮转速较低时的功率输出较高。

2）变桨距调节。其优点是获取更多的风能，提供气动刹车，减少作用在机组上的极限载荷变桨速率约为 $5°/s$，紧急变桨速率为 $10°/s$。

3）主动失速调节。其特点是可以补偿空气密度、叶片粗糙度、翼型变化对功率输出的影响，优化中低风速的出力。额定点之后可维持额定功率输出。叶片可顺桨，制动平稳，冲击小，极限载荷小。

7.1.3 风电机组的控制结构

风电机组根据机组形式的不同，控制系统的结构与组成存在一定差别，以目前国内装机最多的双馈式风电机组为例进行介绍，双馈式风电机组整体结构，见图 7.7。

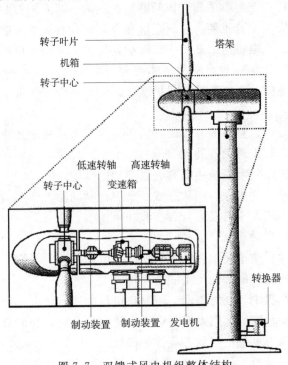

图 7.7 双馈式风电机组整体结构

风电机组底部为变流器柜和塔筒控制柜。塔筒控制柜一般为风力发电机主控制装置，负责整个风电机组的控制、显示操作和通信。变流器柜主要由 IGBT（绝缘栅极晶体管）、散热器和变流控制装置组成，负责双馈发电机的并网及发电机发电过程控制。塔筒底部的控制柜通过电缆或光缆与机舱连接与通信。

机舱内部的机舱控制柜主要负责机组制动、偏航控制及液压系统、变速箱、发电机等部分的温度等参数的调节。同时，负责机组各运行参数的检测及风速、风向信号检测。

风力机叶片通过回转支撑安装在叶片轮毂上，以实现叶片的转动角度可调。机组变桨距控制装置布置在轮毂内，在机组运行过程中，根据风速的变化可以使叶片的桨距角在 $0°\sim90°$ 范围内调节，实现对机组功率的控制。应当指出的是，机组运行时变桨控制装置与轮毂一同旋转，该控制装置的电源、信号是通过集电环与外部进行连接的。

控制装置通过计算机通信总线联系在一起，实现机组的整体协调控制。同时，控制系统还通过计算机网络与中央监控系统进行通信，实现机组的远程起停与数据传输等功能。

风电机组总体控制结构及主要功能，见图 7.8。

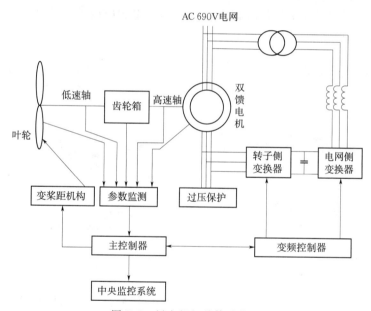

图 7.8　风电机组总体功能图

（1）机组的控制发电功率通过调节桨距角和控制发电机转差率（控制发电机转子电流）两种方式进行。为保证在额定点具有较高的风能利用系数，调节方式根据风速的变化进行调节。下面对比变桨距风力机与定桨距风力机在切入风速与切出风速之间运行过程发电状况。

1）$v<v_e$，C_P 最大。定桨距风力发电机发电量高于变桨距风力机。

2）$v=v_e$，C_P 最大。由于未达到 v_e，定桨距风力机已经失速，所以发电量略低于变桨距风力机。

3）$v>v_e$，C_P 缓慢下降。变桨距风力机发电量高于定桨距风力机。

4）$v=v_{out}$，C_P 最小。

（2）变桨距风力机组运行状态可分为启动状态（转速控制）、欠功率状态（不控制）和额定功率状态（功率控制），其控制方式见表 7.1。

表 7.1 　　　　　　　　　　　　　变桨距风力机运行状态表

状态	风速	力矩	发电功率	桨距角	控制系统
启动状态	$0 \sim v_{in}$	增大	0	$90° \rightarrow 0°$	√
欠功率状态	$v_{in} \sim v_e$	增大至最大	$\frac{1}{2} C_P A \rho v^3$	$0° \rightarrow 3°$ 且稳定于 3°	×
额定功率	$v_e \sim v_{out}$	减小	$P_{额定}$	$3° \rightarrow 90°$	√

（3）带调整发电机转差率的变桨系统（图 7.9），具体如下：

1）变桨距系统有风速低频分量和发电机转速控制，风速的高频分量产生的机械能波动，通过迅速改变发电机的转速来进行平衡，即通过转子电流控制器对发电机转差率进行控制。

2）在发电机并入电网前，发电机转速由速度控制器 A 直接控制。发电机并入电网后，速度控制器 B 与功率控制器起作用。

3）功率控制器的任务主要是根据发电机转速给出相应的功率曲线，调整发电机转差率，并确定速度控制器 B 的速度给定。

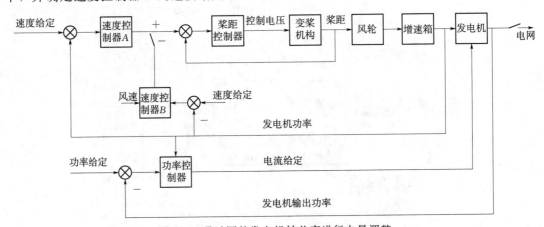

图 7.9　通过调整发电机转差率进行电量调整

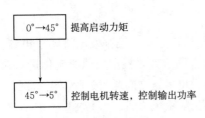

图 7.10　风力机叶轮启动过程

4）风力机叶轮启动变桨过程。通过图 7.10 可以看出变桨距风力机在启动过程中叶片桨距角的变化过程。

（4）发电机转子电流控制技术。发电机转子电流控制技术是通过对发电机转子电流的控制来迅速改变发电机转差率，从而改变风轮转速。应用转子电流控制器的功率控制系统的主要方式是通过外环通过测量转速产生参考曲线，而内环是一个功率伺服环，它通过转子电流控制器对电机转差率进行控制，是发电机功率跟踪给定值。转子电流控制器是使用转子电流控制器由快速数字式比例积分（PI）控制器和一个等效电阻构成。转子电流控制器的结构，是将普通三相异步发电机的转子引出，外接转子电阻，电阻值从 0 变化到 100%，则发电机的转差率绝对值增大值 10%。其特点是开关速度快、提高了发电机的效率和电路结构简单。在短暂风速下使用转子电流控制技术，其特点是反应速度快，可以对发电功率瞬时调节，并降低变桨距动作频率，延长变桨距机构的使用寿命。

7.1.4 风电机组的运行控制过程

风电场的风电机组一般均分散布置在方圆几十公里的风场中，机舱距离地面几十米高，且处于无人值守状态。因此，风电机组在设计上均采用远程自动控制方式，即每台机组的控制系统能随时根据风况与电网需求自动独立实现机组启动、并网、发电等操作，并能将机组的状态信息通过网络传给主控中心，主控中心除向机组发出启动、停机等指令外对机组的干涉很少。

风电机组运行过程可分为待机状态、机组自启动过程、机组并网过程、欠功率运行状态、额定功率运行状态、正常停机状态等 6 种工作状态过程。

1. 待机状态

当机组所有运行部件均检测正常且风速低于 3.5m/s 时，机组处于待机状态。在待机状态下，所有执行机构和信号均处于实时监控状态，机械盘式制动器已经松开，对于定桨距机组，叶尖扰流器已被收回与叶片合为一体。对于变桨距机组，机组叶片处于顺桨（即桨距角为 90°）位置，此时机组处于空转状态。通过风向仪信号实时跟踪风向变化，偏航系统使机组处于对风状态。风速亦被实时检测，送至主控制器作为启动参考量。

作为启动前机组需满足的条件一般包括：

（1）发电机温度、增速器润滑油温度在设定值范围以内。

（2）液压系统压力正常。

（3）液压油位和齿轮润滑油位正常。

（4）制动器摩擦片正常。

（5）扭缆开关复位。

（6）控制系统电源正常。

（7）非正常停机后显示的所有故障信息均已解除。

（8）维护开关在运行位置。

2. 机组自启动过程

风电机组的自启动过程指风轮在自然风速作用下，不依赖其他外力的协助，将发电机拖到一定转速，为并入电网做好准备的过程。

处于待机状态的风电机组在正常启动前，控制系统对电网及风况进行检测，如连续 10min 电网电压及频率正常，连续 10min 风速超过 3.5m/s（设 3.5m/s 为启动风速），且控制器、执行机构和检测信号均正常，此时主控制器发出启动命令。机组叶片桨距角由 90°向 2°方向转至合适角度，风轮得气动转矩使机组转速开始增加，机组启动。

早期的定桨距风电机组的启动是在发电机的协助下完成的，这时的发电机作电动机运行，即发电机可以从电网获得能量使机组升速。由于目前的风力机一般都具有变桨功能，因此，可以获得良好的启动性能。

3. 机组并网过程

并网是指控制机组转速达到额定转速，通过合闸开关将发电机接入电网的过程。对于不同的发电机其并网过程亦不同。

对于普通异步发电机，并网过程是通过三相主电路上的三组晶闸管完成的。通过控制当机组的转速接近电网同步转速时，用来并网的晶闸管开始触发导通，导通角随发电机转速与同步转速的接近而增大，发电机转速的加速度减小。当发电机达到同步转速时，晶闸管完全导通，转速超过同步转速进入发电状态。此时，旁路接触器闭合，晶闸管停止触发，即完成了并网过程。

对于双馈发电机，并网过程是通过控制变流器来控制转子交流励磁完成的。当机组转速接近电网同步转速时，即可通过对转子交流励磁的调节来实现并网。由于双馈发电机转子励磁电压的幅值、频率、相位、相序均可根据需要来调节，因此对通过变桨实现转速控制的要求并不严格，通过上述控制容易满足并网条件要求。

对于直驱发电机，并网过程是通过控制全功率变流器来完成的。直驱发电机采用的交—直—交全功率变流器处于发电机与电网之间，并网前首先启动网侧变流器调制单元给直流母线预充电，接着启动电机侧变流器调制单元并检测机组转速，同时追踪电网电压、电流波形与相位。当电机达到一定转速时，通过全功率变流器控制的功率模块和变流器网侧电抗器、电容器的 LC 滤波作用使系统输出电压、频率等于电网电压、频率，同时检测电网电压与变流器网侧电压之间的相位差，当其为零或相等（过零点）时实现并网发电。

4. 欠功率运行状态

若此时风速低于额定风速，桨距角调整至 3°附近，使叶片获取最大风能。同时，通过调节机组的转速追踪最佳叶尖速比（叶尖速度与风速之比），达到最大风能捕获的目的。

对于并网以后机组转速的调节是通过对发电机励磁的控制实现的，因此，不同发电机具有的调速范围存在很大差别，对于双馈发电机转差率可以在 ±25% 之间变化；对于直驱式发电机可以在 $10\sim22$ r/min 之间变化。对于普通异步发电机转速几乎不可调节。

5. 额定功率运行状态

若风速高于额定风速，变桨距控制器将进行桨距角调节，限制风力机输入功率，使输出功率始终保持在额定功率附近。由于桨距调节具有一定的滞后特性，当风速出现波动时，为了稳定发电机功率输出，此时可以通过励磁调节发电机转差率，利用风轮蓄能达到稳定输出功率的目的。对于定桨距机组，高于额定风速下对于功率的限制是依靠叶片的失速特性来实现的。

6. 停机状态

停机一般可分为正常停机与非正常紧急停机。对于一般性设备及电网故障，当故障出现时将进行正常保护停机。需要停机时先将叶片顺桨（定桨距机组释放叶尖扰流器），降低风力机输入功率。再将发电机脱离电网，降低机组转速。最后投入机械制动。当出现发电机超速等严重故障时，将进行紧急停机。紧急停机时执行快速顺桨、并在发电机脱网同时投入机械制动，因此，紧急停机对风电机组的冲击是比较大的。正常停机是在控制系统指令作用下完成，当故障解除时风电机组能够自动恢复启动。紧急停机一般伴随安全链动作，重新启动需要人员干预。

7.2　风力机控制

风电机组是包含多个设备的复杂系统，但从总体上可划分为两个主要功能单元为风力机和发电机。风力机俗称风轮机，它负责将风能转化为机械能，再由发电机将机械能转化为电能。因此，依据这两个主要功能单元可以把风力发电控制技术主要分为风力机的控制技术和发电机的控制技术，本节重点介绍风力机的控制技术。

7.2.1 风力机控制的空气动力学原理

风能利用系数 C_P 表征风力机吸收风能的能力，因此，风力机气动性能也主要是 C_P 的特性。风力机特性通常由一簇包含功率系数 C_P、叶尖速比 λ 的无因次性能曲线来表达，如图 7.11 所示。

从图 7.11 可以看到当叶尖速比逐渐增大时，C_P 将先增大后减小。由于风速的变化范围很宽，叶尖速比就可以在很大的范围内变化，因此它只有很小的机会运行在最佳功率点上，即 C_P 取最大值所对应的工况点 C_{Pmax}，而且 C_{Pmax} 对应唯一的叶尖速比 λ_{opt}，因此任一风速下只对应唯一的一个最佳运行转速。如果在任何风速下，风力机都能在最佳功率点运行，便可增加其输出功率。因此，当风速变化且发电机功率没有超过额定时，只要调节风轮转速，同时使桨距角处于

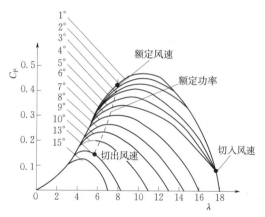

图 7.11 风力机 C_P 性能曲线

最佳角度时就可获得最佳功率。这就是变速风力发电机组在低于额定风速以下进行转速控制的基本原理。不断追踪最佳功率曲线实际上就是要求风能利用率 C_P 恒定为 C_{Pmax} 而保证机组最大限度地吸收风能，因此也称为最大风能捕获控制。

当风速增加到额定风速时，使得发电机的输出功率也随之达到额定功率附近，风电机组的机械和电气设计极限要求转速和输出功率维持在额定值附近。如果风速继续上升，这时仅依靠转速控制不能解决高于额定风速时的能量平衡问题。根据图 7.11，若增大桨距角，风能的利用系数将明显减小，发电机的输出功率也相应减少。因此当发电机输出功率大于额定功率时，通过增大桨距角来减小发电机的输出功率即可使之维持在额定功率附近，所以也称此过程为恒功率控制过程。

通过叶素理论对风力机受力分析，可知作用在叶片上的升力、阻力与攻角 α 和桨距角 β 之间的关系，并由此可以计算出作用在风轮上的转矩及风力机吸收的风能。其中升力、阻力的大小分别由升力系数 C_l 和阻力系数 C_d 描述。影响 C_d 和 C_l 变化的最主要因素是攻角。

升力系数随着攻角 α 线性增大，当攻角增至某一临界攻角 α_{lmax} 时，升力系数达到最大值 C_{lmax}，当 $\alpha > \alpha_{lmax}$ 时，C_l 开始随攻角增加而下降。与 C_{lmax} 对应的 α_{lmax} 点称为失速点。阻力系数曲线的变化与升力系数曲线有所不同，攻角 α 增大时，C_d 由某一数值开始随之减小，当攻角增至 α_{dmin} 时，阻力系数达到最小值 C_{dmin}，当 $\alpha > \alpha_{dmin}$ 时，C_d 开始随攻角增加而增加。

控制风力机受到的总转矩，实质就是通过对攻角的控制来改变升阻比。而要在风速、转速一定的条件下改变攻角，唯一的方式就是改变桨距角。在机组启动阶段，通过改变合适的攻角，可以使风力机获得较大的启动力矩。而在风速高于额定风速的恒功率控制阶

段，既可以通过大大减小桨距角从而增大攻角到 $\alpha > \alpha_{1max}$，使叶片失速来限制总转矩，也可增大桨距角，减小攻角，达到减少叶片的升力来实现功率调节。前一种方式称为主动失速变桨距控制，后一种称为主动变桨距控制。

7.2.2 定桨距风力机控制

并网型变速风电机组在高风速时由于机组本身机械、电气设备的限制，需要控制风能的吸收。目前，控制风能吸收的方式主要有两种为被动的利用叶片失速性能来限制高风速下的风能吸收和通过主动变桨距来控制风能的吸收。所以风力机根据其桨距可否调节分为定桨距风力机和变桨距风力机。

1. 定桨距风力机

定桨距风力机的主要结构特点是叶片与轮毂的连接是固定的，即当风速变化时，叶片的安装角，即桨距角 β 不变，随着风速增加风力机的运行过程为风速增加→升力增加→升力变缓→升力下降→阻力增加→叶片失速。叶片攻角由根部向叶尖逐渐增加，根部先进入失速，并随风速增大逐渐向叶尖扩展。失速部分功率减少，未失速部分功率仍在增加，使功率保持在额定功率附近。

这一特点给风电机组提出了两个必须解决的问题：一是风速高于额定风速时，叶片自动失速性能能够自动地将功率限制在额定值附近；二是运行中的风电机组在突然失去电网

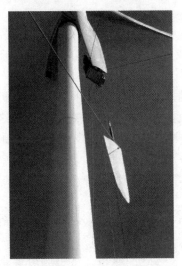

图 7.12　叶尖扰流器

（突甩负载）的情况下，使风电机组能够在大风情况下安全停机。这两个问题要求定桨距风力机的叶片应具有自动失速性能和制动能力。

叶片的自动失速性能是依靠叶片本身的翼型设计来实现的。而叶片的制动能力是通过叶尖扰流器和机械制动来实现的。叶尖扰流器是叶片叶尖一段可以转动的部分，正常运行时，叶尖扰流器与叶片主体部分精密地合为一体，组成完整的叶片。需要安全停机时，液压系统按控制指令将扰流器完全释放并旋转 80°～90°形成阻尼板，由于叶尖扰流器位于叶片尖端，整个叶片作为一个长的杠杆，产生的气动阻力相当高，足以使风力发电机在几乎没有任何其他机械制动的情况下迅速减速，叶尖扰流器的结构见图7.12。而由液压驱动的机械制动被安装在传动轴上，作为辅助制动装置使用。

2. 定桨距控制

定桨距风电机组的桨距角固定不变，定桨距机组一般采用普通异步发电机，因此转速也不可调节，这使得风电机组的功率曲线上只有一点具有最大功率系数，这一点对应于某一个叶尖速比。而要在变化的风速下保持最大功率系数，必须保持转速和风速之比不变，这一点对定桨距风力机很难做到。

由于风速在整个运行范围内的不断变化，固定的桨距角和转速导致了额定转速低的定桨距机组，低风速下有较高的功率系数。额定转速高的机组，高风速下有较高的功率系数。因此定桨距风力发电机组普遍采用双速发电机，分别设计为 4 级和 6 级，低风速时采

用 6 级发电机，而高风速时采用 4 级发电机。这样，通过对大、小发电机的运行切换控制可以使风力机在高、低风速段均获得较高的气动效率。

由于定桨距风力机的控制主要是通过叶片本身的气动特性以及叶尖扰流器来实现的，其控制系统也就大为简化，所以定桨距风力机具有结构简单、性能可靠的优点，但其叶片重量大，轮毂、塔架（筒）等部件受力较大，且功率系数低于变桨距风力机，而且定桨距风力机不容易启动，必须配备专门启动程序。

7.2.3 变桨距风力机控制

1. 变桨距风力机

变桨距风力机的叶片与轮毂不再采用刚性连接，而是通过可转动的推力轴承或专门为变距机构设计的联轴器连接，这种风力机可调节桨距角来控制风力机吸收的风能。正因为功率调节不完全依靠叶片的气动性能，变桨距风力机组具有在额定功率点以上输出功率平稳的特点。图 7.13 为额定功率相等（额定功率为 600kW）的两台定桨距和变桨距风力发电机组的输出功率对比。

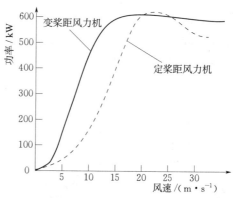

图 7.13 功率输出曲线对比图

图 7.13 中，在相同额定功率点，变桨距风电机组的额定风速比定桨距风电机组要低。定桨距风电机组一般在低风速段的风能利用系数较高，当风速接近额定点，风能利用系数开始大幅下降，因为这时随着风速的升高，功率上升已趋缓，而过了额定点后，叶片已开始失速，风速升高，功率反而有所下降。对于变桨距风力发电机，由于桨距可以控制，无需担心风速超过额定点后的功率控制问题，可以使得额定功率点仍然具有较高的功率系数。表 7.2 为变桨距风力机与定桨距风力机控制参数及特点的全面比较。

表 7.2　　　　　　　　　　　变桨距与定桨距控制参数及特点的比较

风力机类型	叶片重量	结构	功率调节	启动风速	并/脱网
定桨距	大	简单	被动失速	较高	较难；有突甩负荷现象
变桨距	小	较复杂	主动调节	较低	容易，冲击小；可顺桨

通过比较，不难看出定桨距风力机具有结构简单、故障概率低的优点，但其缺点：一是风电机组的性能受到叶片失速性能的限制；二是叶片形状复杂、重量大，使风轮转动惯量较大，不适于向大型风力发电机组发展。而变桨距风力机在低风速启动时，叶片转动到合适位置确保叶轮具有最大启动力矩，这意味着风力机能够在更低风速下开始发电，当并入电网后能够通过变桨距限制风力机的输出功率。桨距角是根据发电机输出功率的反馈信号来控制的，不受气流密度变化的影响。变桨距风电机组的额定风速较低，在风速超过其额定风速时发电机组的出力也不会下降，始终保持在一个比较理想的值，提高了发电效率。当风电机组需要脱离电网时，变桨距系统可以先转动叶片使之减小功率，在发电机和

电网断开之前，功率减小至零，避免了在定桨距风电机组上每次脱网时的突甩负载过程。同时，变桨距风力机的叶片较薄，结构简单、重量较轻，使得发电机转动惯量小，易于制造大型发电机组。

以上的比较充分说明了变桨距风力机的优越性，所以目前兆瓦级的大型风电机组多采用变桨距风力机，代表了大型风电机组的发展趋势。

2. 变桨距控制

变桨距变速风电机组的一个重要运行特性就是运行工况随风速变化的切换特性，所以根据风速情况和风力机功率特性，可以将整个运行过程划分为四个典型工况，每个工况下变桨距控制的目标与策略均有所不同。

（1）第一个典型工况是启动并网阶段。此时风速应满足的条件是达到切入风速并保持一定的时间，风电机组解除制动装置，由停机状态进入启动状态。这个工况下的主要控制目标就是实现风电机组的升速和并网，其中变桨距控制的任务是使发电机快速平稳升速，并在转速达到同步范围时针对风速的变化调节发电机转速，使其保持恒定或在一个允许的范围内变化以便于并网。

（2）第二个典型工况是最大风能捕获控制阶段。由于此工况下风速没有达到额定风速，发电机送入电网的功率必然小于额定值，所以这个工况下的控制目标是最大限度地利用风能，提高风电机组的发电量。因此，变桨距控制系统此时只需将桨距角设定在最大风能吸收角度不变即可（一般机组在 $2°\sim3°$），此时，主要通过励磁调节控制转速来实现最大风能捕获控制。

（3）第三个典型工况为恒功率控制阶段。当风速超过额定风速，发电机的功率不断增大，因此，本阶段的控制目标是控制机组的功率在额定值附近而不会超过功率极限，变桨距控制的任务就是调节桨距角而使输出功率恒定。

（4）第四个典型工况为超风速切出阶段。如果风电机组处于风速高于额定风速的恒功率阶段，风速不断增大到风电机组所能承受的最大风速，即切出风速，控制系统的控制目标是使风电机组安全停机。变桨距控制系统任务是使叶片顺桨，以使风力机尽快降低风能输入，发电机侧与电网断开停机，待风速条件许可后再启动并网。

从各个典型运行工况的变桨距控制中可以看到，在第二、四工况下，桨距角分别处于两个极端位置保持不变。最佳风能吸收角度和顺桨角度，因此变桨距控制可采用开环的顺序控制，控制系统根据输入的运行参数判断机组运行于这两个工况时，执行顺序控制程序直到桨距控制到位保持即可。在第一、三阶段则要对转速和功率进行变桨距的连续控制，而在第一（启动并网）阶段，目前对转速的变桨距控制存在两种控制策略，具体如下：

（1）开环控制即将桨距角由顺桨状态（一般 $90°$）按照一定的顺控程序置为最大风能利用系数的角度（一般 $2°\sim3°$），以获得最大启动力矩。使发电机快速达到同步转速，迅速并入电网。

（2）闭环控制通过变桨距控制使转速以一定升速率上升至同步转速，进行升速闭环控制。为了对电网产生尽可能小的冲击，控制器也同时用于并网前的同步转速控制。

上述两种控制方式中，当转速随风速随机变化时，后一种可以使转速控制得更加平稳，因此，更利于并网。

并网型风力发电机组在运行中，功率控制是首要控制的目标，其他控制都是以功率控制为最终目的或服务于功率控制。由前文知道风电机组功率控制的目标主要是低于额定风速时实现最优功率曲线，即最大风能捕获。高于额定风速时控制功率输出在额定值，即恒功率控制。

低于额定风速时，为了实现最优功率曲线应使桨距角处于最佳风能吸收效率的角度（由于叶片形状设计，真实变桨距风力机一般桨距角为 2°～3°时 C_P 最大），根据实时的风速值来控制风电机的转速，使得风力机保持最佳叶尖速比不变。但是由于风速测量的不可靠性，很难建立转速与风速之间直接的对应关系，而实际上也不是根据风速变化来调整转速的。为了不用风速控制风力机，可按已知的 C_{Pmax} 和 λ_{opt} 计算风轮输出功率，由动能理论有

$$P_{opt} = \frac{1}{2} C_{Pmax} \left(\frac{R}{\lambda_{opt}} \right)^3 \rho \pi R^2 \omega^3 = K \omega^3 \tag{7.1}$$

$$K = \frac{1}{2} C_{Pmax} \left(\frac{R}{\lambda_{opt}} \right)^3 \rho \pi R^2 \tag{7.2}$$

式中：P_{opt} 为最优输出功率，也是控制的目标功率；K 为最优输出功率常数。

如用转速代替风速，功率就是转速的函数，三次方关系仍然成立，即最佳功率 P_{opt} 与转速的三次方成正比。这样就消除了转速控制时对风速的依赖关系。

目前，变桨距功率控制方式主要有两种为主动失速控制和变桨距控制。主动失速控制是通过将叶片向失速方向变桨距，即与变桨距控制相反方向变桨，实现高于额定风速时的功率限制，这无疑对风轮叶片提出了更高的要求，而且风力机处于失速状态时很难精确预测空气动力学特性，在阵风下会造成叶片上的负荷和功率输出的波动。主动变桨距控制可以通过有效的控制方法解决这些问题，成为大型风力机功率控制的主要方式。

3. 功率控制特点

要实现风力机的变桨距功率控制，必须了解变桨距系统的功率控制特性，变桨距控制系统应适合这些控制特点。

（1）气动非线性。变桨距控制实质是通过改变攻角来控制风力机的驱动转矩，因此风力机的气动特性是变桨距系统的主要特性。由风力机空气动力特性可知，C_P 代表了风轮从风能中吸收功率的能力，它是叶尖速比 λ 和桨距角 β 的非线性函数，可参看图 7.11。从图上可以看到风能利用系数曲线对桨距角和叶尖速比的变化规律，其函数关系具有很强的非线性，这就决定了整个变桨距系统是强非线性对象。

（2）工况频繁切换。由于自然风速大小随机变化，导致变速风力发电机组随风速在各个运行工况之间频繁切换。图 7.14 是变桨距风力发电机组转速—功率运行曲线。

其中除了前面提到的运行工况外，在最大风能捕获阶段中，当转速达到极限而功率没有到达额定时将首先进入恒转速控制阶段，此时一般通过励磁控制使转速不再上升，而输出功率仍然增加。因此，变桨距风力机的运行全过程应包含升转速控制、并网控制、恒

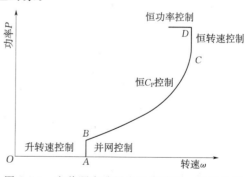

图 7.14　变桨距变速风电机组转速—功率曲线

C_P 控制、恒转速控制和恒功率控制等重要的连续控制过程。并要求控制系统在工况切换时，必须保持风力机运行的稳定性。

（3）多扰动因素。影响风力发电机组性能变化的不确定干扰因素很多。比如，由于大气变化导致雷诺数的变化会引起5%的功率变化，由于叶片上的沉积物和下雨可造成20%的功率变化，其他诸如机组老化、季节或环境变化、电网电压或频率变化等因素，也会在机组能量转换过程中引起不同程度的变化。风力机输出功率是风速三次方的函数，风速的变化（尤其是阵风）对风力发电机组的功率影响是最大的，所以风速的波动是机组最主要的扰动因素。

（4）变桨距执行系统的大惯性与非线性。目前变桨距执行机构主要有两种实现方案。液压执行机构和电机执行机构。以目前常用的液压执行机构为例，叶片通过机械连杆机构与液压缸相连接，桨距角的变化同液压缸位移基本成正比，但由于液压系统与机械结构的特点所决定，这种正比关系呈现出非线性的性质。随着风力机容量的不断增大，变桨距执行机构自身的原因引入的惯性也越来越大，使动态性能变差，表现出了大惯性对象的特点。

7.2.4 功率调节和补偿

7.2.4.1 有功功率的调节

有功功率调节主要通过调节同步发电机的功率角，其为转子励磁磁场轴线与定、转子合成磁场轴线之间的夹角。具体的调节方法为当转速增加，定子电流增加，附加定子励磁磁场增加时，功率角增大，输出功率增加。当功率角达到90°时，定子电流最大，发电机转速将失去同步，机组将无法监理平衡。通过调节转子励磁电流使功率角小于90°，提高稳定性，多用于短时间阵风调节。其调整可用图7.15表示。

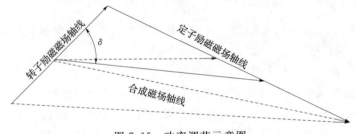

图7.15 功率调节示意图

7.2.4.2 无功功率的补偿

无功功率补偿的原因为当无功功率不足，电网的电压将会下降。同步发电机带感性负载时，由于定子电流建立的磁场对电机中的励磁磁场有去磁作用。具体调整方法为当过励时，发电机输出滞后无功功率，改善功率因数；欠励时，从电网吸收滞后无功功率，降低功率因数。同步发电机通常在过励状态下运行，确保机组稳定运行。

7.3 风力发电机控制

目前并网发电的大型风力发电机组中，风力发电机主要有普通异步发电机、双馈式发电机、直驱式发电机等三种形式。由于各个发电机运行原理不同，在对风力发电机的控制上有很大区别，本节主要介绍常用大型风力发电机的运行、并网及发电控制原理。

7.3.1 风力发电机控制要求

发电机在风力发电过程中起着将机械能转换为电能的重要作用，通过对发电机的控制可以实现对机组转速、发电功率（包括有功功率和无功功率）的调节。通过与变桨距控制系统的协调，可以使风力发电机组处于最佳运行状态，即在低于额定风速时实现对风能的最大捕获；在高于额定风速时实现在额定功率下运行，并保证在风速出现波动时输出电功率的稳定。

由于风速具有不可控性，为了使风电机机组在低于额定风速范围内保持较高的效率，一般希望风电机组能够变速运行。由于风力机输入功率与风轮转矩及转速的乘积成正比，因此对于某一个风速，转速不同则功率亦不同。

对于不同风速，只有一个转速使得功率达到最大值，如果通过控制使风力发电机组在该转速下运行，机组的效率将达到最大。

在大型风电机组中，不同的发电机型式，转速的可调节范围有很大差别，例如，异步发电机转速的变化范围较小（1%～3%），双馈式发电机的转速调节范围较大（±25%），因此，后者较前者有着更高的发电效率。

目前的大型风电机组均在电网中运行，因此，存在着并网控制问题，对并网控制的主要要求是限制发电机在并网时的瞬变电流，避免对电网造成过大的冲击，同时还要保障机组的安全。由电机学方面的理论可以知道，发电机并网时，短时间内（譬如说几个周波内）不产生大的电流冲击，必须满足以下同期条件：

（1）发电机的波形与电网波形相同。

（2）发电机的频率等于电网频率。

（3）发电机的电压幅值等于电网电压幅值，且波形一致。

（4）发电机的电压相序与电网电压的相序相同。

（5）发电机的电压相位与电网电压的相位一致。

如果上述五个条件同时满足，这时并网时的发电机端电压的瞬时值与电网电压的瞬时值完全一致，可以保证在并联合闸瞬间不会引起电流冲击。

7.3.2 异步发电机控制

普通异步风力发电机由于结构简单、造价低廉，在风电场中仍然得到了广泛应用。异步发电机运行时的转速是由电机的转矩—转速特性决定的，当功率变化时电机的转差率很小，因此，可以认为异步发电机在发电过程中，不同的风速下转速基本不变化，即普通异步发电机做不到变速运行，使得风力发电机组的效率较低。目前应用较多的笼型异步发电机即属于这种，运行时靠电机自身特性平衡转矩与转速的关系，对电机不进行控制。

为了提高风电机组的效率，在低于额定风速下，希望机组能够变速运行，可采用的主要机型有两种：笼型双速异步发电机与转子转差可调的异步发电机。双馈式发电机也可称为异步发电机，但由于自身特性比较特殊，将在后续单独介绍。

1. 双速异步发电机控制

双速异步发电机在定桨距风力机组中应用较为普遍，通过前面章节介绍知道，通过改变极对数的方法，可以使风力发电机组在 1000r/min 附近（极对数等于 3）与 1500r/min

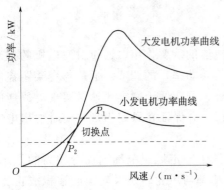

图 7.16　双速发电机功率曲线

附近（极对数等于 2）两个转速下选择运行，以解决发电机在低风速下效率偏低的问题。采用双速发电机的风电机组输出功率曲线，见图 7.16。

当平均风速高于启动风速时（如高于 3m/s），风电机组开始启动，当风电机组转速接近电网同步转速时，由控制系统执行软并网操作（软并网方法在后续介绍），一般总是小发电机首先并入电网。当风速继续升高（如达到 7～8m/s），发电机将切换到大发电机运行。如果启动时平均风速较高，则直接从大发电机并网。

图 7.16 中的 P_1 与 P_2 是大小发电机的切换点。切换控制过程描述如下：

（1）小发电机运行时，如果风速升高使功率达到 P_1 点时，控制系统发出指令使小发电机并网开关断开，小发电机即脱离电网，这时由于没有发电机电磁阻力作用，发电机将升速，当达到大发电机运行转速附近时大发电机并网开关闭合，执行大发电机软并网，即完成了从小发电机向大发电机过渡的切换控制。

（2）大发电机运行期间，如果风速较低，将执行向小发电机切换。当功率降到图 7.16 中 P_2 点时，大发电机并网开关断开，脱离电网，由于脱网后发电机电磁阻力的消失，机组将在风轮带动下使转速继续上升，因此此时应立即闭合小发电机并网开关，并执行小发电机软并网过程，通过电机电流产生的电磁阻力矩使机组减速（可根据情况同时释放叶尖扰流器，重新并网后再收回）。

在执行发电机切换时，控制系统应保证使机组不要超速。

2. 转差可调的异步发电机原理

转差可调的绕线式异步发电机，可以在一定的风速范围内，以变化的转速运行，高于额定风速下可保持发电机输出额定功率，不必借助调节风力机叶片桨距来维持其额定功率输出，这样就避免了风速频繁变化时的功率起伏，改善了电能质量。同时也减少了变桨距执行机构的频繁动作，提高了风电机组运行的可靠性，延长了使用寿命。

由异步发电机的原理可知，如不考虑其定子绕组电阻损耗及附加损耗时，异步发电机输出的电功率 P 基本上等于其电磁功率，即

$$P \approx P_{em} = T_{em}\Omega \tag{7.3}$$

式中：P_{em} 为电磁功率；T_{em} 为发电机电磁转矩；Ω 为旋转磁场的同步旋转角速度。

从异步电机的基本理论可知，异步电机的电磁转矩 T_{em} 可表示为

$$T_{em} = C_m \Phi_m I_{2a} \tag{7.4}$$

$$I_{2a} = I_2 \cos\varphi_2 \tag{7.5}$$

式中：C_m 为电机的转矩系数，对于已制成电机，C_m 为一常量；Φ_m 为电机基波磁场每极磁通量，在定子绕组电压不变情况下，Φ_m 为常量；I_{2a} 为转子电流的有功分量。

由式（7.5）可知，只要能保持 I_{2a} 不变，则电磁转矩 T_{em} 不变。当风速发生变化，引起异步发电机转速发生变化时，转子感应电动势将发生变化，并引起转子电流的变化，从而造成功率的波动。如果在转子回路中串入电阻，通过改变电阻值即可影响转子电流，使得风速引起转速变化时保持转子电流的恒定，达到发电机输出功率不变的目的。不同转子电阻对应

的 T_{em}-s 和 T_{em}-n 特性曲线见图 7.17。

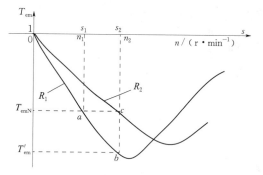

假设风电机组在转速为 n_1、电磁转矩为 T_{emN} 时发出额定功率，图 7.17 中对应转子回路电阻为 R_1 的特性曲线上的 a 点。当风速变化时，例如风速增加，风力发电机的转速随之增大，电磁转矩也随之增大，图 7.17 特性曲线上的 a 点移到 b 点，即电磁转矩增加到 T_{emN} 时的发电机功率超过了额定功率。此时如果将转子电阻 R_1 增加到 R_2，即可将电磁转矩调节回到 T_{emN} 时的额定功率点，即

图 7.17 绕线转子异步发电机改变转子绕组串联电阻时的 T_{em}-s 和 T_{em}-n 特征曲线

图 7.17 中的 c 点，而转差率则由 s_1 变为 s_2，达到吸收由于瞬变风速引起的功率波动，稳定输出功率的目的。

在这种允许转差率有较大变化的异步发电机中，是通过由电力电子器件组成的控制系统，调节转子回路中的串接电阻值来维持转子电流不变，所以这种转差可调的异步发电机又称为转子电流控制（Rotor Current Control，RCC）异步发电机，具体结构见图 7.18。这种调节方式可以使机组在一定范围内变速运行，尤其在额定功率附近，通过调节转差率可以达到稳定功率输出的目的。低于额定风速时，通过调节转速变化可以在一定转速范围内追求最佳叶尖速比控制，但此时的转差功率将消耗在转子回路中，因此，这种电机的效率不如双馈电机。

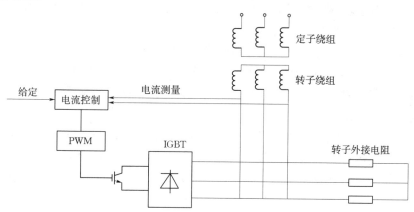

图 7.18 转差可调异步发电机的结构

3. 转差可调异步发电机的功率调节

在采用变桨距风力机的风电系统中，由于桨距调节有滞后时间，特别在惯量大的风力机中，滞后现象更为突出，在阵风或风速变化频繁时，会导致桨距大幅度频繁调节，发电机输出功率也将大幅度波动，对电网造成不良影响。因此单纯靠变桨距来调节风力机的功率输出，并不能保证发电机输出功率的稳定性，利用具有转子电流控制器的转差可调异步发电机与变桨距风力机配合，共同完成发电机输出功率的调节，则能实现发电机电功率的稳定输出。

具有转子电流控制器的转差可调异步发电机与变桨距风力机配合的控制原理见图 7.19。

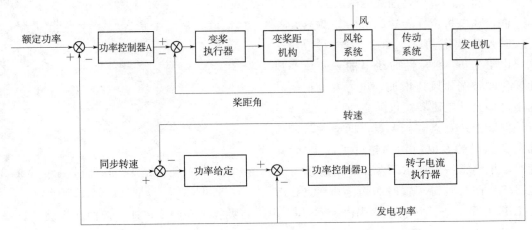

图 7.19　变桨距风力机—转差可调异步发电机控制原理图

风电机组的控制系统主要由两个功率控制回路组成，其中功率控制器 A 负责变桨距控制，功率控制器 B 负责发电机转子电流调节。并网后的功率调节过程描述如下：

（1）变桨距调节低于额定风速时，发电机输出功率低于给定的额定功率，功率控制器 A 输出饱和，执行变桨到最大攻角。高于额定风速后，功率控制器 A 退出饱和，桨距角将根据发电机输出功率与额定功率偏差进行调节，通过桨距角的变化，保持发电机输出功率为额定功率。

（2）发电机调节功率控制器 B 的给定值与转差率有关：低于额定风速时，根据当前转速给出一给定功率，如果与实际功率出现偏差，将通过调节转子电流改变机组的转速，使得输出功率按与功率——转差率设定关系曲线运行，实现最佳叶尖速比调节；高于额定风速时，功率给定保持额定功率值，当出现风速扰动及变桨调节的滞后使发电功率出现波动时，通过转子电流瞬间改变机组的转速，利用风轮储存和释放能量维持输入与输出功率的平衡，实现功率的稳定。

（3）在风速高于额定风速情况下，变桨距机构与转子电流调节装置同时工作，其中风速变化的高频分量通过转子电流调节来控制，而变桨距调节机构对风速变化的高频分量基本不作反应，只有当随时间变化的平均风速的确升高了，才增大桨距角，减少风轮吸入的风能。

7.3.3　双馈发电机控制

双馈异步风力发电机相对于普通异步发电机的最大特点是在亚同步、超同步、同步三种工况下都可以向电网高效地输出电能，其根本原因在于采用了可控的转子交流励磁技术。通过矢量控制技术，可以实现定子输出有功功率与无功功率的独立解耦控制，这一点相对于普通异步发电机来说具有很大的优越性。

矢量变换控制一般用于交流电动机的高性能调速控制上，交流传动调速系统将定子电流分解成磁场定向旋转坐标系中的励磁分量和与之相垂直的转矩分量。分解后的定子电流励磁分量和转矩分量不再具有耦合关系，对它们分别控制，就能实现交流电动机磁通和转矩的解耦控制，使交流电动机得到可以和直流电动机相媲美的控制性能。

双馈风力发电机的控制中，最常用的定向方式是定子磁链定向，采用该种定向方式之后，发电机形式得到了简化，而且更为关键的是发电机定子有功功率 P 和无功功率 Q 在此种定向方式下可以实现解耦双馈发电机矢量控制系统框图，见图7.20。

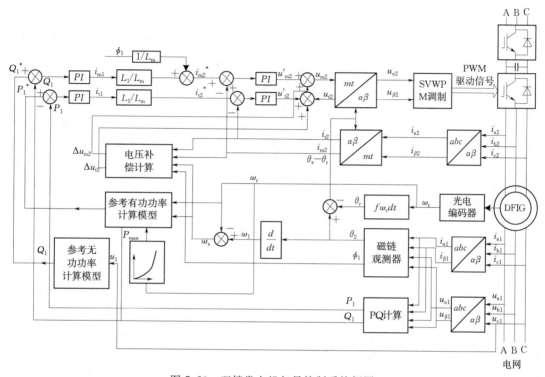

图 7.20 双馈发电机矢量控制系统框图

整个控制系统采用双闭环结构，外环为功率控制环，内环为电流控制环。

1. 转子变流器

在双馈异步发电机组成的变速恒频风力发电系统中，异步发电机转子回路中可以采用不同类型的循环变流器作为转子交流励磁电源。

（1）变—直—交电压型强迫换流变流器。采用此种变流器的电机可实现由亚同步到超同步运行的平稳过渡，这样可以扩大风力机变速运行的范围；此外，由于采用了强迫换流，还可实现功率因子的调节，但由于转子电流为方波，会在电机内产生低次谐波转矩。

（2）采用交—交变流器。采用交—交变流器，可以省去交—直—交变频器中的直流环节。同样可以实现由亚同步到超同步运行的平稳过渡及实现功率因子的调节，其缺点是需应用较多的晶闸管，同时在电机内也会产生低次谐波转矩。

（3）采用脉宽调制（PWM）控制的由变频器（IGBT）组成的交—直—交变流器。采用最新电力电子技术的 IGBT 变频器及 PWM 控制技术，可以获得正弦转子电流，电机内不会产生低次谐波转矩，同时能实现功率因子的调节，现代兆瓦级以上的双馈异步风力发电机多采用这种变流器。

2. 常用风力机 PWM 控制的基本原理及交—直—交变流器

PWM（Pulse Width Modulation）控制就是对脉冲的宽度进行调制的技术。即通过对

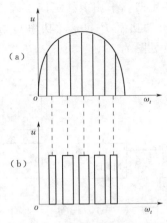

图 7.21　脉宽调制示意图

一系列脉冲的宽度进行调制，来等效地获得所需要波形。基本设计思想是考虑如何用一系列等幅不等宽的脉冲，来代替一个正弦半波，见图 7.21。

该变流励磁电源可以看成双向四象限变流器，双向的含义是可以实现功率双向流动，即转子通过变流器既可以从电网吸收电能，又可以向电网回馈电能，分别对应双馈电机的亚同步和超同步运行状态。

变流器有两部分组成，一部分叫网侧变换器，另一部分叫转子侧变换器，这是根据其所在位置命名的。网侧变换器的作用是实现电网交流侧单位功率因数的控制和在各种状态下保持直流环节电压的稳定，确保转子侧变换器乃至整个双馈发电机励磁系统可靠工作。转子侧变换器的主要功能是在转子侧实现根据发电机矢量控制系统指令变换出需要的励磁电压。双馈发电机的转子三相励磁电压就是通过转子侧变换器实现的。网侧变换器和转子侧变换器在电路拓扑结构上完全一样，它们关于中间的直流电容对称，因此又称为背靠背变流器。

3. 控制结构

双馈异步发电机定子的结构与普通的鼠笼式发电机定子相同，转子部分则各不同。双馈异步发电机转子绕组采用波形绕组，线圈结构和制造工艺复杂，转子线圈一般采用星形连接。绕组三相引出线从轴孔引出，连接到转子上加装的电刷滑环装置。滑环装置与转子同轴设置，变频器通过电刷和滑环装置给转子提供交流电流为双馈式异步发电机提供励磁。转子非转动端装配测量转子角速度的传感器，用于测量转子角速度，以反馈给控制系统进行转速的调节。

双馈异步发电机实现正常发电，需要变频器参与控制调节，图 7.22 为双馈异步发电机系统的结构框图。双馈异步发电机的定子绕组直接接入交流电网；转子绕组端接线由三只滑环引出，接至一台双向功率变频器，并通过变频器向转子绕组提供交流励磁，并可实现双向功率控制。

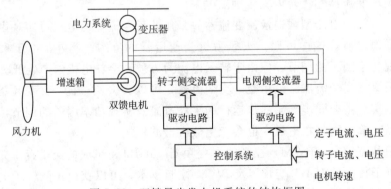

图 7.22　双馈异步发电机系统的结构框图

4. 控制特点

（1）与电网连接简单，并可实现功率因子的调节。

（2）双馈异步发电机可实现连续变速运行，风速转化率高。

（3）变频器只参与部分功率变换，变流器成本相对较低。

（4）并网简单，无冲击电流，电能质量好。

（5）输出功率平滑，功率因素高，一般为 0.95（滞后）～1.05（超前），优化了供电质量。

（6）运行速度能够在一个较宽的范围内被调节到风力机的最优化效率数值，从而获得高的发电效率。

（7）可有效降低桨距控制的动态响应要求，改善作用于风轮桨叶上机械应力状况，一般在桨叶只需要在高风速时才参与功率控制。

（8）可以优化风力机叶片的桨距调节，即可以减少风力机叶片桨距的调节频率，这对桨距调节机构是有利的。

（9）可以降低风力发电机组运转时的噪声水平。

（10）可实现独立（不与电网连接）运行，几个相同的独立运行机组也可实现并联运行。

（11）变流器的容量取决于发电机变速运行时最大转差功率，一般电机的最大转差率为 $\pm(25\%\sim35\%)$，因此变流器的最大容量仅为发电机额定容量的 $1/3\sim1/4$。

（12）双向变流器结构和控制较复杂。

（13）电刷与滑环间存在机械磨损，需要经常维护。

7.3.4 直驱式发电机控制

直驱式永磁同步风力发电机组也是风电领域的主要机型之一，具有效率高、控制效果好的优点。

为了提高风电机组的效率，直驱式风力发电机也是以变速恒频方式运行的，与双馈风电机组不同的是，直驱式风力发电机的变速恒频控制是在发电机的定子侧电路中实现的。发电机发出的频率变化的交流电首先通过三相桥式整流器变换成直流电，然后通过逆变器转换为恒定频率的交流电送入工频电网。另外永磁电机不需要电励磁，使得控制上更加简单。

发电机定子和电网之间采用全功率背靠背电压源型变流器。与电网相连的变流器可控制直流侧电压和流向电网的发电功率，可以实现有功功率和无功功率的独立解耦控制。与发电机相连的变流器可根据风速的变化调节发电机的转速，实现最大功率跟踪、最大效率利用风能。

对于永磁同步发电机来说，由于其转子磁场是不可控的，因此其控制策略与带励磁绕组的同步发电机不同。由转子磁场定向旋转坐标系下的发电机瞬时电磁转矩方程式可知，在系统参数不变的情况下，对电磁转矩的控制最终可归结为对定子横轴电流和纵轴电流的控制。对于给定的输出电磁转矩，有多个横、纵轴电流的控制组合，不同的组合将影响系统的效率、功率因数、发电机端电压以及转矩输出能力，由此形成了永磁同步发电机的电流控制策略问题。永磁同步发电机的控制策略是在风速变化的情况下，通过调节发电机的电磁转矩来影响永磁同步发电机的机械转速，使风轮的转速跟踪参考值，获得最优的叶尖速比，达到最大效率利用风能的目的。

直驱式风力机和双馈式风力发电机组各有自己的特点，它们的比较见表 7.3。

表 7.3　　　　　　　　　　直驱式风力机与双馈式风力机特点比较

双馈式风力机	直驱式风力机
双馈式风电系统需要齿轮箱，意味着电机可以高速运转，标准双馈电机额定转速为 1500r/min，齿轮箱的存在使风电机组重量有所增加，在风电机组的维护中，齿轮箱的故障率较高	直驱式风力机组不需要齿轮箱，风轮直接耦合发电机转子，发电机转速较低，直驱式永磁发电机转速范围一般是 5~25r/min，发电启动转矩较大。不需要齿轮箱，可以减轻机组的重量和减小故障率
双馈式电机为异步发电机。定子绕组直接连接电网，转子绕组接线端由电刷集电环引出，通过变流器连接电网，变流器功率可以双向流动，通过转子交流励磁调节实现变速恒频运行，风电机组的运行范围很宽，转速在额定转速 60%~110% 的范围内都可以获得良好的功率输出	直驱式电机为同步发电机。定子绕组经全功率变流器接入电网，机组运行范围较宽。转子为多级永磁体励磁，永磁体的阻抗低，减少了系统损耗，但电机结构复杂、直径较大、运输困难
用于双馈式电机的变流器，由于流过转子电路的功率是由发电机的转速运行范围所决定的转差功率，仅为定子额定功率的一部分，因此双向励磁变流器的容量仅为发电机容量的一部分，成本将会大大降低，容量越大优势越明显	用于直驱的变流器为全功率变频，容量大、成本高
双馈式风电系统网端采用定子电压或定子磁链定向的原则，可以实现并网功率的有功无功独立调节，功率因数可调	直驱式风电系统网端采用网侧电压定向的原则，可以实现并网功率的有功无功解耦控制，功率因数可调

7.4　发　电　系　统

7.4.1　恒频恒速发电系统

恒速恒频发电系统是指在风力发电过程中保持发电机的转速不变，从而得到和电网频率一致的恒频电能。恒速恒频系统一般比较简单，所采用的发电机主要是同步发电机和鼠笼式感应发电机。同步发电机的转速是由电机极对数和频率所决定的同步转速，鼠笼式感应发电机以稍高于同步转速的转速运行。

1. 同步发电机

风力发电中所用的同步发电机绝大部分是三相同步发电机，连接到邻近的三相电网或输配电线。三相发电机比起相同额定功率的单相发电机体积小、效率高而且便宜。所以只有在功率很小和仅有单相电网的少数情况下，才考虑采用单相发电机。

普通三相同步发电机的结构是在定子铁芯上有若干槽，槽内嵌有均匀分布的，在空间彼此相隔 120°角的三相电枢绕组。转子上装有磁极和励磁绕组，当励磁绕组通以直流电流后，电机内产生磁场。转子被风力机带动旋转，则磁场与定子三相绕组之间有相对运动，从而在定子三相绕组中感应出 3 个幅值相同、彼此相隔 120°的交流电势。

同步发电机的主要优点是可以向电网或负载提供无功功率，且可以并网运行，也可以单独运行，满足各种不同负载的需要。同步发电机的缺点是它的结构以及控制系统较复杂，成本相对于感应发电机也较高。

2. 感应发电机

也称为异步发电机，有鼠笼型和绕线型两种。在恒速恒频系统中，一般采用鼠笼型异步电机。转子不需要外加励磁，没有滑环和电刷，因而其结构简单、坚固，基本上无需维护。

感应电机既可作为电动机运行，也可作为发电机运行。当作为电动机运行时，其转速总是低于同步转速，这时电机中产生的电磁转矩的方向与旋转方向相同；若感应电机由某原动机（如风力机）驱动至高于同步转速的转速时，则电磁转矩的方向与旋转方向相反，电机作为发电机运行，其作用把机械功率转化为电功率。

感应发电机也可以有两种运行方式，即并网运行和单独运行。并网运行时，感应发电机一方面向电网输出有功功率，另一方面又必须从电网吸收落后的无功功率；单独运行时，感应发电机电压的建立需要有一个自励磁过程。自励磁的条件一个是电机本身存在一定的剩磁；另一个是在发电机的定子输出端与负载并联一组适当容量的电容器，使发电机的磁化曲线与电容特性曲线交于正常的运行点，产生所需的额定电压，见图 7.23。

感应发电机与同步发电机的比较见表 7.4。

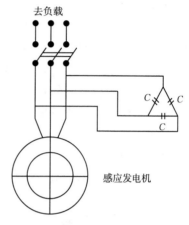

图 7.23 感应发电机单独运行的自励电路

表 7.4　　　　　　　　**感应发电机与同步发电机的比较**

项目	感应发电机	同步发电机
结构	定子与同步发电机相同，转子为鼠笼型，结构简单，牢固	转子上有励磁绕组，结构较复杂
励磁	由电网取得励磁电流，不需要励磁装置及励磁调节装置	需要励磁装置及励磁调节装置
尺寸及重量	无励磁装置，尺寸较小，重量较轻	有励磁装置，尺寸较大，重量较重
并网条件	强制并网，不需要同步装置	需要同步装置
稳定性	无失步现象，运动时只需适当限制负荷	负荷急剧变化时有可能失步
维护检修	定子的维护与同步发电机相同，转子基本不需要维护	除定子外，励磁绕组及励磁装置都需要维护
功率因素	功率因素由输出功率决定，不能调节，由于需要电网供给励磁的无功功率，导致功率因数下降	功率因数可以很容易地通过励磁调节装置予以调整，既可以在之后的功率因数下运行，也可以在超前的功率因数下运行
冲击电流	强制并网，冲击电流大，有时需要限流措施	由于同步装置，并网冲击电流很小
单独运行及电压调节	单独运行时电压、频率调节比较复杂	单独运行时可以很方便地调节电压

目前，单机容量为 $600 \sim 750 \mathrm{kW}$ 的风电机组多采用恒速运行方式。这种机组控制简单，可靠性好，大多采用制造简单、并网容易、励磁功率可直接从电网中获得的鼠笼型异步发电机。

恒速风电机组主要有两种功率调节类型为定桨距失速型和变桨距型风力机。定桨距失速型风力机利用风轮叶片翼型的气动失速特性来限制叶片吸收过大的风能。功率调节由风轮叶片来完成，对发电机的控制要求比较简单。这种风力机的叶片结构复杂，成型工艺难度较大。变桨距型风力机则是通过风轮叶片的变桨距调节机构控制风力机的输出功率。由于采用的是笼型异步发电机，无论是定桨距还是变桨距风力发电机，并网后发电机的磁场旋转速度都被电网频率所固定不变。异步发电机转子的转速变化范围很小，转差率一般为 $3\%\sim5\%$，属于恒速恒频风力发电机。

恒频恒速风力机失速和制动核心问题为自动失速性能和突甩负载下的安全停机。对于定桨距风力机安装角的需要根据空气密度进行调整，失速只与风速有关，失速型风机冬夏两季的输出功率不同。夏季空气密度低，气压小，定桨距风力机发电量小。增加安装角大小，提高失速点，控制发电机的输出功率在额定功率附近波动。反之亦然。

主动失速风力机多采用双速发电机，见图 7.16。风力机在低于额定风速下运行的时间约占风力机全年运行时间的 $60\%\sim70\%$，为了充分利用低风速时的风能，增加全年的发电量，近年来广泛应用双速异步发电机。改变电机定子绕组的极对数的三种方法分别为采用两台定子绕组极对数不同的异步电机。在一台电机定子上放置两套不同相互独立的绕组，即是双绕组的双速电机。在一台电机的定子上仅安置一套绕组，靠改变绕组的连接方式获得不同的极对数，即单绕组双速电机。通过改进发电装置实现不连续变速功能方法包括双速发电机、双绕组双速感应发电机和双速极幅调制感应发电机。

当风速达到切入风速，不足以将风电机组拖动到切入的转速，或者风电机组从小功率（逆功率）状态切出，没有重新并入电网。风电机组的自启动。风轮在自然风速的作用下，不依靠其他外力的协助，将发电机拖动到额定转速。自启动的条件为电网（低、过电压，10min）、风况、机组（风轮对风并制动解除，准备自启动）、风轮对风（时间常数控制，10s）、自动解除（扰流器回收与松开钳式制动器）。

风电机组并网与脱网。并网主电路晶闸管完成，为避免火花产生需用旁路接触器首先接通。大小发电机软并网程序为达到预置切入点→晶闸管接通，加速度由大变小→转速超过同步转速发电→从旁路接触器输送电能至电网。从小发电机向大发电机的切换的依据为平均功率或瞬时功率，大发电机向小发电机的切换依据为持续功率或平均功率。电动机启动只在调试期间或某些特殊情况下使用。

7.4.1.1　定桨距失速控制

定桨距风电机组的主要特点是桨叶与轮毂固定连接。当风速变化时，桨叶的迎风角度固定不变。利用桨叶翼型本身的固有失速特性，在高于额定风速下，气流的攻角增大到失速条件时，桨叶表面产生紊流，效率降低，达到限制功率的目的。采用这种方式的风电系统控制调节简单可靠。但为了产生失速效应，导致叶片重，结构复杂，机组的整体效率低，当风速高到一定值时还必须停机。

定桨距是指风轮的桨叶与轮毂是刚性连接。当气流流经上下翼面形状不同的叶片时，因凸面的弯曲而使气流加速，压力较低，凹面较平缓，使气流速度减缓，压力较高，因而产生作用于叶面的升力。桨距角不变，随着风速增加，攻角增大，分离区形成大的涡流。与未分离时相比，上下翼面压力差减小，致使阻力增加，升力减少，造成叶片失速，从而限制了功率的增加。

因此，定桨距失速控制没有功率反馈系统和变桨距执行机构，因而整机结构简单，部件少，造价低，并具有较高的安全系数。失速控制方式依赖于叶片独特的翼型结构，叶片本身结构较复杂，成型工艺难度也较大。随着功率增大，叶片加长，所承受的气动推力大，使得叶片的刚度减弱，失速动态特性不易控制，所以很少应用在兆瓦级以上的大型风力发电机组的控制上。

1. 风轮结构

定桨距风力发电机组的主要结构特点是桨叶与轮毂的连接是固定的，即当风速变化时，桨叶的迎风角度不能随之变化。这一特点给定桨距风力发电机组提出了两个必须解决的问题。一是当风速高于风轮的设计点风速即额定风速时，桨叶必须能够自动地将功率限制在额定值附近，因为风力机上所有材料的物理性能是有限度的。桨叶的这一特性被称为自动失速性能。二是运行中的风力发电机组在突然失去电网（突甩负载）的情况下，桨叶自身必须具备制动能力，使风力发电机组能够在大风情况下安全停机。为了解决上述问题，桨叶制造商首先在 20 世纪 70 年代用玻璃钢复合材料研制成功了失速性能良好的风力机桨叶，解决了定桨距风力发电机组在大风时的功率控制问题。20 世纪 80 年代又将叶尖扰流器成功地应用在风力发电机组上，解决了在突甩负载情况下的安全停机问题，使定桨距（失速型）风力发电机组在近 20 年的风能开发利用中始终占据主导地位，直到最新推出的兆瓦级风力发电机组仍有机型采用该项技术。

2. 桨叶的失速调节原理

当气流流经上下翼面形状不同的叶片时，因凸面的弯曲而使气流加速，压力较低，凹面较平缓使气流速度缓慢，压力较高，因而产生升力。桨叶的失速性能是指它在最大升力系数 C_{lmax} 附近的性能。一方面，当桨叶的安装角 β 不变，随着风速增加攻角 α 增大，升力系数 C_l 线性增大，在接近 C_{lmax} 时，增加变缓，达到 C_{lmax} 后开始减小；另一方面，阻力系数 C_d 初期不断增大，在升力开始减小时，C_d 继续增大，这是由于气流在叶片上的分离随攻角的增大而增大，分离区形成大的涡流，流动失去翼型效应，与未分离时相比，上下翼面压力差减小，致使阻力激增，升力减少，造成叶片失速，从而限制功率的增加，见图 7.24。

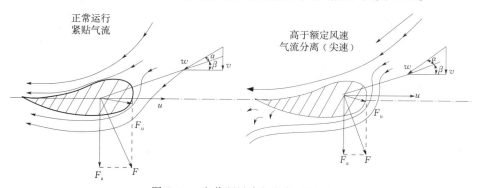

图 7.24 定桨距风力机的气动特征

失速调节叶片的攻角沿轴向由根部向叶尖逐渐减少，因而根部叶面先进入失速，随风速增大，失速部分向叶尖处扩展，原先已失速的部分，失速程度加深，未失速的部分逐渐进入失速区。失速部分使功率减少，未失速部分仍有功率增加。从而使输入功率保持在额定功率附近。

3. 叶尖扰流器

由于风力机风轮巨大的转动惯量，如果风轮自身不具备有效的制动能力，在高风速下要求脱网停机是不可想象的。早年的风力发电机组正是因为不能解决这一问题，使灾难性的飞车事故不断发生。目前所有的定桨距风力发电机组均采用了叶尖扰流器的设计。叶尖扰流器的结构见图7.25。当风力机正常运行时，在液压系统的作用下。叶尖扰流器与桨叶主体部分精密地合为一体，组成完整的桨叶。当风力机需要脱网停机时，液压系统按控制指令将扰流器释放并使之旋转80°～90°形成阻尼板，由于叶尖部分处于距离轴的最远点，整个叶片作为一个长的杠杆，使扰流器产生的气动阻力相当高，足以使风力机在几乎没有任何磨损的情况下迅速减速，这一过程即为桨叶空气动力刹车。叶尖扰流器是风力发电机组的主要制动器，每次制动时都是它起主要作用。

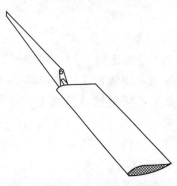

图 7.25 叶尖扰流器的结构

4. 功率输出

根据风能转换的原理，风力发电机组的功率输出主要取决于风速。但除此以外，气压、气温和气流扰动等因素也显著地影响其功率输出。因为定桨距叶片的功率曲线是在空气的标准状态下测出的，这时空气密度 $\rho=1.225\text{kg/m}^3$，当气压与气温变化时，P 会跟着变化，一般当温度变化 $\pm10℃$ 时相应的空气密度变化 $\pm4\%$。而桨叶的失速性能只与风速有关，只要达到了叶片气动外形所决定的失速调节风速，不论是否满足输出功率，桨叶的失速性能都要起作用，影响功率输出。因此，当气温升高，空气密度就会降低，相应的功率输出就会减少，反之，功率输出就会增大，见图7.26。对于一台750kW容量的定桨距风电机组，最大的功率输出可能会出现 30～50kW 的偏差。因此，在冬季与夏季，应对桨叶的安装角各作一次调整。

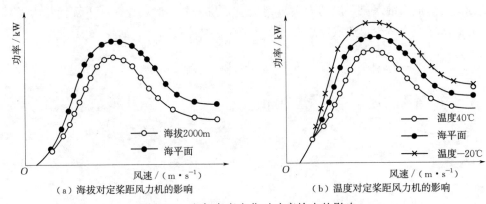

（a）海拔对定桨距风力机的影响 （b）温度对定桨距风力机的影响

图 7.26 空气密度变化对功率输出的影响

为了解决这一问题，近年来定桨距风力发电机组制造商又研制了主动失速型定桨距风电机组。采取主动失速的风力机开机时，将桨叶桨距推进到可获得最大功率位置，当风力发电机组超过额定功率后，桨叶桨距主动向失速方向调节，将功率调整在额定值上。由于功率曲线在失速范围的变化率比失速前要低得多，控制相对容易，输出功率也更加平稳。

定桨距风电机组的桨叶桨距角和转速都是固定不变的，这一限制使得风电机组的功率曲线上只有一点具有最大的功率系数，这一点对应于某一个叶尖速比。当风速变化时，功率系数也随之改变。而要在变化的风速下保持最大的功率系数，必须保持转速与风速之比不变，也就是说，风电机组的转速要能够跟随风速的变化。对同样直径的风轮驱动的风电机组来说，其发电机额定转速可以有很大变化，而额定转速较低的发电机在低风速时具有较高的功率系数，额定转速较高的发电机在高风速时具有较高的功率系数，这就是采用双速发电机的根据。需说明的是额定转速并不是按在额定风速时具有最大的功率系数设定的。因为风电机组与一般发电机组不一样，它并不经常运行在额定风速点上，并且功率与风速的 3 次方成正比，只要风速超过额定风速，功率就会显著上升，这对于定桨距风力发电机组来说是根本无法控制的。事实上，定桨距风力发电机组早在风速达到额定值以前就已开始失速了，到额定点时的功率系数已相当小。同时，改变桨叶桨距角的设定，也显著影响额定功率的输出。根据定桨距风力机的特点，应当尽量提高低风速时的功率系数和考虑高风速时的失速性能。为此需要了解桨叶桨距角的改变究竟如何影响风力机的功率输出，图 7.27 所示的是一组 200kW 风电机组的功率曲线。

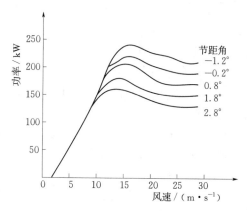

图 7.27　桨叶桨距角对输出功率的影响

无论从实际测量还是理论计算所得的功率曲线都可以说明，定桨距风电机组在额定风速以下运行时，在低风速区，不同的桨距角所对应的功率曲线几乎是重合的。但在高风速区，桨距角的变化对其最大输出功率（额定功率点）的影响十分明显。事实上，调整桨叶的桨距角只是改了桨叶对气流的失速点。根据实验结果，桨距角越小，气流对桨叶的失速点越高，其最大输出功率也越高。这就是定桨距风力机可以在不同的空气密度下调整桨叶安装角的根据。

7.4.1.2　变桨距调节方式

目前应用较多的是恒速恒频风力发电系统，当风速处于正常范围时，可以通过电气控制保证恒速恒频功率控制。而在风速过大时，输出功率继续增大，可能导致电气系统和机械系统不能承受，因此需要限制输出功率，并保持输出功率恒定。这时就要通过调节叶片的桨距角改变气流对叶片的攻角，从而改变风力发电机组获得的空气动力转矩和限制功率。

由于变桨距调节型风力机在低风速时可使桨叶保持良好的攻角，比失速调节型风力机有更好的能量输出，因此比较适合于在平均风速较低的地区安装。变桨距调节的另外一个优点是，在风速超速时可以逐步调节桨距角，屏蔽部分风能，避免被迫停机，增加风力机年发电量。采用变桨距调节方式，必须对阵风的反应有好的灵敏性。

变桨距型风力发电机能使风轮叶片的安装角随风速而变化。高于额定功率时，桨距角向迎风面积减小的方向转动一个角度，相当于增大迎角，减小攻角。变桨距机组启动时，可对转速进行控制，并网后可对功率进行控制，使风力机的启动性能和功率输出特性都有显著改善。变桨距调节型风力发电机在阵风时，塔架（筒）、叶片、基础受到的冲击，较之失速调节型风力发电机组要小得多，可减少材料使用率，降低整机重量。它的缺点是需要有一套比较复杂的变桨距调节机构，要求风力机的变桨距系统对阵风的响应速度足够快，才能减轻由于风的波动引起的功率脉动。

1. 变桨距发电机组的特点

从空气动力学角度考虑，当风速过高时，只有通过调整桨叶桨距，改变气流对叶片的攻角，从而改变风力发电机组获得的空气动力转矩，才能使功率输出保持稳定。同时，风力机在启动过程中也需要通过变距来获得足够的启动转矩。因此，最初研制的风电机组都被设计成可以全桨叶变距的。但由于一开始设计人员对风电机组的运行工况认识不足，所设计的变桨距系统其可靠性远不能满足风电机组正常运行的要求，灾难性的飞车事故不断发生，变桨距风电机组迟迟未能进入商业化运行。所以当失速型桨叶的启动性能得到了改进时，人们便纷纷放弃变桨距机构而采用了定桨距风轮，以至于后来商品化的风力发电机组大都是定桨距失速控制的。

经过十多年的实践，设计人员对风电机组的运行工况和各种受力状态已有了深入的了解，不再满足于仅仅提高风电机组运行的可靠性，而开始追求不断优化的输出功率曲线，同时采用变桨距机构的风电机组可使桨叶和整机的受力状况大为改善，这对大型风电机组的总体设计十分有利。因此，进入20世纪90年代以后，变桨距控制系统又重新受到了设计人员的重视。目前已有多种型号的变桨距600kW级风电机组进入市场。其中较为成功的有丹麦VESTAS 的 V30/V42/V44 - 600kW 机组和美国 Zand 的 Z - 40 - 600kW 机组。从今后的发展趋势看，在大型风力发电机组中将会普遍采用变桨距技术。

2. 输出功率特性

变桨距风电机组与定桨距风电机组相比，具有在额定功率点以上输出功率平稳的特点。见图 7.28 和图 7.29。变桨距风力发电机组的功率调节不完全依靠叶片的气动性能。当功率在额定功率以下时，控制器将叶片桨距角置于 0°附近，不作变化，可认为等同于定桨距风力发电机组，发电机的功率根据叶片的气动性能随风速的变化而变化。当功率超过额定功率时，变桨距机构开始工作，调整叶片桨距角，将发电机的输出功率限制在额定值附近。但是，随着并网型风电机组容量的增大，大型风电机组的单个叶片已重达数吨，要操纵如此巨大的惯性体，并且响应速度要能跟得上风速的变化是相当困难的。事实上，如果没有其他措施的话，变桨距风电机组的功率调节对高频风速变化仍然是无能为力的。因此，近年来设计的变桨距风电机组除了对桨叶进行桨距控制以外，还通过控制发电机转子电流来控制发电机转差率，使得发电机转速在一定范围内能够快速响应风速的变化，以吸收瞬变的风能，使输出的功率曲线更加平稳。

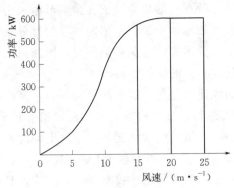

图 7.28　变桨距风电机组功率曲线

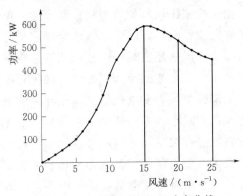

图 7.29　定桨距风电机组功率曲线

3. 额定点具有较高的风能利用系数

变桨距风电机组与定桨距风电机组相比，在相同的额定功率点时，额定风速比定桨距风电机组要低。对于定桨距风电机组，一般在低风速段的风能利用系数较高。当风速接近额定点时，风能利用系数开始大幅下降，因为这时随着风速的升高，功率上升已趋缓，而过了额定点后，桨叶已开始失速，风速升高，功率反而有所下降。对于变桨距风电机组，由于桨叶桨距可以控制，无需担心风速超过额定点后的功率控制问题，可以使得额定功率点仍然具有较高的功率系数。

4. 确保高风速段的额定功率

由于变桨距风电机组的桨叶桨距角是根据发电机输出功率的反馈信号来控制的，它不受气流密度变化的影响。无论是由于温度还是海拔引起空气密度的变化，变桨距系统都能通过调整叶片角度，使之获得额定功率输出。这对于功率输出完全依靠桨叶气动性能的定桨距风力发电机组来说，具有明显的优越性。

5. 启动性能与制动性能

变桨距风电机组在低风速时，桨叶桨距可以转动到合适的角度，使风轮具有最大的启动力矩，从而使变桨距风电机组比定桨距风电机组更容易启动。当风电机组需要脱离电网时，变桨距系统可以先转动叶片使之减小功率，在发电机与电网断开之前，功率减小至 0，这意味着当发电机与电网脱开时，没有转矩作用于风电机组，避免了在定桨距风电机组上每次脱网时所要经历的突甩负载的过程。

6. 变桨距风电机组的运行状态

变桨距风电机组根据变桨距系统所起的作用可分为 3 种运行状态，即风电机组的启动状态（转速控制）、欠功率状态（不控制）和额定功率状态（功率控制）。

（1）启动状态。变距风轮的桨叶在静止时，桨距角在为 90°时气流对桨叶不产生转矩，整个桨叶实际上是一块阻尼板。当风速达到启动风速时，桨叶向 0°方向转动，直到气流对桨叶产生一定的攻角，风轮开始启动。在发电机并入电网以前，变桨距系统的桨距给定值由发电机转速信号控制。转速控制器按一定的速度上升斜率给出速度参考值，变桨距系统根据给定的速度参考值，调整桨距角，进行所谓的速度控制。确保并网平稳，对电网产生尽可能小的冲击，变桨距系统可以在一定时间内，使发电机的转速在同步转速附近，寻找最佳时机并网。虽然在主电路中也采用了软并网技术，但由于并网过程的时间短（仅持续几个周波），冲击小，可以选用容量较小的晶闸管。

为了使控制过程比较简单，早期的变桨距风电机组在转速达到发电机同步转速前对桨叶桨距并不加以控制。在这种情况下，桨叶桨距只是按所设定的变距速度将桨距角向 0°方向打开。直到发电机转速上升到同步转速附近，变桨距系统才开始投入工作。转速控制的给定值是恒定的，即同步转速。转速反馈信号与给定值进行比较，当转速超过同步转速时，桨叶桨距就向迎风面积减小的方向转动一个角度，反之则向迎风面积增大的方向转动一个角度。当转速在同步转速附近保持一定时间后发电机即并入电网。

（2）欠功率状态。欠功率状态是指发电机并入电网后，由于风速低于额定风速，发电机在额定功率以下的低功率状态运行。与转速控制相同的道理，在早期的变桨距风电机组中，对欠功率状态不加控制。这时的变桨距风电机组与定桨距风电机组相同，其功率输出完全取决于桨叶的气动性能。

近年来，以 Vestas 公司为代表的新型变桨距风电机组，为了改善低风速时桨叶的气动性能，采用了所谓 Optitip 技术，即根据风速的大小，调整发电机转差率，使其尽量运行在最佳叶尖速比上，以优化功率输出。当然，能够作为控制信号的只是风速变化稳定的低频分量，对于高频分量并不响应。这种优化只是弥补了变桨距风电机组在低风速时的不足之处，与定桨距风电机组相比，并没有明显的优势。

（3）额定功率状态。当风速达到或超过额定风速后，风电机组进入额定功率状态。在传统的变桨距控制方式中，这时将转速控制切换到功率控制，变桨距系统开始根据发电机的功率信号进行控制。控制信号的给定值是恒定的，即额定功率。功率反馈信号与给定值进行比较，当功率超过额定功率时，桨叶桨距就向迎风面积减小的方向转动一个角度，反之则向迎风面积增大的方向转动一个角度。其控制系统框图，见图 7.30。

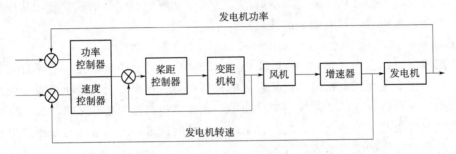

图 7.30　变桨距风电机组的控制框图

由于变桨距系统的响应速度受到限制，对快速变化的风速，通过改变桨距来控制输出功率的效果并不理想。因此，为了优化功率曲线，最新设计的变桨距风电机组在进行功率控制的过程中，其功率反馈信号不再作为直接控制桨叶节距的变量。变桨距系统由风速的低频分量和发电机转速控制，风速的高频分量产生的机械能波动，通过迅速改变发电机的转速来进行平衡，即通过转子电流控制器对发电机转差率进行控制，当风速高于额定风速时，允许发电机转速升高，将瞬变的风能以风轮动能的形式储存起来，转速降低时，再将动能释放出来，使功率曲线达到理想的状态。

7.4.2　变速恒频发电系统

由于同步发电机与电网之间通过变流器相连接，发电机的频率和电网的频率彼此独立，并网时一般不会发生因频率偏差而产生较大的电流冲击和转矩冲击，并网过程比较平稳。

并网运行时的功率输出时，发电机输出的电流大小及功率因素决定于转差率和发电机的参数。转差率的大小由发电机的负载决定，故易产生飞车。飞车产生的原因主要有两点：当风轮传给发电机机械功率增加时，发电机制动转矩也相应增大；当超过最大输出功率时，制动转矩不增反减，发电机转速迅速增加。转矩与电网电压二次方成正比，当电网电压下降，制动力矩相应减小，发电机的转矩无法有效控制，造成飞车。

变速恒频是指发电机的转速随风速变化，发出的电流通过适当的变化，使输出频率与电网频率相同。其设备为 AC - DC - AC 变频器，其缺点为变频器体积过大，成本过高。

变速恒频的优点为低风速时它能够根据风速变化，在运行中保持最佳叶尖速比以获得最大风能。高风速时利用风轮转速的变化，储存或释放部分能量，提高传动系统的柔韧性，使输出更加平稳。

控制器采用 PID 型控制系统。比例（P）环节，即时成比例地反应控制系统的偏差信号 $e(t)$，偏差一旦产生，调节器立即产生控制作用以减小偏差。微分（I）环节，能反应偏差信号的变化趋势（变化速率），并能在偏差信号的值变得太大之前，在系统中引入一个有效的早期修正信号，从而加快系统的动作速度，减小调节时间。积分（D）环节，主要用于消除静差，提高系统的无差度。积分作用的强弱取决于积分时间常数 TI，TI 越大，积分作用越弱，反之则越强。

7.4.2.1 控制方案

风力发电机变速恒频控制方案一般有 4 种，具体为：鼠笼式异步发电机变速恒频风力发电系统；交流励磁双馈发电机变速恒频风力发电系统；直驱型变速恒频风力发电系统；混合式变速恒频风力发电系统。

1. 鼠笼式异步发电机变速恒频风力发电系统

采用的发电机为鼠笼式转子，其变速恒频控制策略是在定子电路实现的。由于风速是不断变化的，导致风力机以及发电机的转速也是变化的，所以实际上鼠笼式风力发电机发出的电的频率是变化的，即为变频的。通过定子绕组与电网之间的变频器，把变频的电能转化为与电网频率相同的恒频电能。尽管实现了变速恒频控制，具有变速恒频的一系列优点，但由于变频器在定子侧，变频器的容量需要与发电机的容量相同。使得整个系统的成本、体积和重量显著增加，尤其对于大容量的风力发电系统，增加幅度就更大。

2. 交流励磁双馈发电机变速恒频风力发电系统

双馈式变速恒频风力发电系统常采用的发电机为转子交流励磁双馈发电机，结构与绕线式异步电机类似。由于这种变速恒频控制方案是在转子电路实现的，流过转子电路的功率是由交流励磁发电机的转速运行范围所决定的转差功率。该转差功率仅为定子额定功率的一小部分，故所需的双向变频器的容量仅为发电机容量的一小部分，这样该变频器的成本以及控制难度大大降低。

这种采用交流励磁双馈发电机的控制方案除了可实现变速恒频控制、减少变频器的容量外，还可实现对有功、无功功率的灵活控制，对电网可起到无功补偿的作用。缺点是交流励磁发电机仍然要用滑环和电刷。

目前已经商用的有齿轮箱的变速恒频系统大部分采用绕线式异步电机作为发电机。由于绕线式异步发电机有滑环和电刷，这种摩擦接触式的结构在风力发电恶劣的运行环境中较易出现故障。而无刷双馈电机定子有两套级数不同的绕组。转子为笼型结构，无须滑环和电刷，可靠性高。这些优点都使得无刷双馈电机成为当前研究的热点。目前，这种电机在设计和制造上仍然存在着一些难题。

3. 直驱型变速恒频风力发电系统

近几年来，直接驱动技术在风电领域得到了重视。这种风力发电系统采用多极发电机，与风轮直接连接进行驱动，从而免去了齿轮箱这一传统部件。由于有很多技术方面的优点，特别是采用永磁发电机技术，可靠性和效率更高，在今后风电机组发展中将有很大的发展空间，德国安装的风力机中就有 40.9% 采用无齿轮箱直驱型系统。直驱型变速恒频风力发电系统的发电机多采用永磁同步发电机，转子为永磁式结构，无须外部提供励磁电源，提高了效率。变速恒频控制是在定子电路实现的，把永磁发电机发出的变频交流电通过变频器转变为与电网同频的交流电，因此变频器的容量与系统的额定容量相同。

采用永磁发电机系统的风力机与发电机直接耦合，省去了齿轮箱结构，可大大减少系统运行噪声，提高机组可靠性。由于是直接耦合，永磁发电机的转速与风力机转速相同，发电机转速很低，发电机体积就很大，发电机成本较高。由于省去了价格更高的齿轮箱，所以整个风力发电系统的成本还是降低了。

另外，电励磁式径向磁场发电机也可视为一种直驱风力发电机的选择方案。在大功率发电机组中，它直径大、轴向长度小。为了能放置励磁绕组和极靴，极距必须足够大。它输出的交流电频率通常低于 $50\,\mathrm{Hz}$，必须配备整流逆变器。

直驱式永磁风力发电机的效率高、极距小，永磁材料的性价比正在不断提升，应用前景十分广阔。

4. 混合式变速恒频风力发电系统

直驱式风力发电系统不仅需要低速、大转矩发电机，而且需要全功率变频器。为了降低电机设计难度，带有低变速比齿轮箱的混合型变速恒频风力发电系统得到实际应用。这种系统可以看成是全直驱传动系统和传统系统方案的一个折中方案，发电机是多极的，和直驱设计本质上一样，但更加紧凑，有相对较高的转速和更小的转矩。

一般开关磁阻发电机和无刷爪极自励发电机也可以用在风力发电系统中。开关磁阻发电机为双凸极电机，定子、转子均为凸极齿槽结构。定子上设有集中绕组，转子上既无绕组也无永磁体，故机械结构简单、坚固，可靠性高。

无刷爪极自励发电机与一般同步电机的区别仅在于它的励磁系统部分，定子铁芯及电枢绕组与一般同步电机基本相同。爪极发电机的磁路系统是一种并联磁路结构，所有各对极的磁势均来自一套共同的励磁绕组，因此与一般同步发电机相比，励磁绕组所用的材料较省，所需的励磁功率也较小。

7.4.2.2 变速系统

变速运行的风力发电机有不连续变速和连续变速两大类。

1. 不连续变速系统

不连续变速发电机系统比连续变速运行的发电机系统要差些，但比恒速运行的风力发电机系统有较高的年发电量，能在一定的风速范围内运行于最佳叶尖速比附近，也不能利用转子的惯性来吸收峰值转矩，所以这种方法不能改善风力机的疲劳寿命。

不连续变速运行方式常用的方法如下：

（1）采用多台不同转速的发电机。通常是采用两台转速、功率不同的感应发电机。在某一时间内，只有一台被连接到电网，传动机构的设计使发电机在两种风轮转速下运行在稍高于各自的同步转速的情况下。

（2）双绕组双速感应发电机。这种电机有两个定子绕组，嵌在相同的定子铁心槽内。在某一时间内仅有一个绕组在工作，转子仍是通常的鼠笼型。电机有两种转速，分别决定于两个绕组的极数。比起单速发电机来，这种发电机要重一些，效率也稍低一些。因为总有一个绕组未被利用，导致损耗相对增大。它的价格当然也比通常的单速发电机贵。

（3）双速单绕组极幅调制感应发电机。这种感应发电机只有一个定子绕组，但可以有两种不同的运行速度，只是绕组的设计不同于普通单速发电机。它的每相绕组由匝数相同的两部分组成，对于一种转速是并联，对于另一种转速是串联，从而使磁场在两种情况下有不同的极数，导致两种不同的运行速度。

这种电机定子绕组有 6 个接线端子，通过开关控制不同的接法即可得到不同的转速。双速单绕组极幅调制感应发电机可以得到与双绕组双速感应发电机基本相同的性能，但重量轻、体积小，因而造价也较低，它的效率与单速发电机大致相同。缺点是电机的旋转磁场不是理想的正弦形，因此产生的电流中有不需要的谐波分量。

2. 连续变速系统

连续变速系统可以通过多种方法来得到，包括机械方法、电/机械方法、电气方法及电力电子学方法等。机械方法如采用可变速比的液压传动，或可变传动比的机械传动。电/机械方法如采用定子可旋转的感应发电机。电气式变速系统如采用高滑差感应发电机或双定子感应发电机等。这些方法虽然可以得到连续的变速运行，但都存在一定缺点和问题，在实际应用中难以推广。

目前看来，最有前景的当属电力电子学方法。这种变速发电系统主要由两部分组成，即发电机部分和电力电子变换装置部分。发电机可以是市场上已有的通常电机，如同步发电机、鼠笼型感应发电机、绕线型感应发电机等，也有近来研制的新型发电机，如磁场调制发电机、无刷双馈发电机等。电力电子变换装置有交流/直流/交流变换器和交流/交流变换器等。

连续变速的电力电子变换装置发电系统有以下方式：

（1）同步发电机交流/直流/交流系统。同步发电机可随风轮变速运转产生频率变化的电功率，电压可通过调节电机的励磁电流来控制。发电机发出的频率变化的交流电先通过三相桥式整流器整流成直流电，再通过线路换向的逆变器变换为频率恒定的交流电输入电网。

变换器中所用的电力电子器可以是二极管、晶闸管（SCR）、可关断晶闸管（GTO）、功率晶体管（GTR）和绝缘栅双极型晶体管（IGBT）等。除二极管只能用于整流电路外，其他器件都能用于双向变换。由交流变换成直流时，它们起整流器作用，再由直流变换成交流时，它们起逆变器作用。在设计变换器时，最重要的是换向问题。换向是一组功率半导体器件从导通状态关断，而另一组器件从关断状态导通。

在变速系统中可以有两种换向，即自然换向和强迫换向。当变换器与交流电网相连时，在换向时刻，利用电网电压反向加在导通的半导体器件两端，使其关断，这种换向称为自然换向。强迫换向需要附加换向器件（如电容器等），利用电容器上的充电电荷按极性反向加在半导体器件上，强迫其关断。这种强迫换向逆变器常用于独立运行系统，而线路换向逆变器则用于与电网或其他发电设备并联运行的系统。一般说，采用自然换向的逆变器比较简单、便宜。

（2）磁场调制发电机系统。这种变速恒频发电系统由一台专门设计的高频交流发电机和一套电力电子变换电路组成。磁场调制发电机单相输出系统的原理方框图及各部分的输出电压波形，见图 7.31。

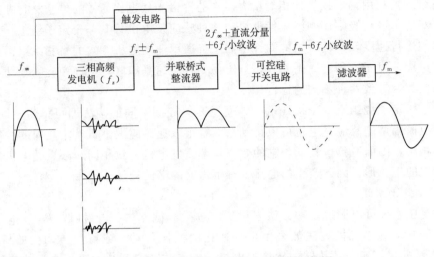

图 7.31　磁场调制发电机输出系统原理框图

发电机本身具有较高的旋转频率 f_r 与普通同步电机不同的是，它不用直流电励磁，而是用频率为 f_m 的低频交流电励磁（f_m 即为所要求的输出频率，一般为 50Hz）。当频率 f_m 远低于频率 f_r 时，发电机三相绕组的输出电压波形将是由频率为（f_r+f_m）和（f_r-f_m）的两个分量组成的调幅波，这个调幅波的包络线的频率是 f_m，包络线所包含的高频波的频率是 f_r。

将三相绕组接到一组并联桥式整流器上，得到基本频率为 f_m（带有频率为 $6f_r$ 的若干纹波）的全波整流正弦脉动波。再通过晶闸管开关电路使这个正弦脉动波的一半反向。最后经滤波器滤去纹波，即可得到与发电机转速无关、频率为 f_m 的恒频正弦波输出。

与前面的交流/直流/交流系统相比，磁场调制发电机系统的优点如下：

1）由于经桥式整流器后得到的是正弦脉动波，输入晶闸管开关电路后，基本上是在波形过零点时开关换向，因而换向简单容易，换向损耗小，系统效率较高。

2）晶闸管开关电路输出的波形中谐波分量很小且谐波频率很高，很易滤去，可以得到品质好的正弦输出波形。

3）磁场调制发电机系统的输出频率在原理上与励磁电流频率相同，因而这种变速恒频风力发电机组与电网或柴油发电机组并联运行十分简单可靠。这种发电机系统的主要缺点与交流/直流/交流系统类似，即电力电子变换装置处在主电路中，因而容量较大，比较适合用于容量从数十千瓦到数百千瓦的中小型风电系统。

（3）双馈发电机系统。双馈发电机的结构类似于绕线型感应发电机。其定子绕组直接接入电网，转子绕组由一台频率、电压可调的低频电源（一般采用交流/交流循环变流器）供给三相低频励磁电流。

系统中所采用的循环变流器是将一种频率变换成另一种较低频率的电力变换装置。半导体开关器件采用线路换向，为了获得较好的输出电压和电流波形，输出频率一般不超过输入频率的 1/3。由于电力变换装置处在发电机的转子回路（励磁回路）中，其容量一般不超过发电机额定功率的 30%。这种系统中的发电机可以超同步运行（转子旋转磁场方向与机械旋转方向相反，n_2 为负），也可以次同步运行（转子旋转磁场方向与机械旋转方向相同，n_2 为正）。在前一种情况下，除定子向电网馈送电力外，转子也向电网馈送一部分电力。在后一种情况下，则在定子向电网馈送电力的同时，需要向转子馈入部分电力。

双馈发电机与传统的绕线式感应发电机类似，一般具有电刷和滑环，需要一定的维护和检修。目前正在研究一种新型的无刷双馈发电机，它采用双极定子和嵌套耦合的笼型转子。这种电机转子类似鼠笼型转子，定子类似单绕组双速感应电机的定子，有 6 个出线端，其中 3 个直接与三相电网相连，其余 3 个则通过电力变换装置与电网相连。前 3 个端子输出的电力，其频率与电网频率一样，后 3 个端子输入或输出的电力，其频率相当于转差频率，必须通过电力变换装置（交流/交流循环变流器）变换成与电网相同的频率和电压后再联入电网。这种发电机系统除具有普通双馈发电机系统的优点外，另一个很大的优点是电机结构简单可靠。由于没有电刷和滑环，基本上不需要维护。双馈发电机系统由于电力电子变换装置容量较小，很适合用于大型变速恒频风电系统。

7.4.2.3 恒定功率的实现

本节讨论应用变速恒频技术风电机组的控制问题。此类变速风力发电机组也有定桨距和变桨距之分。近年来应用较多的是图 7.32 所示的变桨距变速恒频风力发电机组。这一类变速风力发电机组有较大的变速范围，与恒速风力发电机组相比，其优越性在于低风速时它能够根据风速变化，在运行中保持最佳叶尖速比以获得最大风能。高风速时利用风轮转速的变化，储存或释放部分能量，提高传动系统的柔性，使功率输出更加平稳。

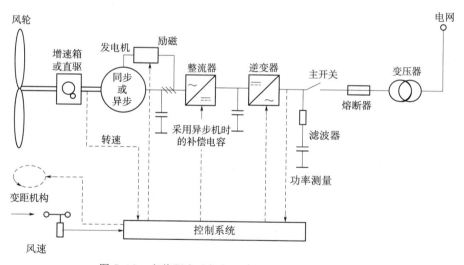

图 7.32　变桨距变速恒频风力发电机组的基本结构

由于机械强度和其他物理性能的限制，输出功率也是有限度的，超过这个限度，风电机组的某些部分便不能正常工作。因此风电机组受到两个基本限制：①功率限制，所有电路及电力电子器件受功率限制；②转速限制，所有旋转部件的机械强度受转速限制。

1. 风力发电机的转矩-速度特性

图 7.33 所示是风力机在不同风速下的转矩—速度特性。由转矩、转速和功率的限制线划出的区域为风力发电机安全运行区域，即图中由 *OAdcba* 所围成的区域，在这个区域中有若干种可能的控制方式。

由于风电机组本身因素（机械强度和物理性能），功率和转速均受到限制，可得到图 7.34。其中：

(1) 运行状态变速运行区 $(A-B)$，C_P 恒定且最大，转速增速，功率增大。

(2) 恒速运行区 $(B-C)$，转速恒定且最大，转矩增加，功率增大。

(3) 功率恒定区 $(C-D)$，功率恒定，转矩增加，转速下降使 C_P 减小（转速与 $1/v^3$ 成正比）。

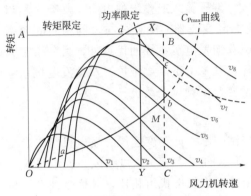

图 7.33　不同风速下的转矩—速度特性

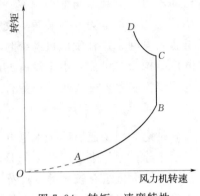

图 7.34　转矩—速度特性

总体控制方式为低于额定风速时跟踪 C_{Pmax} 曲线，以获得最大能量。高于额定风速时跟踪 P_{max} 曲线，并保持输出稳定。额定功率时，恒定转速调节。

当风力发电机超过极限功率时，调节功率，使之不再增长。但由于惯性作用，可能使功率有所增长。

2. 运行状态

变速风力发电机组的运行根据不同的风况可分为 3 个不同状态。

第一种状态是启动状态，发电机转速从静止上升到切入速度。对于目前大多数风力发电机组来说，风力发电机组的启动，只要当作用在风轮上的风速达到启动风速便可实现（发电机被用作电动机来启动风轮并加速到切入速度的情况例外）。在切入速度以下，发电机并没有工作，机组在风力作用下作机械转动，因而并不涉及发电机变速的控制。

第二种状态是风力发电机组切入电网后运行在额定风速以下的区域，风力发电机组开始获得能量并转换成电能。这一阶段决定了变速风力发电机组的运行方式。从理论上说，根据风速的变化，风轮可在限定的任何转速下运行，以便最大限度地获取能量，但由于受到运行转速的限制，不得不将该阶段分成两个运行区域，即变速运行区域（C_P 恒定区）和恒速运行区域。为了使风轮能在 C_P 恒定区运行，必须应用变速恒频发电技术，使风力发电机组的转速能够被控制以跟踪风速的变化。

在更高的风速下，风力发电机组的机械和电气极限要求转子速度和输出功率维持在限定值以下，这个限制就确定了变速风力发电机组的第三种运行状态，该状态的运行区域称为功率恒定区，对于恒速风力发电机组，风速增大，能量转换效率反而降低，而从风力中可获得的能量与风速的 3 次方成正比，这样对变速风力发电机组来说，有很大余地可以提高能量的获取。例如，利用第三种运行状态下大风速波动的特点，将风力发电机的转速充分地控制在高速状态，并适时地将动能转换成电能。图 7.35 是输出功率为转速和风速的函数的风力发电机组的等值线图，图上表示出了变速风力发电机组的控制途径。在低风速段，按恒定 C_P（或恒定叶尖速比）的方式控制风力发电机组，直到转速达到极限，然后按恒定转速控制机组，直到功率达到最大，最后按恒定功率控制机组。

图 7.35 还表示出了风轮转速随风速的变化情况。在 C_P 恒定区，转速随风速呈线性变化，斜率与 λ_{opt} 成正比。转速达到极限后便保持不变。当转速随风速增大而减少时，功率恒定区开始。为使功率保持恒定，C_P 必须设置为与 $(1/v^3)$ 成正比的函数。

图 7.35 风电机组的等值线图

3. 总体控制方式

根据变速风力发电机组在不同区域的运行，将基本控制方式确定为低于额定风速时跟踪 C_{Pmax} 曲线，以获得最大能量。高于额定风速时跟踪 P_{max} 曲线，并保持输出稳定。

为了便于理解，首先假定变速风力发电机组的桨距角是恒定的。当风速达到启动风速后，风轮转速由零增大到发电机可以切入的转速，极值不断上升（图 7.36），风力发电机组开始作发电运行。通过对发电机转速进行的控制，风力发电机组逐渐进入 C_P 恒定区（$C_P = C_{Pmax}$），这时机组在最佳状态下运行。随着风速增大，转速也增大，最终达到一个允许的最大值，这时，只要功率低于允许的最大功率，转速便保持恒定。在转速恒定区内，随着风速增大，C_P 值减少，但功率仍然增大。达到功率极限后，机组进入功率恒定区，这时随风速的增大，转速必须降低，使叶尖速比减少的速度比在转速恒定区更快，从而使风力发电机组在更小的 C_P 值下作恒功率运行。图 7.37 表示了变速风力发电机组在 3 个工作区运行时，C_P 值的变化情况。

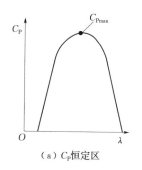
（a）C_P 恒定区

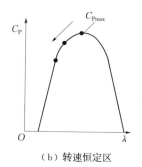
（b）转速恒定区

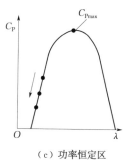
（c）功率恒定区

图 7.36 3 个区域的 C_P 值变化情况

（1）C_P 恒定区。在 C_P 恒定区，风力发电机组受到给定的功率—转速特性曲线控制。P_{opt} 的给定参考值随转速变化，由转速反馈计算出。P_{opt} 以计算值为依据，连续控制发电机输出功率，使其跟踪 P_{opt} 曲线的变化。用目标功率与发电机实测功率之偏差驱动系统达到平衡。

功率—转速特性曲线的形状由 C_{Pmax} 和 λ_{opt} 决定。图 7.37 给出了转速变化时不同风速下风力发电机组功率与目标功率的关系。

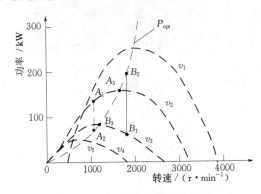

图 7.37　最佳功率和风轮转速

图 7.37 中，假定风速是 v_2，点 A_2 是转速为 1200r/min 时发电机的工作点，点 A_1 是风力发电机的工作点，它们都不是最佳点。由于风力发电机的机械功率（A_1 点）大于电功率（A_2 点），过剩功率使转速增大（产生加速功率），后者等于 A_1 和 A_2 两点功率之差。随着转速增大，发电机功率沿 P_{opt} 曲线持续增大。同样，风力发电机的工作点也沿 v_2 曲线变化。工作点 A_1 和 A_2 最终将在 A_3 点交汇，风力发电机和发电机在 A_3 点功率达成平衡。

当风速是 v_3 时，发电机转速大约是 2000r/min。发电机的工作点是 B_2，风力发电机的工作点是 B_1。由于发电机负荷大于风力发电机产生的机械功率，故风轮转速减小。随着风轮转速的减小，发电机功率不断修正，沿 P_{opt} 曲线变化。风力发电机的输出功率也沿 v_3 曲线变化。随着风轮转速降低，风轮功率与发电机功率之差减小，最终二者将在 B_3 点交汇。

（2）转速恒定区。如果保持 C_{Pmax}（或 λ_{opt}）恒定，即使没有达到额定功率，发电机最终将达到其转速极限。此后风力机进入转速恒定区。在这个区域内，随着风速增大，发电机转速保持恒定，功率在达到极值之前一直增大，控制系统按转速控制方式工作，风力机在较小的 λ 区（C_{Pmax} 的左面）工作。图 7.38 所示为发电机在转速恒定区的控制方案。其中 n 为转速当前值，Δn 为设定的转速增量，n_r 为转速限制值。

（3）功率恒定区。随着功率增大，发电机和变流器将最终达到其功率极限。在功率恒定区，必须靠降低发电机的转速使功率低于其极限。随着风速增大，发电机转速降低，使 C_P 值迅速降低，从而保持功率不变。

增大发电机负荷可以降低转速。只是风力机惯性较大，要降低发电机转速，会将动能转换为电能。图 7.39 所示为发电机在功率恒定区的控制方案。其中 n 为转速当前值，Δn 为设定的转速增量。

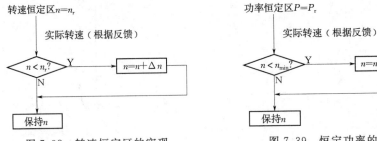

图 7.38　转速恒定区的实现　　　　图 7.39　恒定功率的实现

图 7.39 中，以恒定速度降低转速，从而限制动能变成电能的能量转换。这样，为降低转速，发电机不仅可以有功率抵消风的气动能量，而且可以抵消惯性释放的能量。因此，要考虑发电机和交流器两者的功率极限，避免在转速降低过程中释放过多功率。例如，把风轮转速降低，限制到 1r/min，按风力机的惯性，这大约相当于降低额定功率的 10%。

由于系统惯性较大，必须增大发电机的功率极限，使之大于风力机的功率极限，以便有足够的空间承接风轮转速降低所释放的能量。这样，一旦发电机的输出功率高于设定点，那就直接控制风轮，以降低其转速。因此，当转速慢慢降低，功率重新低于功率极限以前，功率会有一个变化范围。

高于额定风速时，变速风力发电机组的变速能力主要用来提高传动系统的柔性。为了获得良好的动态特性和稳定性，在高于额定风速的条件下采用变桨距控制得到了更为理想的效果。在变速风力机的开发过程中，对采用单一的转速控制和加入变桨距控制这两种方法均作了大量的实验研究。结果表明在高于额定风速的条件下，加入变桨距调节的风电机组，显著提高了传动系统的柔性及输出的稳定性。因为在高于额定风速时，追求的是稳定的功率输出。采用变桨距调节可以限制转速变化的幅度。根据图 7.37，当桨距角向增大的方向变化时，C_P 值得到了迅速有效的调整，从而控制了由转速引起的发电机反力矩及输出电压的变化。采用转速与桨距双重调节，虽然增加了额外的变桨距机构和相应的控制系统的复杂性，但由于改善了控制系统的动态特性，仍然被普遍认为是变速风力发电机组理想的控制方案。

在低于额定风速的条件下，变速风力发电机组的基本控制目标是跟随 C_{Pmax} 曲线的变化。根据图 7.39，改变桨距角会迅速降低风能利用系数 C_P 的值，这与控制目标是相违背的，因此在低于额定风速的条件下加入变桨距调节是不合适。

7.4.3 小型直流发电系统

7.4.3.1 离网型风力发电系统

通常离网型风电机组容量较小，发电容量从几百瓦至几十千瓦的均属于小型风电机组。离网型小型风力发电机的推广应用，为远离电网的农牧民解决了基本的生活用电问题，改善了农牧民的生活质量。

小型风力发电机按照发电类型的不同，可分为直流发电机型、交流发电机型。较早时期的小容量风电机组一般采用小型直流发电机，在结构上有永磁式及电励磁式两种类型。永磁式直流发电机利用永磁铁提供发电机所需的励磁磁通，电励磁式直流发电机则是借助在励磁线圈内流过的电流产生磁通来提供发电机所需要的励磁磁通。根据励磁绕组与电枢绕组连接方式的不同，又可分为他励磁式与并励磁式两种形式。

随着小型风电机组的发展，发电机类型逐渐由直流发电机转变为交流发电机。主要包括永磁发电机、硅整流自励交流发电机及电容自励异步发电机。其中，永磁发电机在结构上转子无励磁绕组，不存在励磁绕组损耗，效率高于同容量的励磁式发电机。转子没有滑环，运转时更安全可靠，电机重量轻、体积小、工艺简便，因此在离网型风力发电机中被广泛应用，缺点是电压调节性能差。

硅整流自励交流发电机是通过与滑环接触的电刷和硅整流器的直流输出端相连，从而获得直流励磁电流。由于风力的随机波动，会导致发电机转速的变化，从而引起发电机出口电压的波动。这将导致硅整流器输出的直流电压及发电机励磁电流的变化，并造成励磁磁场的变化。这样又会造成发电机出口电压的波动。因此，为抑制电压波动，稳定输出，保护用电设备及蓄电池，该类型的发电机需要配备相应的励磁调节器。

电容自励异步发电机是根据异步发电机在并网运行时电网供给异步发电机励磁电流，异步感应发电机的感应电动势能产生容性电流的特性设计的。当风力驱动的异步发电机独立运行时，未得到此容性电流，需在发电机输出端并接电容，从而产生磁场，建立电压。为维持发电机端电压，必须根据负载及风速的变化，调整并接电容的大小。

小型风力发电机与太阳能的风光互补发电系统在解决边远地区无电问题上很适用，其系统功率比同类太阳能光伏发电系统大。能为更多的民用负载和小型生产性负载提供电力。采用小风电或风光互补系统来解决农村无电问题，投资将比相同功率的太阳能系统少得多。

7.4.3.2　小型直流发电系统

直流发电系统大都用于 10kW 以下的微、小型风力发电装置，与蓄电池储能配合使用。虽然直流发电机可直接产生直流电，但直流电机结构复杂，价格贵，而且带有整流子和电刷，需要的维护多，不适于风力发电机的运行环境。所以，在这种直流发电系统中所用的电机主要是交流永磁发电机和无刷爪极自励发电机，经整流器整流后输出直流电。

1. 交流永磁发电机

交流永磁发电机的定子结构与一般同步发电机相同，转子采用永磁结构。由于没有励磁绕组，不消耗励磁功率，因而有较高的效率。永磁发电机转子的结构形式很多，按磁路结构的磁化方向，基本上可分为径向式、切向式和轴向式 3 种类型。

采用永磁发电机的微、小型风电机组常省去增速齿轮箱，发电机直接与风力机相连。在这种低速永磁发电机中，定子铁耗和机械损耗相对较小，而定子绕组铜耗所占比例较大。为了提高发电机效率，主要应降低定子铜耗，因此采用较大的定子槽面积和较大的绕组导体截面，额定电流密度取得较低。

启动阻力矩是微、小型风电装置的低速永磁发电机的重要指标之一，它直接影响风力机的启动性能和低速运行性能。为了降低切向式永磁发电机的启动阻力矩，必须选择合适的齿数、极数配合。采用每极分数槽设计，分数槽的分母值越大，气隙磁导随转子位置的变化越趋均匀，启动阻力矩也就越小。

永磁发电机的运行性能是不能通过其本身来调节的，为了调节其输出功率，必须另加输出控制电路，增加了永磁发电机系统的复杂性和成本。

永磁发电机的转子上没有励磁绕组，因此无励磁绕组的铜耗损，发电机的效率高。转子上无集电环，运行更为可靠。永磁材料一般有铁氧体和钕铁硼两类，其中采用钕铁硼制造的发电机体积较小，重量较轻，因此应用广泛。

永磁发电机的转子极对数可以做得很多。其同步转速较低，径向尺寸较小，轴向尺寸较大，可以直接与风力发电机相连接，省去了齿轮箱，减小了机械噪声和机组的体积，从而提高系统的整体效率和运行可靠性。但其功率变换器的容量较大，成本较高。

永磁发电机在运行中必须保持转子温度在磁体最大工作温度之下，因此风力发电机中永磁发电机常做成外转子型，以利于磁体散热。外转子永磁发电机的定子固定在发电机的中心，而外转子绕着定子旋转。永磁体沿圆周径向均匀安放在转子内侧，外转子直接暴露在空气之中，因此相对于内转子具有更好的通风散热条件。

由低速永磁发电机组成的风力发电系统见图 7.40。定子通过全功率变流器与交流电网连接，发电机变速运行，通过变流器保持输出电流的频率与电网频率一致。

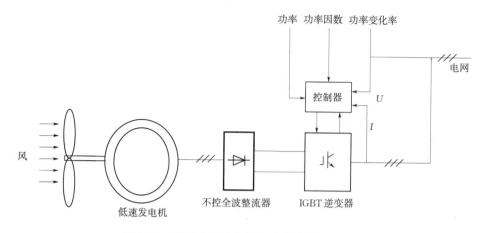

图 7.40　低速永磁发电机组成的风力发电系统

低速发电机组除应用永磁发电机外，也可采用绕组式同步发电机，同样可以实现直接驱动的整体结构。

除了上述几种用于并网发电的发电机机型外，还有多种发电机机型可以用于并网发电的发电机，如无刷双馈异步发电机、开关磁阻发电机、高压同步发电机等。这些机型均有各自的特色和应用前景，但目前应用还不广泛。

2. 无刷爪极自励发电机

无刷爪极自励发电机与一般同步发电机的区别仅在于它的励磁系统部分，其定子铁芯及电枢绕组与一般同步发电机基本相同。

爪极发电机的磁路系统是一种并联磁路结构，所有各对极的磁势均来自一套共同的励磁绕组。与一般同步发电机相比，励磁绕组所用的材料较省，所需的励磁功率也较小。对于一台8极爪极发电机，在每极磁通及磁路磁密相同的条件下，爪极发电机励磁绕组所需的铜线及其所消耗的励磁功率将不到一般同步发电机的一半，故具有较高的效率。另外，无刷爪极发电机与永磁发电机一样，均系无刷结构，基本上不需要维护。

与永磁发电机相比，无刷爪极发电机除了机械摩擦力矩外，基本上没有其他启动阻力矩。另一个优点是具有很好的调节性能。通过调节励磁可以很方便地控制它的输出特性，并有可能使风力机实现在最佳叶尖速比下运行，得到最好的运行效率。

7.5　供　电　方　式

7.5.1　离网供电

普通的独立式小型风力发电系统由风力发电机、变桨距控制系统、整流电路、逆变电路、蓄电池充放电控制电路、蓄电池及其用电设备等组成，见图7.41。其中，整流电路和逆变电路也可以合称为电能变换单元电路，它实现了将风能转换为电能和变换为能够使用的电能的整个过程。利用风力带动发电机发电，将发出的电能存储在蓄电池中，在需要使用的时候再把存储的电能释放出来。

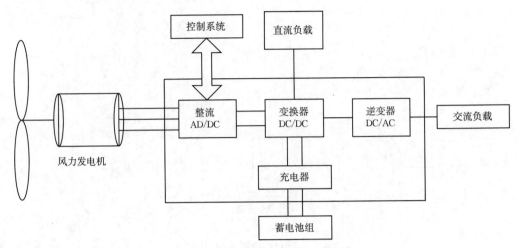

图 7.41　小型独立风力发电系统图

　　小型独立风力发电系统适合孤岛、游牧地区等电网无法达到的地区，并且这些地区的风力资源较丰富。

　　根据风力机、变桨距控制的特性，本节主要研究小型独立风电机组的电力控制部分，即整流器、变换器、逆变器及蓄电池的一些特点及性能。

　　1. 整流器

　　在发电系统中，整流模块是非常重要的一个环节。发电机发出的交流电能必须通过整流模块，整形成直流电能，才能向蓄电池充电，或给后接负载供电。根据发电系统的容量不同，整流器可分为可控整流器和不可控整流器两种，可控型整流器主要用在大功率的发电系统中，可以克服由于电感过大引起的体积大、功耗大等缺点。不可控型整流器主要用在功率较小的发电系统中，其特点是体积小、成本较低。

　　(1) 可控型整流器。可关断晶闸管 GTO，功率 MOSFET 其使用的是全控或半控型的功率开关管，具体见图 7.42。

　　(2) 不可控型整流器。目前在我国离网型风力发电系统中大量使用的是桥式不可控整流方式，见图 7.43。因为它一般由大功率二极管组成，具有功耗低、电路简单等特点，普遍应用在中、小功率发电系统中。

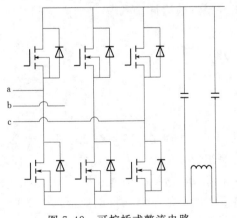

图 7.42　可控桥式整流电路

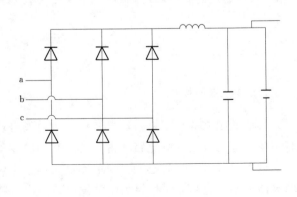

图 7.43　不可控桥式整流电路

三相整流器除了把输入的三相交流电能整流为可对蓄电池充电的直流电能之外，另外一个重要的功能是在外界风速过小或者基本没风时，风力发电机的输出功率也较小，由于三相整流桥的二极管导通方向只能是由风力发电机的输出端到蓄电池，所以防止了蓄电池对风力发电机的反向供电。

2. 变换器

DC/DC 是指将一个固定的直流电压变换为可变的直流电压，这种技术被广泛应用于无轨电车、地铁列车、电动车的无级变速和控制，同时使上述控制获得加速平稳、快速响应的性能，并同时收到节约电能的效果。

DC/DC 工作原理为将原直流电通过调整其 PWM（占空比）来控制输出的有效电压的大小。DC/DC 变换器是使用半导体开关器件，通过控制器件的导通和关断时间，再配合电感、电容或高频变压器等连续改变和控制输出直流电压的变换电路。一般情况下，直—直变换器分为直接变换和间接变换两种，直接变换没有变压器的介入，直接进行直流电压的变化，这种电路也称为非隔离型的 DC/DC 变换器（斩波电路）。间接变换则是先将直流电压变换为交流电压，经变压器转换后再变换为直流电压，此种直—交—直电路也称为隔离型 DC/DC 变换器。本节涉及的非隔离型 DC/DC 变换器以 Buck 变换器为例，见图 7.44。通过在功率开关管的控制端施加周期一定，占空比可调的驱动信号，使其工作在开关状态。当开关管 VT 导通时，二极管 VD 截止，发电机输出电压整流后通过能量传递电感向负载供电，同时使电感 L 能量增加。当开关管截止时，电感释放能量使续流二极管 VD 导通，在此阶段，电感 L 把前一段的能量向负载释放，使输出电压极性不变且比较平直。滤波电容 C 使输出电压的波纹进一步减小。显然，功率管在一个周期内的导通时间越长，传递的能量越多，输出的电压越高。

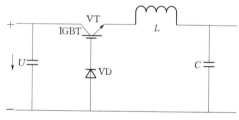

图 7.44 Buck 变换器

能正好被用在小型风力发电系统中，通过控制发电机的输出电流，改变风力发电机的负载特性，即调节了发电机的转矩—转速特性，从而控制风力机的转速以用来改变叶尖速比，这样就控制了风能转换效率和风力发电机的输出功率。

3. 逆变器

风力发电系统中，风力发电机虽然产生的是三相交流电，但因为风能资源非常不稳定，输出的电能也非常不稳定，电压和电流经常变化。在独立运行系统中采取的措施就是把风力发电机输出的交流电整流成直流电，通过直流电对蓄电池充电，或提供给直流负载，或通过逆变器向交流负载供电。

逆变器按直流侧电源性质可分为电压型逆变器和电流型逆变器。电压型逆变器直流侧主要采用大电容滤波，直流电压波形比较平直，近似为电压源。电流型逆变器直流侧有较大的滤波电感，直流电流波形平直，近似为电流源。

在风力发电系统选用逆变器时，需要考虑的主要技术性能有以下方面：

（1）额定输出容量：它表征了逆变器向负载的供电能力，逆变器额定输出容量越高，其带负载能力就越强。

（2）输出电压的稳定度：它表征了逆变器输出电压的稳定能力。多数逆变器产品给出的是输入直流电压在允许波动范围内该逆变器输出电压的偏差百分比，通常称为电压调整率。

（3）整机效率：表征逆变器自身功率损耗的大小，通常以百分比（％）表示。容量较大的逆变器还应给出满负荷效率值和低负荷效率值。kW 级以下逆变器的效率应为 80％～85％，10kW 级逆变器的效率应为 85％～90％。逆变器效率的高低对风力发电系统提高有效发电量和降低发电成本有重要影响。

（4）保护功能：过电压、过电流及短路保护是保证逆变器安全运行的最基本措施。功能优越的正弦波逆变器还具有欠电压保护、缺相保护及温度超限报警等功能。

（5）启动性能：逆变器应保证能在额定负载下可靠启动。高性能的逆变器可做到连续多次满负荷启动而不损坏功率器件。小型逆变器为了自身安全，有时采用软启动或限流启动。

现代电气设备大多都是交流负载，逆变器无疑成为系统中不可缺少的重要组成部分。逆变器按输入方式分为两种：①交流输入型：逆变器输入端与风力发电机组的发电机交流输出端连接的产品，即控制、逆变一体化的产品；②直流输入型：逆变器输入端直接与电瓶连接的产品。

4. 蓄电池

小型风力发电系统的储能装置就是蓄电池。与发电系统配用的蓄电池通常在浮充状态下长期工作。蓄电池组是电力直流系统的备用电源，在正常的运行状态下，是与直流母线相连的充电装置，除对常规负载供电外，还向蓄电池组提供浮充电流。这种运行方式称为全浮充工作方式，简称浮充运行。电池放电给系统提供能源，风力机给蓄电池充电，属于循环、浮充混合工作方式，它的电能容量需要满足连续各种情况下几天的负载供电量，多数处于浅放电状态。

常用的蓄电池主要有 3 种分别为铅酸蓄电池、碱性锡镍蓄电池和铁镍蓄电池。总的来说，发电系统中蓄电池的工作环境有的优点：①放电时间长、电流小、频率高，电池常处于长期放电状态，有时甚至过放电，电池内易出现硫酸盐化及结晶现象；②一次充电时间短，偶尔长时间充电，电池往往会在一些时间段里处于带电状态；③高原地区大气压力较低，湿度较小，电池内压下的电解液与周围大气之间的相互作用增加，导致失水速率增加。大型发电系统电压等级较高，蓄电池串联只数多，浮充均衡性问题和电池旁路的问题较为突出。

传统控制器的充放电控制模式对蓄电池的影响。蓄电池的寿命受充放电控制的影响较大，优化合理的蓄电池管理策略会极大地延长蓄电池的使用寿命，从而起到降低成本的作用。传统的小型风力发电控制器大多数采用继电器、接触器以及模拟元件构成。通过电压比较器的控制方式，可以很容易实现蓄电池的高低压保护。此种控制方式结构简单，不易损坏，成本较低。但是其缺点也是显而易见的。其中：

第一，由于采用电压比较器的控制方式，整个系统的保护都是基于电压数值的，系统在工作过程中没有考虑到低充电容量的蓄电池充电初始时可能出现的大电流，虽然系统采用了熔断器作为保护，但是这种保护方式并不及时，长期的初始大电流充电会使蓄电池的寿命大打折扣。

第二，功率控制方式落后，卸荷不及时，此种方式的控制器不能跟踪系统的功率变化，另外卸载也是基于电压，由于系统的能量是传给电池及负载的，当电压真正高于一定值的时候，此时电池可能已经接受了过多的能量。另外，卸荷负载为固定负载，风力机卸载时系统的能量并不一定就绝对过剩，造成蓄电池充电不足与系统能量相对过剩的矛盾。

（1）蓄电池的充电控制方法。蓄电池的一般充电方法很多，包括恒流充电、恒压充电、恒压限流充电、分段式充电、快速充电、智能充电等。每种充电方式的特点不同，其在风力发电系统中的实现及对电池的影响也不同。恒流充电是保持充电电流恒定不变的充电控制方法，控制方法简单，但是充电后期会有对极板冲击大、能耗高、充电效率低的缺点，其自身特点并不适合风力发电。除恒流充电外，基本上所有的充电方法都可以在风力发电中得以应用。其中恒压充电是保持充电电压不变的充电控制方法，因为其控制方法简单，这种方式在传统的小型风力发电控制中得以广泛应用，但是由于初期的充电电流不好控制，电池的寿命往往会受到影响。恒压限流充电法是在恒压充电中加入了限流环节，其控制方式也很容易实现，并能够大大延长电池寿命，现在优化的控制器中一般采用这种方式。

（2）分段式充电法。该方法是为了克服恒流和恒压的缺点而提出的一种充电策略，具有恒压和恒流的共同的优点。快速充电是根据美国科学家马斯提出的快速充电的定律实现的，一般采用电流脉冲方式输给蓄电池，并随着充电的进行，使蓄电池有一个瞬时的大电流放电，使其电极去极化。这种充电方式可以在较短的时候内将电池充满电量，但是其会使电池升温，另外还会浪费电能。智能充电以蓄电池可接受的充电电流曲线为控制基础，充电装置根据蓄电池的状态确定充电参数，使充电电流自始至终处在蓄电池可接受的充电电流的曲线附近，这可以说是一种最优的充电控制方法，既节约用电又对电池无损伤，并可以大大地缩短充电时间。但是考虑到风力发电的电源并不是无限的电源，在实际应用中，风力发电系统并不一定可以实时地提供充电所需要的能量，因此这种控制方法在实现上非常困难。

（3）蓄电池的放电控制方法。蓄电池的放电控制方法有放电电压控制法、放电电流控制法、放电深度控制法等。放电电压控制法是维持直流侧电压的稳定，这样可以保证在负载变化的情况下及时提供足够的能量。当电压接近电池组的过放电电压时，启动报警机制，当电压低于过放电电压时，系统启动保护机制，关闭逆变器的输出，以保护蓄电池。此种控制方法实现简单，在小型风力发电中可以很好地应用。

放电电流控制法是指在蓄电池的放电电流小于其额定电流时，系统对放电电流不进行控制，当大于其额定电流时，控制放电电流的值为额定电流，以保护蓄电池。

7.5.2 并网供电

7.5.2.1 异步发电机及并网

1. 并网条件

风力异步发电机组直接并网的条件有两条：一是发电机转子的转向与旋转磁场的方向一致，即发电机的相序与电网的相序相同；二是发电机的转速尽可能地接近于同步转速。风电并网时，并网的第一条件必须严格遵守，否则并网后，发电机将处于电磁制动状态，在接线时应调整好相序。并网的第二条件的要求不是很严格，但并网时发电机的转速与同步转速之间的误差越小，并网时产生的冲击电流越小，衰减的时间越短。

风力异步发电机组与电网的直接并联，见图 7.45。当风电机组在风的驱动下启动后，通过增速齿轮箱将异步发电机的转子带到同步转速附近（一般为 98%～100%）时，测速装置给出自动并网信号，通过断路器完成合闸并网过程。由于并网前发电机本身无电压，并网过程中会产生 5～6 倍额定电流的冲击电流，引起电网电压下降。因此这种并网方式只能用于异步发电机容量在百千瓦级以下，且电网的容量较大的场合。

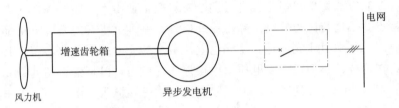

图 7.45　风力异步发电机直接并网

异步发电机投入运行时，由于靠转差率来调整负荷，因此对机组的调速精度要求不高，不需要同步设备和整步操作，只要转速接近同步转速时就可并网。显然，风力发电机组配用异步发电机不仅控制装置简单，而且并网后也不会产生振荡和失步，运行非常稳定。然而，异步发电机并网也存在一些特殊问题，如直接并网时产生过大的冲击电流造成电压大幅度下降，会对系统安全运行构成威胁，本身不发无功功率，需要无功补偿，当输出功率超过其最大转矩所对应的功率会引起网上飞车，过高的系统电压会使其磁路饱和，无功励磁电流大量增加，定子电流过载，功率因数大大下降。不稳定系统的频率过于上升，会因同步转速上升而引起异步发电机从发电状态变成电动状态。不稳定系统的频率过于下降，又会使异步发电机电流剧增而过载等，所以运行时必须严格监视并采取相应的有效措施才能保障风力发电机组的安全运行。

2. 并网运行时的功率输出

并网后，发电机运行在曲线上的直线段，即发电机的稳定运行区域内。发电机输出的电流大小及功率因数决定于转差率和发电机的参数，对于已制成的发电机，其参数不变，而转差率大小由发电机的负载决定。当风力发电机传给发电机的机械功率和机械转矩增大时，发电机的输出功率及转矩也随之增大，发电机的转速将增大，发电机从原来的平衡点过渡到新的平衡点继续稳定运行。但当发电机输出功率超过其最大转矩对应的功率时，随着输入功率的增大，发电机的制动转矩不但不增大反而减小，发电机转速迅速上升而出现飞车现象，十分危险。因此，必须配备可靠的失速叶片或限速保护装置，以确保在风速超过额定风速及阵风时，从风力发电机输入的机械功率被限制在一个最大值范围内，从而保证发电机输出的功率不超过其最大转矩所对应的功率。

当电网电压变化时，将会对并网运行的风力异步发电机有一定的影响。因为发电机的电磁制动转矩与电压的二次方成正比，当电网电压下降过大时，发电机也会出现飞车；而当电网电压过高时，发电机的励磁电流将增大，功率因数下降，严重时将导致发电机过载运行。因此对于小容量的电网，或选用过载能力大的发电机，或配备可靠的过电压和欠电压保护装置。

3. 并网运行时无功功率补偿

风力异步发电机在向电网输出有功功率的同时，还必须从电网中吸收滞后的无功功率来建立磁场和满足漏磁的需要。一般大中型异步发电机的励磁电流约为其额定电流的20%～30%，如此大的无功电流的吸收将加重电网无功功率的负担，使电网的功率因数下降，同时引起电网电压下降和线路损耗增大，影响电网的稳定性。因此，并网运行的风力异步发电机必须进行无功功率的补偿，以提高功率因数及设备利用率，改善电网电能的质量和输电效率。目前，调节无功的装置主要有同步调相机、有源静止无功补偿器、并联补偿电容器等。其中以并联电容器应用得最多，因为前两种装置的价格较高，结构、控制比较复杂，而并联电容器的结构简单、经济、控制和维护方便、运行可靠。并网运行的异步发电机并联电容器后，它所需要的无功电流由电容器提供，从而减轻电网的负担。

4. 异步发电机的并网方式

异步发电机投入运行时，由于靠转差率来调整负荷，其输出的功率与转速近乎呈线性关系，因此对机组并网中的调速不要求同期条件那么严格精确，不需要同步设备和整步操作，只要转速接近同步转速时就可并网。但异步发电机的并网也存在一些问题，例如直接并网时会产生过大的冲击电流，并使电网电压瞬时下降等。随着风电机组电机容量的不断增大，这种冲击电流对发电机自身部件的安全以及对电网的影响也愈加严重。过大的冲击电流，有可能使发电机与电网连接的主回路中自动开关断开。而电网电压的较大幅度下降，则可能会使低压保护动作，从而导致异步发电机根本不能并网。另外，异步发电机还存在着本身不能输出无功功率，需要无功补偿，过高的系统电压会造成发电机磁路饱和等问题。

目前，国内外采用异步发电机并网时，主要有以下方式：

（1）直接并网方式这种并网方法要求并网时发电机的相序与电网的相序相同，当风力机驱动的异步发电机转速接近同步转速（90%～100%）时即可完成自动并网，自动并网的信号由测速装置给出，然后通过自动空气开关合闸完成并网过程。这种并网方式比同步发电机的准同步并网简单，但并网瞬间存在三相短路现象，并网冲击电流可达到4～5倍额定电流，会引起电力系统电压的瞬时下降。这种并网方式只适合用于发电机组容量较小而电网容量较大的场合。

（2）准同期并网方式与同步发电机准同步并网方式相同。在转速接近同步转速时，先用电容励磁建立额定电压，然后对已励磁建立的发电机电压和频率进行调节和校正，使其与电网系统同步，当发电机的电压、频率、相位与系统一致时，将发电机投入电网运行。采用这种方式，若按传统的步骤经整步到同步并网，则仍须高精度的调速器和整步、同期设备，不仅增加风电机组的造价，而且从整步达到准同步并网所花费的时间很长，这是人们所不希望的。该并网方式尽管在合闸瞬间冲击电流很小，但必须控制在最大允许的转矩范围内运行，以免造成网上飞车。由于它对系统电压影响极小，所以适合于电网容量较小的场合。

（3）降压并网方式是在异步发电机和电网之间串接电阻或电抗器或者接入自耦变压器，以便达到降低并网合闸瞬间冲击电流幅值及电网电压下降的幅度。因为电阻、电抗器等元件要消耗功率，显然这种并网方法的经济性较差，在发电机进入稳态运行后必须将其迅速切除。

（4）晶闸管软并网方式这种并网方式是在异步发电机定子与电网之间通过双向晶闸管连接起来，来对发电机的输入电压进行调节。双向晶闸管的两端与并网自动开关并联，见图 7.46。

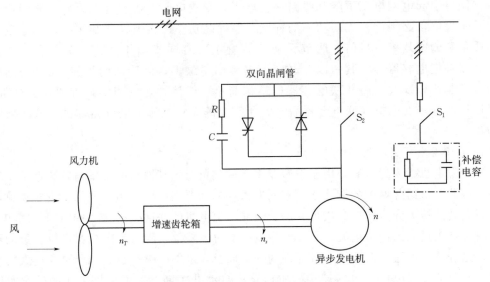

图 7.46 异步发电机晶闸管软并网原理图

接入双向晶闸管的目的是将发电机并网瞬间的冲击电流控制在允许的限度内。具体的并网过程是当风电机组接收到由控制系统微处理器发出的启动命令后，先检查发电机的相序与电网的相序是否一致，若相序正确，则发出松闸命令，风电机组开始启动。当发电机转速接近同步转速时（为 99%～100% 的同步转速），双向晶闸管的控制角同时由 180°～0° 逐渐同步打开，与此同时，双向晶闸管的导通角则同时由 0°～180° 逐渐增大，随着发电机转速的继续升高，发电机的转差率趋于零，双向晶闸管趋近于全部导通，发电机即通过晶闸管平稳地并入电网。接着，并网自动开关 S_2 闭合，短接双向晶闸管，异步发电机的输出电流将不再经过双向晶闸管，而是通过已闭合的自动开关 S_2 流入电网。在发电机并网后，应立即在发电机端并入补偿电容，将发电机的功率因数提高到 0.95 以上。由于风速变化的随机性，在达到额定功率前，发电机的输出功率大小是随机变化的，因此对补偿电容的投入与切除也需要进行控制，一般是在控制系统中设有几组容量不同的补偿电容，根据输出无功功率的变化，控制补偿电容的分段投入或切除。

采用晶闸管软切入装置（SOFT CUT-IN）并网方法，是目前国内外中型及大型普通异步风力发电机组普遍采用的并网技术。

现代兆瓦级以上的大型并网风电机组多采用变桨及变速运行方式，这种运行方式可以使风力发电机组的机械负载及发电质量得到优化。众所周知，风力机变速运行时将使与其连接的发电机也作变速运行，因此必须采用在变速运转时能发出恒频恒压电能的发电机，才能实现与电网的连接。将具有绕线转子的双馈异步发电机与应用电力电子技术的 IGBT 变频器及 PWM 控制技术结合起来，就能实现这一目的，即为变速恒频发电系统。

7.5.2.2 同步发电机的并网

1. 并网条件

同步风电机组与电网并联运行的电路，见图 7.47。同步发电机的定子绕组通过断路器与电网相连，转子励磁绕组由励磁调节器控制。

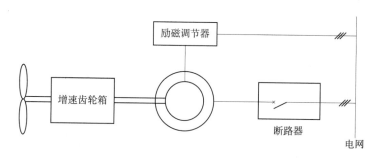

图 7.47 同步风电机组与电网并联运行的电路

同步风电机组并联到电网时，为了防止过大的电流冲击和转矩冲击，风力发电机输出的各相端电压的瞬时值要与电网端对应相电压的瞬时值完全一致，波形相同、幅值相同、频率相同、相序相同和相位相同等 5 个条件。

在并网时，因风力发电机旋转方向不变，只要使发电机的各相绕组输出端与电网各相互相对应，条件相序相同就可以满足。而条件波形相同可由发电机设计、制造和安装保证，因此并网时，主要是幅值、频率和相位的检测与控制，这其中必须满足频率相同。

2. 并网方式

（1）自动准同步并网。满足上述理想并联条件的并网方式称为准同步并网，在这种并网方式下，并网瞬间不会产生冲击电流，电网电压不会下降，也不会对定子绕组和其他机械部件造成冲击。

风力同步发电机组的启动与并网过程如下。当发电机在风力发电机的带动下转速接近同步转速时，励磁调节器给发电机输入励磁电流，通过励磁电流的调节使发电机输出端的电压与电网电压相近。在风力发电机的转速几乎达到同步转速、发电机的端电压与电网电压的幅值大致相同，并且断路器两端的电位差为零或很小时，控制断路器合闸并网。风力同步发电机并网后通过自整步作用牵入同步，使发电机电压频率与电网频率一致的检测与控制过程一般通过计算机实现。

自动准同步并网流程图，见图 7.48。

（2）自同步并网。自动准同步并网的优点是合闸时没有明显的电流冲击，缺点是控制与操作复杂、费时。当电网出现故障而要求迅速将备用发电机投入时，由于电网电压和频率出现不稳定，自动准同步法很难操作，往往采用自同步法实现并联运行。自同步并网的方法是同步发电机的转子励磁绕组先通过限流电阻短接，发电机中无励磁磁场，用原动机将发电机转子拖到同步转速附近（差值小于 5%）时，将发电机并入电网，再立刻给发电机励磁，在定、转子之间的电磁力作用下，发电机自动牵入同步。由于发电机并网时，转子绕组中无励磁电流，因而发电机定子绕组中没有感应电动势，不需要对发电机的电压和相角进行调节和校准，控制简单，并且从根本上排除不同步合闸的可能性。这种并网方法的缺点是合闸后有电流冲击和电网电压的短时下降现象。

自同步并网流程图，见图 7.49。

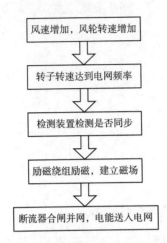

图 7.48　自动准同步并网流程图

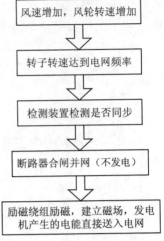

图 7.49　自同步并网流程图

7.5.2.3　功率调节和补偿

1. 无功功率的补偿

电网所带的负载大部分为感性的异步电动机和变压器，这些负载需要从电网吸收有功功率和无功功率，如果整个电网提供的无功功率不够，电网的电压将会下降。同时同步发电机带感性负载时，由于定子电流建立的磁场对电机中的励磁磁场有去磁作用，发电机的输出电压也会下降，因此为了维持发电机的端电压稳定和补偿电网的无功功率，需增大同步发电机的转子励磁电流。同步发电机的无功功率补偿可用其定子电流 I 和励磁电流 I_f 之间的关系曲线来解释。在输出功率 P_3 一定的条件下，同步发电机的定子电流 I 和励磁电流 I_f 之间的关系曲线也称为 V 形曲线，见图 7.50。

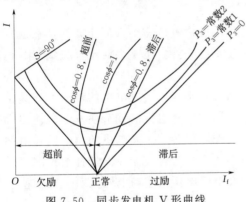

图 7.50　同步发电机 V 形曲线

从图 7.50 中可以看出：当发电机工作在功率因数 $\cos\phi=1$ 时，发电机励磁电流为额定值，此时定子电流为最小；当发电机励磁大于额定励磁电流（过励）时，发电机的功率因数为滞后的，发电机向电网输出滞后的无功功率，改善电网的功率因数；当发电机励磁小于额定励磁电流（欠励）时，发电机的功率因数为超前的，发电机从电网吸引滞后的无功功率，使电网的功率因数更低；另外，这时的发电机还存在一个不稳定区（对应功率角大于 90°），因此，同步发电机一般工作在过励状态下，以补偿电网的无功功率和确保机组稳定运行。

2. 有功功率的调节

风力同步发电机中，风力发电机输入的机械能首先克服机械阻力，通过发电机内部的电磁作用转化为电磁功率，电磁功率扣除发电机绕组的铜损耗和铁损耗后即为输出的电功率，若不计铜损耗和铁损耗，可认为输出功率近似等于电磁功率。同步发电机内部的电磁作用可以看成是转子励磁磁场和定子电流产生的同步旋转磁场之间的相互作用。转子励磁磁场轴线与定、转子合成磁场轴线之间的夹角称为同步发电机的功率用 δ，电磁功率 P_{em} 与功率角 δ 之间的关系称为同步发电机的功角特性，见图 7.51。

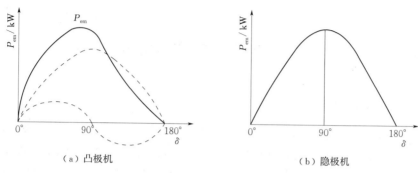

图 7.51   同步发电机的功角特性

当由风力驱动的同步发电机并联在无穷大电网中时，要增大发电机输出的电能，必须增大风力发电机输入的机械能。当发电机输出功率增大即电磁功率增大时，若励磁不作调节，从图 7.51 可见，发电机的功率角也增大，对于隐极机而言，功率角为 90°（凸极机功率角小于 90°）时，输出功率达最大，这个最大的功率称为失步功率，又称极限功率。因为达到最大功率后，如果风力发电机输入的机械功率继续增大，功率角超过 90°，发电机输出的电功率反而下降，发电机转速持续上升而失去同步，机组无法建立新的平衡。例如一台运行在额定功率附近的风力发电机，突然一阵剧风可能导致发电机的功率超过极限功率而使发电机失步，这时可以增大励磁电流，以增大功率极限，提高静态稳定度，这就是有功功率的调节。

并网运行的风力同步发电机当功率角变为负值时，发电机将运行在电动机状态，此时风力发电机相当于一台大风扇，发电机从电网吸收电能。为避免发电机电动运行，当风速降到临界值以下时，应及时将发电机与电网脱开。

习　　题

7.1　请说出异步发电机、同步发电机、双馈式风力机、永磁式风力机的并网种类，并用流线图方式详细说出并网过程。

7.2　说明风力机控制系统的基本结构组成，并说明每个模块的作用？

7.3　风力机控制系统的作用和主要目的，并解释为何要进行风力机控制？

7.4　风力机并网的同期条件有几个？分别为多少？

7.5　风力机功率调节共分为几大类，并说明其特征？

7.6　风力机运行过程中的控制功率曲线和运行曲线，并详细说明控制方式和风力机运行特点。

7.7　说明风力机为何要进行无功率补偿？

7.8　风力机有功功率补偿的基本方法为多少？

第8章 风电机组安全运行与维护

8.1 风电机组安全运行要求

8.1.1 安全运行思想

我国风电场运行的风电机组已经从定桨距失速型的机组转变为变桨距变速型机组为主导，所谓变桨距变速型风电机组就是采用变桨距方式改变风轮能量的捕获，从而使风电机组的输出功率发生变化，最终达到功率输出最优的目的。变桨距变速型风电机组控制系统的控制思想和控制原则以安全运行控制技术要求为主。风电机组的正常运行及安全性取决于先进的控制策略和优越的保护功能。控制系统应以主动或被动的方式控制机组的运行，使系统运行在安全允许的规定范围内，各项参数保持在正常工作范围内。

保护环节以失效保护为原则进行设计，当控制失败，内部或外部故障影响，导致出现危险情况引起机组不能正常运行时，系统安全保护装置动作，保护风电机组处于安全状态。保护环节为多级安全链互锁，在控制过程中具有逻辑"与"的功能，而在达到控制目标方面可实现逻辑"或"的结果。此外，系统还设计了防雷装置，对主电路和控制电路分别进行防雷保护。

8.1.2 安全运行的自动运行控制

1. 开机并网控制

当风速 10min 平均值在系统工作区域内，机械闸松开，叶尖顺桨，风力作用于风轮旋转平面上，风电机组慢慢启动，当转速升到接近发电机同步转速时，变频器开始对转子注入电流进行励磁，使发电机出口的电压与频率和电网的电压与频率一致，主并网断路器动作，机组并入电网运行。

2. 小风脱网

小风停机是将风电机组停在待风状态，当 10min 平均风速小于小风脱网风速或发电机输出功率负到一定值后，风电机组不允许长期在电网中运行，必须脱网，处于自由状态，风电机组先进行变桨，使转速降下来后变频器控制并网断路器无冲击断开，进待风状态。当风速再次上升，风电机组开始变桨使风力机自动旋转起来，达到并网转速，风电机组又投入并网运行。

3. 普通故障脱网停机

机组运行时发生参数越限、状态异常等普通故障后，风电机组进入普通停机程序，机组进行变桨，先进行气动刹车，通过变频器控制脱网，待高速轴转速低于一定值后，高速刹车进行刹车，如果是由于内部因素产生的可恢复故障，运行人员通过远程复位，无需到

236

现场，即可恢复正常开机。

4. 紧急故障脱网停机

当系统发生紧急故障如风电机组发生飞车、超速、振动及负载丢失等故障时，风电机组进入紧急停机程序，将触发安全链动作，为安全起见所采取的硬性停机，使叶片通过液压储能罐或变桨蓄电池直接推动叶片进行紧急变桨、变频器控制脱网同时动作，风电机组在几秒内停下来。转速达到一定限制后，高速轴转速小于一定转速后，机械闸动作。

5. 大风脱网控制

当风速 10min 平均值大于 25m/s 时，为了机组的安全，这时风电机组必须进行大风脱网停机。风电机组先投入叶片进行气动刹车，同时偏航 90°，等功率下降后脱网，20s 后或者高速轴转速小于一定值时，机械闸动作，风电机组完全停止。当风速回到工作风速区后，风电机组开始恢复自动对风，待转速上升后，风电机组又重新开始自动并网运行。

6. 对风控制

风电机组在工作风速区时，应根据机舱的控制灵敏度，确定每次偏航的调整角度。用两种方法判定机舱与风向的偏离角度，根据偏离的程度和风向传感器的灵敏度，时刻调整机舱偏左和偏右的角度。

8.1.3 安全运行的保护要求

（1）主电路保护。低压配电断路器是在变压器低压侧三相四线进线处设置低压配电断路器，以实现机组电气元件的维护操作安全和短路过载保护。

（2）过压过流保护。主电路计算机电源进线端、控制变压器进线端和有关伺服电动机进线端，均设置过压过流保护措施。如整流电源、液压控制电源、稳压电源、控制电源边、偏航系统、液压系统、机械闸系统和补偿控制电容都有相应的过压过流保护控制装置。

（3）防雷设施及保险丝。主避雷器与保险丝、合理可靠的接地线为系统主避雷保护，同时控制系统有专门设计的防雷保护装置。在计算机电源及直流电源变压器原端，所有信号的输入端均设有相应的瞬时超压和过流保护装置。

（4）热继电保护。运行的所有输出运转机构如发电机、电动机和各传动机构的过热、过载保护控制装置。

（5）接地保护。由于设备因绝缘破坏或其他原因可能引起出现危险电压的金属部分，均应实现保护接地。所有风电机组的零部件、传动装置、执行电动机、发电机、变压器、传感器、照明器具及其他电器的金属底座和外壳，电气设备的传动机构，塔架（筒）机舱配装置的金属框架及金属门，配电、控制和保护用的盘（台、箱）的框架，交、直流电力电缆的接线盒和终端盒的金属外壳及电缆的金属保护层和窜线的钢管，电流互感器和电压互感器的二次线圈，避雷器、保护间隙和电容器的底座、非金属护套信号线的 1~2 根屏蔽芯线，上述都要求保护接地。

8.1.4 控制安全系统安全运行的技术要求

控制与安全系统是风电机组安全运行的大脑指挥中心，控制系统的安全运行就保证了机组安全运行，通常风力发电机组运行所涉及的内容相当广泛。就运行工况而言，包括启动、停机、功率调解、变速控制和事故处理等方面的内容。

风电机组在启动和停机过程中，机组各部件将受到剧烈的机械应力的变化，而对安全运行起决定因素是风速变化引起的转速的变化，所以转速的控制是机组安全运行的关键。风电机组的运行是一项复杂的操作，涉及的问题很多，如风速的变化、转速的变化、温度的变化、振动等都直接威胁风力发电机组的安全运行。

1. 控制系统安全运行的必备条件

（1）风电机组发电机出口侧相序必须与并网电网相序一致，电压标称值相等，三相电压平衡。

（2）风电机组安全链系统硬件运行正常。

（3）偏航系统处于正常状态，风速仪和风向标处于正常运行的状态。

（4）制动和控制系统液压装置的油压、油温及油位和蓄电池装置的电压都在规定范围内。

（5）齿轮箱油位和油温在正常范围内。

（6）各项保护装置均在正常位置，且保护值均与批准设定的值相符。

（7）各控制电源处于接通位置。

（8）监控系统显示正常运行状态。

（9）在寒冷和潮湿地区，停止运行一个月以上的风电机组再投入运行前应检查绝缘，合格后才允许启动。

（10）经维修的风电机组控制系统在投入启动前，应办理工作票终结手续。

2. 风电机组工作参数的安全运行范围

（1）风速。在自然界中，风是随机的湍流运动，当风速在 $3\sim25\text{m/s}$ 的规定工作范围内时，只对风电机组的发电有影响，当风速变化率较大且风速超过 25m/s 以上时，则对风电机组的安全性产生威胁。

（2）转速。风电机组的风轮转速通常不能过高于额定转速，发电机的最高转速不超过额定转速的 30%，不同型号的机组数值不同。当风电机组超速时，对风电机组的安全性将产生严重威胁。

（3）功率。在额定风速以下时，不作功率调节控制，只有在额定风速以上应进行限制最大功率的控制，通常运行安全最大功率不允许超过设计值的额定值。

（4）温度。运行中风电机组的各部件运转将会引起温升，通常控制器环境温度应为 $0\sim30℃$，齿轮箱油温小于 $120℃$，发电机温度小于 $150℃$，传动等环节温度小于 $70℃$。

（5）电压。发电机电压允许的范围在设计值的 10%，当瞬间值超过额定值的 30% 时，视为系统故障。

（6）频率。风电机组的发电频率应限制在 $(50\pm1)\text{Hz}$，否则视为系统故障。

（7）压力或电压。风电机组的许多执行机构由液压或蓄电池执行机构完成，所以各液压站系统的压力或蓄电池电压必须监控。

3. 系统的接地保护安全要求

（1）配电设备接地。变压器、开关设备和互感器外壳、配电柜、控制保护盘，金属构架、防雷设施及电缆头等设备必须接地。

（2）塔筒与地基接地装置，接地体应水平敷设。塔内和地基的角钢基础及支架要用截面 25mm×4mm 的扁钢相连作接地干线，塔筒、地基各做一组，两者焊接相连形成接地网。

4. 控制与安全系统运行的检查

（1）保持柜内电气元件的干燥、清洁。

（2）经常注意柜内各电气元件的动作顺序是否正确、可靠。

（3）运行中特别注意柜中的开断元件及母线等是否有温升过高或过热、冒烟音响及不应有的放电等不正常现象，如发现异常，应及时停电检查，并排除故障冒烟、异常的，并避免事故的扩大。

（4）对断开、闭合次数较多的短路器，应定期检查主触点表面的烧损情况，并进行维修。断路器每经过一次断路电流，应及时对其主触点等部位进行检查修理。

（5）对主接触器，特别是动作频繁的系统，应急时检查主触点表面，当发现触点严重烧损时，应及时更换而不能继续使用。

（6）定期检查接触器、断路器等电器的辅助触点及继电器的触点，确保接触良好。定期检查电流继电器、时间继电器、速度继电器、压力继电器等正定值是否符合要求，并作定期核对，平时不应开盖检修。

（7）定期检查各部位接线是否牢靠及所有紧固件有无松动现象。

（8）定期检查装置的保护接地系统是否安全可靠。

（9）经常检查按钮、操作键是否操作灵活，其接触点是否良好。

8.2　风电场的运行与维护

风电场应当建立定期巡视制度，运行人员对监控风电场安全稳定运行负有直接责任，应按要求定期到现场通过目视观察等直观方法对风电机组的运行状况进行巡视检查。应当注意的是，所有外出工作包括巡检、启停风电机组、故障检查处理等出于安全考虑均需两人或两人以上同行。检查工作主要包括风电机组在运行中有无异常声响，叶片运行的状态、偏航系统动作是否正常，塔架（筒）外表有无油迹污染等。

巡检过程中要根据设备近期的实际情况有针对性地重点检查故障处理后重新投运的机组，重点检查启停频繁的机组，重点检查负荷重、温度偏高的机组，重点检查带"病"运行的机组，重点检查新投入运行的机组。若发现故障隐患，则应及时报告处理，查明原因，从而避免事故发生，减少经济损失。同时在《风电场运行日志》上做好相应巡视检查的记录。

当天气情况变化异常（如风速较高、天气恶劣等）时，若机组发生非正常运行，巡视检查的内容及次数由值长根据当时的情况分析确定。当天气条件不适宜户外巡视时，则应在中央监控室加强对机组的运行状况的监控。通过温度、出力、转速等的主要参数的对比，确定应对的措施。

由于风电场对环境条件的特殊要求，一般情况下，电场周围自然环境都较为恶劣，地理位置往往比较偏僻。这就要求输变电设施在设计时就应充分考虑到高温、严寒、高风速、沙尘暴、盐雾、雨雪、冰冻、雷电等恶劣气象条件对输变电设施的影响。所选设备在满足电力行业有关标准的前提下，应当针对风力发电的特点力求做到性能可靠、结构简单、维护方便、操作便捷。同时，还应当解决好消防和通信问题，以便提高风电场运行的安全性。

由于风电场的输变电设施地理位置分布相对比较分散，设备负荷变化较大，且规律性不强，并且设备高负荷运行时往往气象条件比较恶劣，这就要求运行人员在日常的运行工作中应加强巡视检查的力度。在巡视时应配备相应的检测、防护和照明设备。

8.3 风电机组常见故障及维护

风电场的维护主要是指风电场测风装置、风力发电机组的维护、场区内输变电设施的维护。风电机组的维护主要包括机组常规巡检和故障处理、年度例行维护及非常规维护。

8.3.1 故障分类

1. 按主要结构来分类

（1）电控类。电控类指的是电控系统出现的故障，主要指传感器、继电器、断路器、电源、控制回路等。

（2）机械类。机械类指的是机械传动系统、发电机、叶片等出现的故障，如机组振动、液压、偏航、主轴、制动等故障。

（3）通信远传系统。指的是从机组控制系统到主控室之间的通信数据传输和主控制室中远方监视系统所出现的故障。

2. 从故障产生后所处的状态来分类

（1）自启动故障（可自动复位）。自启动故障指的是当计算机检测发现某一故障后，采取保护措施，等待一段时间后故障状态消除或恢复正常状态，控制系统将自动恢复启动运行。

（2）不可自启动故障（需人工复位）。不可自启动故障是当故障出现后，故障无法自动消除或故障比较严重，必须等运行人员到达现场进行检修的故障。

（3）报警故障。实际上报警故障应归纳到不可自启动故障中，这种故障表明机组出现了比较严重的故障，通过远控系统或控制柜中的报警系统进行声光报警，提示运行人员迅速处理。

8.3.2 风电机组的日常故障检查处理

8.3.2.1 风电机组各部件的故障检查处理

目前，国际上风电机组厂家所使用的控制系统不同，故障类型也各不相同，根据各厂家的故障表，包括故障可能出现的原因和应检查的部位，进行参考。当标志机组有异常情况的报警信号时，运行人员根据报警信号所提供的故障信息及故障发生时计算机记录的相关运行状态参数，分析查找故障的原因，并且根据当时的气象条件，采取正确的方法及时进行处理，并在《风电场运行日志》上做好故障处理的记录。

1. 液压系统

（1）当液压系统油位及齿轮箱油位偏低时，应检查液压系统及齿轮箱有无泄漏现象发生。若是，则根据实际情况补加油液，恢复到正常油位。在必要时应检查油位传感器的工作是否正常。

（2）液压控制系统压力异常而自动停机时，运行人员应检查油泵工作是否正常。如油压异常，应检查油泵电机、液压管路、油压缸及有关阀体和压力开关，必要时应进一步检查液压泵本体工作是否正常。

2. 偏航系统

（1）定期检查偏航齿圈传动齿轮的啮合间隙及齿面的润滑状况。判断减速器内部有无损坏，检查偏航减速器润滑油油色及油位是否正常。

（2）因偏航系统故障而造成自动停机时，检查偏航系统电气回路、偏航电机、偏航减速器以及偏航计数器和扭缆传感器的工作是否正常。因扭缆传感器故障致使风电机组不能自动解缆的也应予以检查处理，待所有故障排除后再恢复启动风力发电机组。

3. 变桨系统

在检查维护变桨系统时，需要进入轮毂时先应可靠锁定风轮。在更换或调整桨距调节机构后应检查机构动作是否正确可靠，应按照维护手册要求进行机构连接尺寸测量和功能测试。经检查确认无误后，才允许重新启动风电机组。

4. 传感器

（1）当风电机组显示的输出功率与对应风速有偏差时，应检查风速仪、风向标转动是否灵活。如无异常现象，则进一步检查风速、风向传感器及信号检测回路有无故障。

（2）因机组设备和部件超过运行温度而自动停机时，应检查发电机温度、可控硅温度、控制箱温度、齿轮箱温度、机械卡钳式制动器刹车片温度等是否超过规定值而造成了自动保护停机。应结合机组当时的工况，通过检查冷却系统、刹车片间隙、润滑油脂质量，相关信号检测回路等，查明温度上升的原因。

（3）风电机组运行中，由于传动系统故障、叶片状态异常等导致机械不平衡，恶劣电气故障导致风电机组振动超过极限值。由于叶尖制动系统或变桨系统失灵，瞬时强阵风以及电网频率波动造成风电机组超速。当机组转速超过限定值或振动超过允许振幅而自动停机时均会使风电机组故障停机。

5. 电气设备

（1）当风电机组安全链回路动作而自动停机时，运行人员应借助就地监控机提供的故障信息及有关信号指示灯的状态，查找导致安全链回路动作的故障环节，经检查处理并确认无误后，才允许重新启动风电机组。

（2）当风电机组运行中发生主空气开关动作时，运行人员应当目测检查主回路元器件外观及电缆接头处有无异常，在拉开箱变侧开关后应当测量发电机、主回路绝缘以及可控硅是否正常，熔断器及过电压保护装置是否正常。

（3）当风电机组运行中发生与电网有关的故障时，运行人员应当检查场区输变电设施是否正常。

6. 风电机组因异常需要立即进行停机操作的顺序

（1）利用主控室计算机遥控停机。

（2）遥控停机无效时，则就地按正常停机按钮停机。

（3）当正常停机无效时，使用紧急停机按钮停机。

（4）上述操作仍无效时，拉开风电机组主开关或连接此台机组的线路断路器，之后疏散现场人员，做好必要的安全措施，避免事故范围扩大。

8.3.2.2　风电机组事故处理

在日常工作中风电场应当建立事故预想制度，定期组织运行人员作好事故预想工作。根据风电场自身的特点完善基本的突发事件应急措施，对设备的突发事故争取做到指挥科学、措施合理、沉着应对。

发生事故时，值班负责人应当组织运行人员采取有效措施，防止事故扩大并及时上报有关领导。同时应当保护事故现场（特殊情况除外），为事故调查提供便利。

事故发生后，运行人员应认真记录事件经过，并及时通过风电机组的监控系统获取反映机组运行状态的各项参数记录及动作记录，组织有关人员研究分析事故原因，总结经验教训，提出整改措施，汇报上级领导。

8.3.3　风电机组的年度例行维护

1. 年度例行维护的主要内容和要求

（1）电气部分。主要包括：①传感器功能测试与检测回路的检查；②电缆接线端子的检查与紧固；③主回路绝缘测试；④电缆外观与发电机引出线接线柱检查；⑤主要电气组件外观检查（如空气断路器、接触器、继电器、熔断器、补偿电容器、过电压保护装置、避雷装置、可控硅组件、控制变压器等）；⑥模块式插件检查与紧固；⑦显示器及控制按键开关功能检查；⑧电气传动桨距调节系统的回路检查（驱动电机、储能电容、变流装置、集电环等部件的检查、测试和定期更换）；⑨控制柜柜体密封情况检查；⑩机组加热装置工作情况检查；⑪机组防雷系统检查；⑫接地装置检查。

（2）机械部分。主要包括：①螺栓连接力矩检查；②各润滑点润滑状况检查及油脂加注；③润滑系统和液压系统油位及压力检查；④滤清器污染程度检查，必要时更换处理；⑤传动系统主要部件运行状况检查；⑥叶片表面及叶尖扰流器工作位置检查；⑦桨距调节系统的功能测试及检查调整；⑧偏航齿圈啮合情况检查及齿面润滑；⑨液压系统工作情况检查测试；⑩卡钳式制动器刹车片间隙检查调整；⑪缓冲橡胶组件的老化程度检查；⑫联轴器同轴度检查；⑬润滑管路、液压管路、冷却循环管路的检查固定及渗漏情况检查；⑭塔架（筒）焊缝、法兰间隙检查及附属设施功能检查；⑮风力发电机组防腐情况检查。

2. 年度例行维护周期

正常情况下，除非设备制造商的特殊要求，风力发电机组的年度例行维护周期是固定的，即

（1）新投运机组：500h（一个月试运行期后）例行维护。

（2）已投运机组：2500h（半年）例行维护，5000h（一年）例行维护。

部分机型在运行满 3 年和 5 年时，在 5000h 例行维护的基础上增加了部分检查项目，实际工作中应根据机组运行状况参照执行。

习　题

8.1　风力机安全运行基本思想为何？

8.2　风力机运行工作参数有哪些？安全范围为多少？

8.3　风力故障可分为多少种？并分别举出 5 个故障案例。

8.4　作为风电场运行人员，请制定一次巡检检修项目表。

第9章 风 能 储 存

风能具有间歇性，不能连续利用，并且不能直接储存起来，因此，即使在风能资源丰富的地区，当把风力发电机作为获得电能的主要方法时，必须配备适当的储能装置。在风力强的期间，除了通过风力发电机组向用电负荷提供所需的电能以外，将多余的风能转换为其他形式的能量在储能装置中储存；在风力弱或无风期间，将储能装置中储存的能量释放出来并转换为电能，向用电负荷供电。可见，储能装置是风力发电系统中储能和实现稳定、持续供电必不可少的装置。

风能可以被转换成其他形式的能量，如机械能、电能、热能，以实现提水灌溉、发电、供热、风帆助航等。目前风能转换过程的储能方式主要有化学储能、抽水储能、飞轮储能、压缩空气储能、电解水制氢储能等。

9.1 化 学 储 能

9.1.1 蓄电池

蓄电池是化学储能的典型方式。在独立运行的小型风力发电系统中，广泛使用蓄电池作为储能装置。风力发电系统中常用的蓄电池有铅酸电池（亦称铅酸蓄电池）和镍镉电池（亦称碱性蓄电池）。

单格碱性蓄电池的电动势约为2V，单格铅酸蓄电池的电动势约为1.2V，将多个单格蓄电池串联组成蓄电池组，可获得不同的蓄电池组电势，如12V、24V、36V等，当外电路闭合时，蓄电池正负两极间的电位差即为蓄电池的端电压（亦称电压），蓄电池的端电压在充电和放电过程中，电压是不相同，充电时蓄电池的电压高于其电动势，放电时蓄电池的电压低于其电动势，这是因为蓄电池有内阻，且蓄电池的内阻随温度的变化比较明显。

蓄电池的容量以Ah表示，当蓄电池以恒定电流放电时，它的容量等于放电电流和放电时间的乘积。容量为100Ah的蓄电池表示该蓄电池放电电流为10A，则可连续放电10h。在放电过程中，蓄电池的电压随着放电而逐渐降低，放电时铅酸蓄电池的电压不能低于1.4~1.8V，碱性蓄电池的电压不能低于0.8~1.1V，蓄电池放电和充电时的最佳电流值为10h放电率电流。

蓄电池经过多次充电及放电以后，其容量会降低，当蓄电池的容量降低到其额定值的80%以下时，就不能再使用，铅酸蓄电池的使用寿命为1~20年。

9.1.2 电解水制氢储能

众所周知，电解水可以制氢，而且氢可以储存，在风力发电系统中采用电解水制氢储能是将随机的不可储存的风能转换为氢能储存起来。而制氢、储氢及燃料电池是这种储能方式的关键技术和部件。水中提取氢储能示意图，见图9.1。

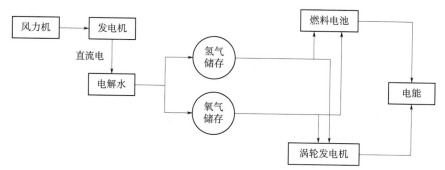

图 9.1　水中提取氢储能示意图

燃料电池（Fuel cell）是一种化学电池，其作用原理是把燃料氧化时所释放出来的能量通过化学变化转化为电能。在以氢作燃料时，就是利用氢和氧化合时的化学变化所释放出热能，通过热转换器直接电能，即 $H_2 + \frac{1}{2}O_2 \longrightarrow H_2O + 电能$。由此化学反应式看出，除产生电能外，只产生水，因此，利用燃料电池发电是一种清洁的发电方式，而且由于没有运动条件，工作起来更安全可靠，利用燃料电池发电的效率很高，例如，碱性燃料电池的发电效率可达 $50\% \sim 70\%$。

在该储能方式中，氢的储存也是一个重要环节，储氢技术有多种形式，其中以金属氧化物储氢最好，其储氢密度高，优于气体储氢及液态储氢，不需要高压和绝热的容器，安全性能好。

近年国外还研制出一种再生式燃料电池（Regenerative Fuel cell），这种燃料电池能利用氢氧化合直接产生电能，反过来应用它也可以电解水而产生氢和氧。

电解水制氢储能是一种高效、清洁、无污染、工作安全、寿命长的储能方式，但燃料电池及储存氢装置的成本较高。

9.2　抽　水　储　能

在水资源丰富地区适用。当风力强而用电负荷所需要的电能少时，风力发电机发出的多余的电能驱动抽水机，将低处的水抽到高处的储水池或水库中转换为水的位能储存起来，也可由风力机直接带动水泵进行提水。在无风期或是风力较弱时，则将高处储水池或水库中储存的水释放出来流向低处水池，利用水流的动能推动水轮机转动，带动发电机发电，从而保证供电稳定。实际上，这时已是风力发电和水力发电同时运行，共同向负荷供电。

储水储能比蓄电池储能复杂，工程量大。一般适用于配合大、中型风力发电机组，有可利用的高山、河流、地形以及构筑水库可行，其系统见图 9.2。另外在岛屿的高处筑水库，在白天用电少时，把海水抽入水库，在晚上用电高峰时，用水库中的水（水力）发电以增加电量。

与水力储能方式相似另一种储能方式是压缩空气储能，该储能方式也需要特定的地形条件，即需要有挖掘的地坑或是废弃的矿坑或是地下的岩洞，当风力强，用电负荷少时，可将风力发电机发出的多余的电能驱动一台由电动机带动的空气压缩机，将空气压缩后储存在地坑内。而在无风期或用电负荷增大时，则将储存在地坑内的压缩空气释放出来，形成高速气流，从而推动涡轮机转动，带动发电机发电，其系统见图9.3。

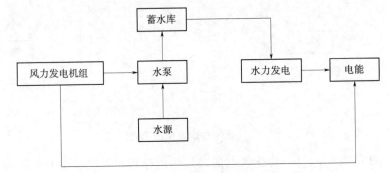

图 9.2 储水储能示意图

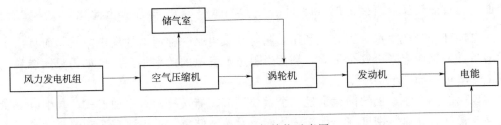

图 9.3 压缩空气储能示意图

9.3 飞 轮 储 能

由运动力学可知，做旋转运动的物体皆具有动能，此动能也称为旋转的惯性能 A，即

$$A = \frac{1}{2} I \omega^2 \tag{9.1}$$

式中：I 为旋转物体的转动惯量，$kg \cdot m^2$；ω 为旋转物体的旋转角速度，rad/s。

所表示的为旋转物体达到稳定的旋转角速率时所具有的动能，若旋转物体的旋转角速率是变化的，例如由 ω_1 增加到 ω_2，则旋转物体增加的动能为

$$\Delta A = I \int_{\omega_1}^{\omega_2} \omega d\omega = \frac{1}{2} I (\omega_2^2 - \omega_1^2) \tag{9.2}$$

这部分增加的动能即储存在旋转体中，反之，若旋转物体的旋转角速度减小，则有部分旋转的惯性动能被释放出来。

同时由动力学原理可知，旋转物体的转动惯量 I 与旋转物体的重力及旋转部分的惯性直径有关，即

$$I = \frac{GD^2}{4g} \tag{9.3}$$

式中：D 为旋转物体的惯性直径，m；G 为旋转物体的重力，N；g 为重力加速度，m/s^2。

风力发电系统中采用飞轮储能，即是在风力发电机的轴系上安装一个飞轮，利用飞轮旋转时的惯性储能原理，当风力强时，风能即以动能的形式储存在飞轮中。当风力弱时，

储存在飞轮中的动能则释放出来驱动发电机发电，采用飞轮储能可以改善由于风力起伏而引起的发电机输出电能的波动，改善电能的质量。风力发电系统中采用的飞轮，一般多由钢制成，飞轮的尺寸大小则由系统所需储存和释放能量的多少而定，飞轮储能系统见图9.4。

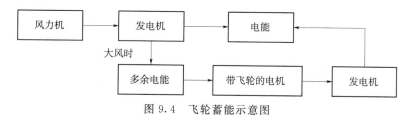

图9.4　飞轮蓄能示意图

实现热转化的致热器有固体摩擦、搅拌液体、挤压液体和涡电流式等四种形式。

9.4　热　能　储　能

风通常带来的是凉爽和寒冷。风能转化为机械能、电能，也能转换为热能。在北方地区，当寒流袭来时，可利用风能采暖，可以说是资源优势与需求的互补。

风能转换为热能一般通过3种途径：一是经电能转换为热能，风能→机械能→电能→热能；二是通过热泵，风能→机械能→空气压缩能→热能；三是直接热转换，风能→机械能→热能。前两种是三级能量转换，后一种是两级能量转换。

风轮轴输出的机械动力直接驱动致热器。能量转换意味着要损失一部分能量，转换次数少就能减少这部分损失。另外，根据热力学第二定律，从机械能和电能转换为热能时，其转换效率理论上认为能达到100%。如果经电能再转换为热能，即使电热转换效率能达到100%，但由于从风能到电能的转换效率很低，将导致总的热转换效率下降。因此，直接热转换效率高。一般，风力发电的系统转换效率最高不超过15%～20%，而风能直接热转换的效率最少可达到30%。

9.4.1　固体摩擦制热

风轮输出轴驱动一组制动元件在固体表面摩擦生成热来加热液体，见图9.5。其缺点是在转动元件与固体表面摩擦生热的同时，带来元件磨损也比较大。据采用汽车刹车片进行的摩擦致热试验，运转300h后，刹车片最大磨损量为0.2mm。因此，采用固体摩擦致热器，需定期更换维护致热元件。

9.4.2　搅拌液体制热

风轮动力输出轴带动搅拌转子旋转，转子与定子上均设有叶片。当转子叶片搅拌液体作涡流运动冲击定子叶片时，液体的动能转换为热能。搅拌液体致热是机械能转换为热能最简单的方式，其优点如下：

（1）动力输出轴直接带动搅拌器，在任何转速下搅拌器都能全部利用输入的机械能。

（2）能做到与风轮的运行特性最佳匹配。在高雷诺数下，搅拌器功率吸收特性与转速呈三次方关系，而其他形式与转速呈一次方或二次方比例关系。

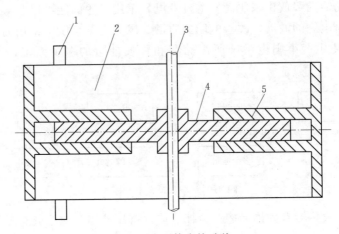

图 9.5　固体摩擦致热

1—水槽连管；2—水槽；3—动力输入轴；4—摩擦板（制动元件）；5—加热板

（3）致热装置结构简单，容易制造，可靠性高，投资少。

（4）搅拌器作为风轮的直接负荷，是"天然"的制动装置，风轮系统可不另设超速保护装置。

（5）作为吸热工质对结构材料和液体无特殊要求。

9.4.3　挤压液体制热

挤压致热是利用液压泵和阻尼孔配合一起产生热量的方式。风轮输出轴带动液压泵，将工作液体（通常是油）加压，把机械能转换为液体压力能，被加压的液体从狭小的阻尼孔高速喷出，经过较短的时间压力能就转换为液体动能。由于阻尼孔后流管中也充满液体，当高速液体冲击低速液体时，液体动能通过液体分子间的冲击和摩擦转换为热能，与此同时，液体流速下降，温度上升。

挤压液体致热的原理是利用流体分子间的冲击和摩擦，不会像固体摩擦致热那样引起部件磨损，也不会出现搅拌致热对部件造成穴蚀的现象。因此，挤压致热方式的使用寿命长、可靠性好。

9.4.4　涡电流制热

风轮输出轴驱动一个转子，在转子外缘与定子之间装有磁化线圈，当来自电池的微弱直流电流流过磁化线圈时，便有磁力线穿过。此时转子旋转切割磁力线产生涡电流使定子和转子外缘附近发热。定子外层是环形冷却液套，吸收热能生产高温液体，同时冷却磁化线圈，使之不致过热烧损。在这种致热方式中，液体是作为冷却液而被加热的，因此应选择热容大、冷却性好的液体，如水、水与乙二醇混合液、油以及其他有机液体。涡电流致热器热转换能力强，装置可以制作得很小，并将磁化线圈的电流、风速及风轮转速联合自动控制，在出现暴风时能保护系统。

风能直接热转换的效率高、用途广，除了提供热水外，也可作为采暖和生产用热的热源，如野外作业场所的防冻保温、水产养殖等。

9.5 超 导 储 能

在一个电感为 L，电流为 I 的线圈中，其磁场储能为

$$E = \frac{1}{2}LI^2 \tag{9.4}$$

线圈绕组两端电压 U 与电流和线圈内阻的关系为

$$U = RI + L\frac{\mathrm{d}I}{\mathrm{d}t} \tag{9.5}$$

线圈的电阻 R 与温度有关。由于有些导体在某个临界温度时，其电阻会急剧下降，甚至降为零。此时的状态叫超导现象。如果是稳态储能，则 $\frac{\mathrm{d}I}{\mathrm{d}t}=0$，即无需电压来驱动绕组中的电流，电流在短路的绕组中持续流动，能量被稳定地储存在绕组磁场中。利用这个原理，可以设计超导储能系统。

研究表明，随着高温超导材料的发现，超导临界温度已经达 100K 左右，可用液态氮制冷，所需制冷功率可大大减小。超导储能的总体转换效率可达 95% 左右，并可以在短时间内提供较高功率。由于没有运动部件，故其寿命长。

9.6 其 他 储 能

用风力发电提供的多余电能来电解水制氢和氧，并把氢、氧储存起来，需要时用氢和氧在燃料电池中发电，以起到储存电能的目的。这种方法是一种高效、清洁、无污染的储能方法，但目前技术和材料上还存在一些问题，如大型燃料电池的研制及高压大容量储氢装置的材料性能等问题。

除此之外，人们也在研究用机组直接制热（不发电）储热或大范围内风电机组联网，以减小局部地区风力波动对供电稳定影响的所谓并网"储能"方式（平衡风资源）。

随着智能电网的逐步建立，利用网上用户储能，也是一种有效平衡风电波动的方式。

附录 风电机组电工术语

中华人民共和国国家标准

电工术语风力发电机组

GB/T 2900.53—2001

idt IEC 60050-415：1999

Electrotechnical terminology wind turbine generator systems

1 范围

本标准规定了风力发电机组常用基本术语和定义。本标准适用于风力发电机组。其他标准中的术语部分也应参照使用。

2 定义

2.1 风力机和风力发电机组

风力机 (wind turbine)：将风的动能转换为另一种形式能的旋转机械。

风力发电机组 (wind turbine generator system，WTGS)：将风的动能转换为电能的系统。

风电场 (wind power station；wind farm)：由一批风力发电机组或风力发电机组群组成的电站。

水平轴风力机 (horizontal axis wind turbine)：风轮轴基本上平行于风向的风力机。

垂直轴风力机 (vertical axis wind turbine)：风轮轴垂直的风力机。

轮毂 (风力机) (hub)：将叶片或叶片组固定到转轴上的装置。

机舱 (nacelle)：设在水平轴风力机顶部包容电机、传动系统和其他装置的部件。

支撑结构 (风力机) (support structure)：由塔架 (筒) 和基础组成的风力机部分。

关机 (风力机) (shutdown)：从发电到静止或空转之间的风力机过渡状态。

正常关机 (风力机) (normal shutdown)：全过程都是在控制系统控制下进行的关机。

紧急关机 (风力机) (emergency shutdown)：保护装置系统触发或人工干预下，使风力机迅速关机。

空转 (风力机) (idling)：风力机缓慢旋转但不发电的状态。

锁定 (风力机) (blocking)：利用机械销或其他装置，而不是通常的机械制动盘，防止风轮轴或偏航机构运动。

停机 (parking)：风力机关机后的状态。

静止 (standstill)：风力发电机组的停止状态。

制动器 (风力机) (brake)：能降低风轮转速或能停止风轮旋转的装置。

停机制动 (风力机) (parking brake)：能够防止风轮转动的制动。

风轮转速 (风力机) (rotor speed)：风力机风轮绕其轴的旋转速度。

控制系统 (风力机) (control system)：接受风力机信息和/或环境信息，调节风力机，使其保持在工作要求范围内的系统。

保护系统（风力发电机组）（protection system）：确保风力发电机组运行在设计范围内的系统。注：如果产生矛盾，保护系统应优先于控制系统起作用。

偏航（yawing）：风轮轴绕垂直轴的旋转（仅适用于水平轴风力机）。

2.2 设计和安全参数

设计工况（design situation）：风力机运行中的各种可能的状态，例如发电、停车等。

载荷状况（load case）：设计状态与引起构件载荷的外部条件的组合。

外部条件（风力机）（external conditions）：影响风力机工作的诸因素，包括风况、其他气候因素（雪、冰等），地震和电网条件。

设计极限（design limits）：设计中采用的最大值或最小值。

极限状态（limit state）：构件的一种受力状态，如果作用其上的力超出这一状态，则构件不再满足设计要求。

使用极限状态（serviceability limit states）：正常使用要求的边界条件。

最大极限状态（ultimate limit state）：与损坏危险和可能造成损坏的错位或变形对应的极限状态。

安全寿命（safe life）：严重失效前预期使用时间。

严重故障（风力机）（catastrophic failure）：零件或部件严重损坏，导致主要功能丧失，安全受损。

潜伏故障（latent fault；dormant failure）：正常工作中零部件或系统存在的未被发现的故障。

2.3 风特性

风速（wind speed）：空间特定点的风速为该点周围气体微团的移动速度。注：风速为风矢量的数值。

风矢量（wind velocity）：标有被研究点周围气体微团运动方向，其值等于该气体微团运动速度（即该点风速）的矢量。注：空间任意一点的风矢量是气体微团通过该点位置的时间导数。

旋转采样风矢量（rotationally sampled wind velocity）：旋转风轮上某固定点经受的风矢量。注：旋转采样风矢量湍流谱与正常湍流谱明显不同。风轮旋转时，叶片切入气流，流谱产生空间变化。最终的湍流谱包括转动频率下的流谱变化和由此产生的谐量。

额定风速（风力机）（rated wind speed）：风力机达到额定功率输出时规定的风速。

切入风速（cut-in wind speed）：风力机开始发电时，轮毂高度处的最低风速。

切出风速（cut-out wind speed）：风力机达到设计功率时，轮毂高度处的最高风速。

年平均（annual average）：数量和持续时间足够充分的一组测量数据的平均值，供作估计期望值用。注：平均时间间隔应为整年，以便将不稳定因素如季节变化等平均在内。

年平均风速（annual average wind speed）：按照年平均的定义确定的平均风速。

平均风速（mean wind speed）：给定时间内瞬时风速的平均值，给定时间从几秒到数年不等。

极端风速（extreme wind speed）：t秒内平均最高风速，它很可能是特定周期（重现周期）t年一遇。注：参考重现周期$T=50$年和$T=1$年，平均时间$t=3s$和$t=10s$。极端风速即为俗称的"安全风速"。

安全风速（survival wind speed）：结构所能承受的最大设计风速的俗称。注：IEC 61400系列标准中不采用这一术语。设计时可参考极端风速。

参考风速（reference wind speed）：用于确定风力机级别的基本极端风速参数。注：与气候有关的其他设计参数均可以从参考风速和其他基本等级参数中得到。对应参考风速级别的风力机设计，它在轮毂高度承受的50年一遇10min平均最大风速，应小于或等于参考风速。

风速分布（wind speed distribution）：用于描述连续时限内风速概率分布的分布函数。注：经常使用的分布函数是瑞利和威布尔分布函数。

瑞利分布（RayLeigh distribution）：经常用于风速的概率分布函数，分布函数取决于一个调节参数—尺度参数，它控制平均风速的分布。

威布尔分布（Weibull distribution）：经常用于风速的概率分布函数，分布函数取决于两个参数，控制分布宽度的形状参数和控制平均风速分布的尺度参数。注：瑞利分布与威布尔分布区别在于瑞利分布形状参数。

风切变（wind shear）：风速在垂直于风向平面内的变化。

风廓线；风切变律（wind profile；wind shear law）：风速随离地面高度变化的数字表达式。注：常用剖面线是对数剖面线和幂律剖面线。

风切变指数（wind shear exponent）：通常用于描述风速剖面线形状的幂定律指数。

对数风切变律（logarithmic wind shear law）：表示风速随离地面高度以对数关系变化的数学式。

风切变幂律（power law for wind shear）：表示风速随离地面高度以幂定律关系变化的数学式。

下风向（downwind）：主风方向。

上风向（upwind）：主风方向的相反方向。

阵风（gust）：超过平均风速的突然和短暂的风速变化。注：阵风可用上升一时间，即幅度一持续时间表达。

粗糙长度（roughness length）：在假定垂直风廓线随离地面高度按对数关系变化情况下，平均风速变为零时算出的高度。

湍流强度（turbulence intensity）：标准风速偏差与平均风速的比率。用同一组测量数据和规定的周期进行计算。

湍流尺度参数（turbulence scale parameter）：纵向功率谱密度等于0.05时的波长。注：纵向功率谱密度是个无量纲的数，由GB 18451.1—2001《风力发电机组安全要求》附录B确定。

湍流惯性负区（inertial sub-range）：风速湍流谱的频率区间，该区间内涡流经逐步破碎达到均质，能量损失忽略不计。注：在典型的10m/s风速，惯性负区的频率范围大致在0.02～2kHz间。

2.4 与电网的联接

互联（风力发电机组）（interconnection）：风力发电机组与电网之间的电力联接，从而电能可从风力机输送给电网，反之亦然。

输出功率（风力发电机组）（output power）：风力发电机组随时输出的电功率。

额定功率（风力发电机组）（rated power）：正常工作条件下，风力发电机组的设计要达到的最大连续输出电功率。

最大功率（风力发电机组）（maximum power）：正常工作条件下，风力发电机组输出的最高净电功率。

电网联接点（风力发电机组）（network connection point）：对单台风力发电机组是输出电缆终端，而对风电场是与电力汇集系统总线的联接点。

电力汇集系统（风力发电机组）（power collection system）：汇集风力发电机组电能并输送给电网升压变压器或电负荷的电力联接系统。

风场电气设备（site electrical facilities）：风力发电机组电网联接点与电网间所有相关电气装备。

2.5　功率特性测试技术

功率特性（power performance）：风力发电机组发电能力的表述。

净电功率输出（net electric power output）：风力发电机组输送给电网的电功率值。

功率系数（power coefficient）：净电功率输出与风轮扫掠面上从自由流得到的功率之比。

自由流风速（free stream wind speed）：通常指轮廓高度处，未被扰动的自然空气流动速度。

扫掠面积（swept area）：垂直于风矢量平面上的，风轮旋转时叶尖运动所生成圆的投影面积。

轮毂高度（huh height）：从地面到风轮扫掠面中心的高度，对垂直轴风力机是赤道平面高处。

测量功率曲线（measured power curve）：描绘用正确方法测得并经修正或标准化处理的风力发电机组净电功率输出的图和表。它是测量风速的函数。

外推功率曲线（extrapolated power curve）：用估计的方法对测量功率曲线从测量最大风速到切出风速的延伸。

年发电量（annual energy production）：利用功率曲线和轮毂高不同风速频率分布估算得到的一台风力发电机组一年时间内生产的全部电能。计算中假设可利用率为100％。

可利用率（风力发电机组）（availability）：在某一期间内，除去风力发电机组因维修或故障未工作的时数后余下的时数与这一期间内总时数的比值，用百分比表示。

数据组（功率特性测试）（data set）：在规定的连续时段内采集的数据集合。

精度（风力发电机组）（Laccuracy）：描绘测量误差用的规定的参数值。

测量误差（uncertainty in measurement）：关系到测量结果的，表征由测量造成的量值合理离散的参数。

分组方法（method of bins）：将实验数据按风速间隔分组的数据处理方法。注：在各组内，采样数与它们的和都被记录下来，并计算出组内平均参数值。

测量周期（measurement period）：收集功率特性试验中具有统计意义的基本数据的时段。

测量扇区（measurement sector）：测取测量功率曲线所需数据的风向扇区。

日变化（diurnal variations）：以日为基数发生的变化。

桨距角（pitch angle）：在指定的叶片径向位置（通常为100％叶片半径处）叶片弦线与风轮旋转面间的夹角。

距离常数（distance constant）：风速仪的时间响应指标。在阶梯变化的风速中，当风速仪的指示值达到稳定值的63％时，通过风速仪的气流行程长度。

试验场地（test site）：风力发电机组试验地点及周围环境。

气流畸变（flow distortion）：由障碍物、地形变化或其他风力机引起的气流改变，其结果是相对自由流产生了偏离，造成一定程度的风速测量误差。

障碍物（obstacles）：邻近风力发电机组能引起气流畸变的固定物体，如建筑物、树林。

复杂地形带（complex terrain）：风电场场地周围属地形显著变化的地带或有能引起气流畸变的障碍物地带。

风障（wind break）：相互距离小于 3 倍高度的一些高低不平的自然环境。

2.6 噪声测试技术

声压级（sound pressure level）：声压与基准声压之比的以 10 为底的对数乘以 20，以分贝计。

声级（weighted sound pressure level；sound level）：已知声压与 20μPa 基准声压比值的对数。声压是在标准计权频率和标准计权指数时获得。注：声级单位为分贝，它等于上述比值以 10 为底对数的 20 倍。

视在声功率级（apparent sound power level）：在测声参考风速下，被测风力机风轮中心向下风向传播的大小为 1PV 点辐射源的 A 计权声级功率级。注：视在声功率级通常以分贝表示。

指向性（风力发电机组）（directivity for WTGS）：在风力机下风向与风轮中心等距离的各不同测量位置上测得的 A 计权声压级间的不同。注：指向性以分贝表示；测量位置由相关标准确定。

音值（tonality）：音值与靠近该音值临界波段的遮蔽噪音级间的区别。注：音值以分贝表示。

声的基准风速（acoustic reference wind speed）：标准状态下（10m 高，粗糙长度等于 0.05m）的 8m/s 风速。它为计算风力发电机组视在声功率级提供统一的根据。注：测声参考风速以 m/s 表示。

标准风速（standardized wind speed）：利用对数风廓线转换到标准状态（10m 高，粗糙长度 0.05m）的风速。

基准高度（reference height）：用于转换风速到标准状态的约定高度。注：参考高度定为 10m。

基准粗糙长度（reference roughness length）：用于转换风速到标准状态的粗糙长度。注：基准粗糙长度定为 0.05m。

基准距离（reference distance）：从风力发电机组基础中心到指定的各麦克风位置中心的水平公称距离。注：基准距离以米表示。

掠射角（grazing angle）：麦克风盘面与麦克风到风轮中心连线间的夹角。注：拒用"入射角"这一术语；掠射角以度表示。

参 考 文 献

[1] 何显富，卢霞，杨跃进，刘万琨. 风力机设计、制造与运行 [M]. 北京：化学工业出版社，2009.

[2] 芮晓明，柳亦兵，马志勇. 风力发电机组设计 [M]. 北京：机械工业出版社，2010.

[3] 廖明夫，R. Gasch J. Twele. 风力发电技术 [M]. 西安：西北工业大学出版社，2009.

[4] 叶杭冶，等. 风力发电系统的设计、运行与维护 [M]. 北京：电子工业出版社，2014.

[5] 宋海辉. 风力发电技术及工程 [M]. 北京：中国水利水电出版社，2009.

[6] 王建录，郭慧文，吴雪霞. 风力机械技术标准精编 [M]. 北京：化学工业出版社，2010.

[7] 吴佳梁，王广良，魏振山，等. 风力机可靠性工程 [M]. 北京：化学工业出版社，2011.

[8] 宫靖远. 风电场工程技术手册 [M]. 北京：机械工程出版社，2004.

[9] 朱永强，张旭. 风电场电气系统 [M]. 北京：机械工业出版社，2010.

[10] 霍志红，郑源. 风力发电机组控制技术 [M]. 北京：中国水利水电出版社，2014.

[11] 任清晨. 风力发电机组生产及加工工艺 [M]. 北京：机械工业出版社，2010.

[12] 姚兴佳，宋俊. 风力发电原理 [M]. 第二版. 北京：机械工业出版社，2011.

[13] 高虎，刘薇，王艳. 中国风资源测量和评估实务 [M]. 北京：化学工业出版社，2009.

[14] 任清晨. 风力发电机组安装运行维护 [M]. 北京：机械工业出版社，2010.

[15] 叶杭冶. 风力发电机组的控制技术 [M]. 北京：机械工业出版社，2015.

[16] 《风力发电工程施工与验收》委员会. 风力发电工程施工与验收 [M]. 北京：中国水利水电出版社，2013.

[17] 濮良贵. 机械设计 [M]. 北京：高等教育出版社，2015.

[18] 孙恒，陈作模. 机械原理 [M]. 北京：高等教育出版社，2006.

[19] 闻邦椿. 机械设计手册 [M]. 第五版. 北京：机械工业出版社，2010.

[20] 王积伟，等. 液压传动 [M]. 第二版. 北京：机械工业出版社，2007.

[21] 唐宗军. 机械制造基础 [M]. 北京：机械工业出版社，2011.

[22] 姚兴佳. 风力发电机组理论与设计 [M]. 北京：机械工业出版社，2013.

[23] 诺迈士. 风电传动系统的设计与分析 [M]. 上海：上海科技出版发行有限公司，2013.